JN278044

基礎から学ぶ
アンテナ入門

電波とアンテナの
ふるまいをやさしく解説

JR1XEV
吉本 猛夫 著

HAM TECHNICAL SERIES

まえがき

　アマチュア無線家に要求される専門知識は，「級」によるレベル差はありますが，国家試験の内容そのものです．「無線工学」は，無線機の各部分が電波を送受信するときにどのような仕組みで機能しているのかを整理したもので，無線技士の常識のようなものです．

　一方で，昨今のハムショップでは，小型高性能のトランシーバが手頃なお値段で手に入り，アンテナさえつなげばすぐに送受信可能となる環境ができあがっているので，無線工学に出てくる増幅，発振，周波数逓倍，真空管等々の用語は忘れてしまっても交信は可能です．

　特にもっぱらローカル局とよもやま話に興ずる「ラグチュー派」のハムは「アマチュア無線操作士」といやみを言われるほど技術と無縁になりがちです．

　しかし，どの級のハムにとっても「アンテナ」は重要な技術です．電波伝搬上の困難を乗り越えて海外の珍局や遠い局と交信成果を重ねる「DX派」にとってアンテナは，もっとも工夫を要求される無線設備の一部ですし，無線の機器ならなんでも作ってしまおうという「工作派」にとっても絶好のターゲットとなる装置です．「ラグチュー派」も市販のアンテナを買ってくればそれですむという問題ではありません．

　既製品のアンテナでも，設置する高さや環境によって放射特性は変わりますし，HF帯ともなると自作と同様の知識が必要となります．「飛び」をねらって新種のアンテナも続々と開発されており，まさにアンテナは「級」に関係なく要求される専門知識といえます．

　さて，アンテナについての学習環境はどうなっているでしょうか．書店には電波やアンテナの理論書が多く見られますが，難解な数式がいっぱいで，本格的に研究したり勉強したりするプロ向けの書籍が主体を占めています．もちろんベテランのハムも読者対象にはなりますが，比較的経験の浅いハムにとってはページを開いてもすぐに閉じて本棚に戻すような書籍が多く，ハム想いのアンテナの本は少ないのが実情です．

　本書は技術解説書ですが，ビギナーのハムの皆さんを対象に，電波とアンテナ系のふるまいを，用語やキーワードの切り口で解説し理解していただくという意図で企画されたものです．したがって，難解な理論をできるかぎり平易な普通語で表現するよう意を注ぎましたので，電子工学の学生諸君にも目線が合っているのではないかと考えます．

　一方，執筆が進むにつれ，筆者自身もわき上がる疑問を解くためにあれこれ勉強する結果となり，ハムやエンジニアのベテラン層の読み物としても向いているものにまとめることができたと自負しています（結局すべての層向きということです）．

　本書を通じて，アンテナの知識が，一歩でも前進することを願ってやみません．ハムを対象にしたアンテナの解説書が比較的少ない中で，全巻をとおしてオーソドックスな解説にアプローチさせていただいたことを大変光栄に感じております．

2007年2月　著　者

基礎から学ぶアンテナ入門

第1章 電波とはどんなものか ─────9

- 1-1 「電界」にかかわる重要な用語 ─ 「電荷」,「電界」そして「電界強度」……10
- 1-2 空間に流れる電流 ─ 「変位電流」……12
- 1-3 「電波」の発生とその基本用語
  ─ [Maxwellの電磁方程式], [波長], そのほか ……16
- 1-4 「電波」の伝搬とその基本用語 ─ [直接波], [反射波], [電離層], [偏波] ……19

第2章 半波長ダイポールの基礎 ─────25

- 2-1 アンテナの基本「半波長ダイポール・アンテナ」……26
- 2-2 半波長ダイポール・アンテナの基本的な物理量 ……29
- 2-3 アンテナ・エレメントの太さがもつ意味 ……33
- 2-4 延長コイルと短縮コンデンサ ……34
- 2-5 アンテナの「利得」……36
- 2-6 半波長アンテナについての補足 ……37
- 2-7 フォールデッド・ダイポール ……38

第3章 ローバンドのアンテナ ─────41

- 3-1 アンテナはどう分類するのか ……42
- 3-2 接地アンテナの一口原理 ……43
- 3-3 接地のはなし ……44
- 3-4 カウンターポイズとその変形 ……45
- 3-5 垂直エレメントのはなし ……47
- 3-6 非接地系のツエップ・アンテナ ……49
- 3-7 非接地系のダイポール・アンテナ ……50
- 3-8 キュービカルクワッド・アンテナ ……52
- 3-9 ループ・アンテナ ……54

CONTENTS

- 3-10 ケーブルの特性インピーダンス ……………………………………………56
- 3-11 増幅器なしでAMラジオの感度アップ!? ……………………………………57
- 3-12 中短波帯の試験用ループ ………………………………………………58

第4章　V/UHFまでのアンテナ ―――――――――――――61

- 4-1 構造，特性，用途によるアンテナの分類 …………………………………62
- 4-2 グラウンド・プレーン・アンテナ ………………………………………63
- 4-3 $5/8\lambda$ アンテナ …………………………………………………………65
- 4-4 ビーム・アンテナ（Beam Antenna）………………………………………66
- 4-5 エレメント2本を駆動する方法 ……………………………………………68
- 4-6 パラシティック型アンテナの雄「八木アンテナ」…………………………70
- 4-7 スタックド八木アンテナとカーテン・アンテナ …………………………72
- 4-8 コリニア・アンテナ ………………………………………………………73
- 4-9 ヘリカル・アンテナ ………………………………………………………74
- 4-10 定インピーダンス・アンテナ ……………………………………………76
- 4-11 バイコニカル・アンテナとディスコーン・アンテナ ……………………77
- 4-12 対数周期アンテナ …………………………………………………………78
- 4-13 狐の刺股 ……………………………………………………………………80
- 4-14 ループ・アンテナによる方向探知 ………………………………………81
- 4-15 スーパー・ターンスタイル・アンテナ …………………………………84
- 4-16 全方向無指向性の電界強度測定アンテナ ………………………………85

第5章　給電線の基本的な性質 ――――――――――――87

- 5-1 給電線には電波と同様のメカニズムで高周波エネルギーが走っている ……88
- 5-2 給電線の基本的な特性 ……………………………………………………90
- 5-3 「反射」と「定在波」………………………………………………………92
- 5-4 同軸ケーブルの性質 ………………………………………………………95

5-5 補足 ……………………………………………………………………………… 98

第6章　給電線関連の技術 ——————————————————————101

6-1 平衡と不平衡との変換（広帯域バラン）……………………………………… 102
6-2 平衡と不平衡との変換（そのほかのバラン）………………………………… 105
6-3 バラン（補足）…………………………………………………………………… 108
6-4 ディップ・メータ（＝Dip Meter）…………………………………………… 109
6-5 $1/2\lambda$長，$1/4\lambda$長の同軸ケーブルを作る ……………………………………… 112

第7章　アンテナ系の測定と調整 ——————————————————115

7-1 アンテナは真っ先に周波数を合わせること ………………………………… 116
7-2 アンテナ・インピーダンスの測定 …………………………………………… 118
7-3 マッチング方法 ………………………………………………………………… 124
7-4 蛇足（測定器自作の勧め）……………………………………………………… 126

第8章　SWRの測定と整備 ——————————————————————127

8-1 SWRの測定（その1）…………………………………………………………… 128
8-2 SWRの測定（その2）…………………………………………………………… 130
8-3 SWRの測定（その3）…………………………………………………………… 132
8-4 リターン・ロス・ブリッジ …………………………………………………… 134
8-5 SWR測定への補足 ……………………………………………………………… 139
8-6 使用するケーブルは？ ………………………………………………………… 139

第9章　アンテナ系をささえる機材や部品 ————————————141

9-1 アンテナ・チューナ …………………………………………………………… 142
9-2 「高周波電力計」と「ダミー・ロード」………………………………………… 145
9-3 同軸ケーブルの切り替え ……………………………………………………… 149

CONTENTS

9-4 同軸ケーブルとコネクタ …………………………………………………… 151
9-5 計測用拡張ユニット ………………………………………………………… 155
9-6 定在波の体感とダイバーシティ・アンテナ ……………………………… 156

第10章　電界強度と電波障害 ──────────────── 159

10-1 アマチュアにとっての電界強度測定の意義 ……………………………… 160
10-2 電界測定ツールのいろいろ ………………………………………………… 160
10-3 電波障害とイミュニティ …………………………………………………… 165
10-4 電波障害発生のメカニズム（高調波の場合）…………………………… 166
10-5 電波障害発生のメカニズム（受け側の等価アンテナの存在）………… 167
10-6 電波障害のメカニズム（コモン・モード）……………………………… 168

第11章　スミス・チャート ──────────────── 171

11-1 スミス・チャートとはどんなものか ……………………………………… 172
11-2 スミス・チャート上のプロット第一歩 …………………………………… 176
11-3 アドミタンスをプロットする ……………………………………………… 177
11-4 イミタンス・チャートの利用 ……………………………………………… 179
11-5 スミス・チャート上のSWRの円 ………………………………………… 180
11-6 スミス・チャート上のケーブルの存在 …………………………………… 182
11-7 締めくくりのあれやこれや ………………………………………………… 183

さくいん ……………………………………………………………………………… 186

本書は，月刊「CQ ham radio」誌の2005年10月号〜2006年9月号まで連載された「解説・電波とアンテナ」をまとめ，加筆・修正を行ったものです．

第1章

電波とはどんなものか

　アンテナと電波とは切っても切れない関係にあります（アンテナは切り取ることができますが，電波は切っても切れません！）．

　アンテナは電波の性質にしたがって，大きさや形を変えなければならないので，アンテナを知るためにはまず，電波のことを知る必要があります．

　本章のポイントは，電気的な影響を受ける空間を「電界」ということ，電線がないのに「変位電流」という電流が流れること，そして電波が広がっていくさま，「偏波」という重要な性質があること等々について，ごく基本的なことを整理してあります．

　電波の広がり方（伝搬）については「マクスウェルの電磁方程式」という理論があり，これをかみ砕いて説明するのが常道ですが，直感的にわかりやすく説明されているベテランのアマチュア無線家たちの手法も取り入れてあります．

1-1 「電界」にかかわる重要な用語 ― 「電荷」,「電界」そして「電界強度」

アマチュア無線の基礎というより，電気の基礎ともいうべき重要な用語を復習します．

無線の世界では高周波という交流がベースになるのですが，基礎となるのは静電界の電荷や電界ですから，まず電荷について考えます．

モノを摩擦して発生する摩擦電気のように，モノが電気を帯びた状態を「帯電」と呼びます．

表1-1は，摩擦するものどうしのどちらが(＋)に，どちらが(－)に帯電するか，その序列をまとめたものです．摩擦によって，電子の一部が表の左側にある物質から右側にある物質に移動するため，電子が不足した左側の物質は(＋)に，電子が過剰になった右側の物質は(－)に帯電するのです．

このように電子が不足するので(＋)とか，過剰になるから(－)というのは，煩雑なので，毎回電子を持ち出す代わりに，**帯電とは目には見えない小さな電気のツブ「電荷」がその物体に乗り移ったものと考えます**．つまり摩擦したときの帯電は，もともと帯電していなかったものどうしが摩擦された結果，同量の(＋)と(－)の電荷が分離発生して，別れて乗り移ったものと考えます．

電荷の持つ電気量の大きさはクーロン [C] で表します．1秒間に1 [C] の電荷が流れるときの電流は1 [A] と定義されます．

電荷には，(＋)と(－)とがあり，(＋)と(－)とは互いに引き合い，(＋)と(＋)，(－)と(－)とは反発しあうことがよく知られています．その力の大きさはそれぞれ双方の電気量の大きさ(クーロン)に比例します．これが有名な静電気に関するクーロンの法則です(**図1-1**)．

ガラスや紙の上に砂鉄を置いて下から磁石をあて，磁極のNからSに向けて磁力線の模様を作って観察

$$F = \frac{Q_1 Q_2}{4\pi\varepsilon r^2} = 9 \times 10^9 \times \frac{Q_1 Q_2}{\varepsilon_S r^2} \text{ [N]}$$

$\varepsilon = \varepsilon_0 \varepsilon_S$
ε：媒質の誘電率 [F/m]
ε_0：真空の誘電率 ＝ 8.85×10^{-12} [F/m]
ε_S：媒質の比誘電率

単位：
N：ニュートン
F：ファラッド
m：メートル

図1-1 静電気に関するクーロンの法則

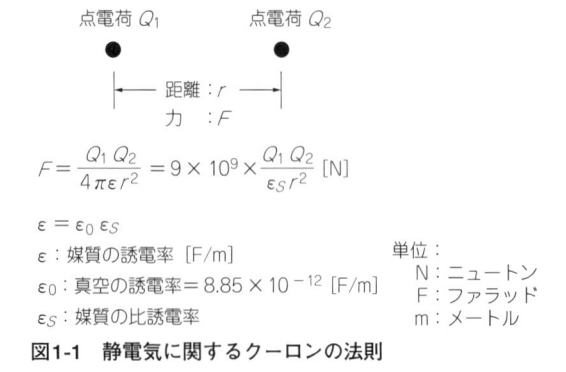

表1-1 摩擦電気の系列
この中の2種類の物質をこすり合わせるとおおむね左側のものが(＋)となり，右側のものが(－)となる．離れたものどうしの場合ほど電気は強烈になる．順序は絶対的なものではなく，個々の場合によって異なることがある．この系列は電気学会の「電気磁気学」に従った

毛皮	ガラス	雲母	絹	綿糸	木	コハク	樹脂	金属	硫黄
(＋)									(－)

した経験があると思いますが(**写真1-1**)，電荷についても磁力線と同じように仮想上の電気力線を考えることができます．

　余談になりますが，磁力線の実験にはわざわざ「砂鉄」を探し求める必要はありません．

　使用済みの「使い捨てカイロ」には鉄粉がタップリ入っているので，これを利用しましょう．

　さて，図1-2は，(＋)の電荷から(－)の電荷に向けて電気力線が出ていくようすを示したものです．**写真1-1と同じパターンです．図1-2では電気力線の数も定義していますが，これからの展開に直接必要なものではありません．**なお，電磁気学ではいろいろな物理量を定義しているので，本節の終わりに整理することにします．

　電気力線の途中に別の電荷を持ってくると，力を受けてその接線の方向に動こうとします．このように，**電荷が影響を受ける「場」のことを「電場」とか「電界」といいます．**どんな方向にどんな力を受けるのかを表す言葉を「電界強度」といいます．

　「電界強度」Eは，その電界に1[C]の電荷を持ってきたとき，その電荷に働く力の強さをいいます．図1-1のクーロンの法則で，力(ニュートン)をもう一方の電荷$q_2=1$[C]で割ればよいのです．すなわち電界強度Eは，

$$E = \frac{Q_1}{4\pi\varepsilon r^2} = 9\times 10^9 \times \frac{Q_1}{\varepsilon_s r^2}$$

Eの単位は，力の単位(ニュートン[N])を電荷の単位[C]で割ったものとなり，

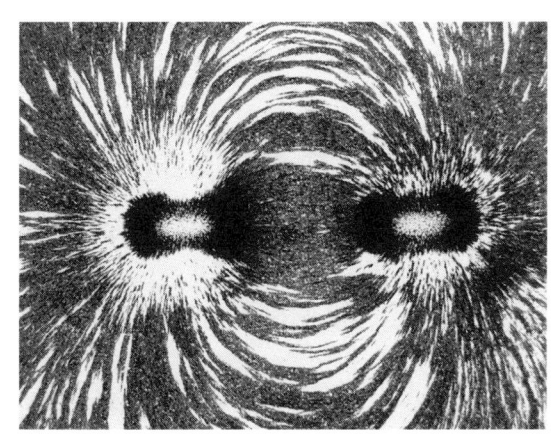

$$\frac{\text{ニュートン}}{\text{クーロン}} = \frac{\text{ニュートン・m}}{\text{クーロン・m}}$$

$$= \frac{\text{ジュール}}{\text{クーロン・m}} = \frac{\text{ワット・秒}}{\text{アンペア・秒・m}} = \frac{\text{ボルト}}{\text{m}}$$

写真1-1　砂鉄による磁力線の観察
白紙の上に砂鉄をバラまいて，下からU字型の磁石をあてて，磁力線のパターンを撮ったもの．黒い部分は磁力線が密集しているところ．黒い中で二つの白いシマがあるところが磁極

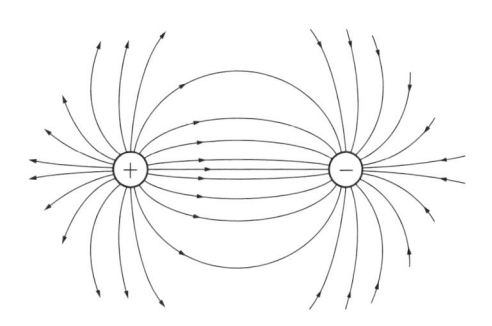

・電気力線は正電荷に始まり負電荷に終わる
・単位電荷には，$1/\varepsilon_0$本の電気力線が出入りする

図1-2　電気力線のようす

表1-2 電磁気学に出てくる電気系の主要な用語

物理量(記号)	意味	定義されている内容
電荷(Q)	物体のもっている電気量の本質 (目に見えない小さな電気のツブ)	単位：クーロン，[C] クーロン[C] = アンペア[A] × 秒[s]
電気力線	電界中に仮想した，接線方向が電界の方向と一致するような線	真空中では単位電荷からは$1/\varepsilon_0$本の電気力線が出る
電束(ψ)	電荷からでる電気力線の束	単位：クーロン，[C] Q[C]の電荷からはQ[C]の電束が出る
電束密度(D)	単位面積あたりの電束	単位：クーロン/(メートル)^2，[C/m^2] $D = \varepsilon_0 \varepsilon_s E$ (Eは電界強度)
電界強度(E)	電界の強さ	単位：ボルト/メートル [V/m] r [m] 離れたQ[C]の電界強度は $E = \dfrac{Q}{4\pi\varepsilon r^2} = \dfrac{Q}{4\pi\varepsilon_0\varepsilon_s r^2}$ D真空 = $\varepsilon_0 E$真空

となります．式を一つずつ左から右に移動しながら考えれば納得できると思いますが，高校の物理程度の知識が必要です．

結論として，**電界強度Eの単位は [N/C] か，[V/m]** ということになります．

通常は[V/m]ですが，この式でわかるように，電界強度は単位距離間の電位の変化を意味します．電圧/距離というこの奇妙な単位を理解できたでしょうか．

ひとこと付け加えますと，電界強度と兄弟のように使われる言葉として「**電束密度**」という言葉があります．Q[C]の電荷からはQ[C]の電気のタバ(電束)が出ており，(+)から出て(−)に終わると定義されます．このタバが密であればあるほど電界は強いことになります．密かどうかは単位面積中の電束で表現すればよく，これを「電束密度」Dと呼んでいます．単位は[C/m^2]です．

電界強度Eと電束密度Dとの兄弟分としての関係は

$D = \varepsilon E = \varepsilon_0 \varepsilon_s E$

です．ε，ε_0，ε_sは**図1-1**を参照してください．

さて，この節では，電界にかかわる重要な用語，「**電荷**」，「**電界**」および「**電界強度**」を重点的に解説しましたが，関連のある用語も紹介したため，それらの定義について若干混乱を招いた恐れがあります．これらを**表1-2**に整理しました．

1-2 空間に流れる電流 ─「変位電流」

耳慣れない言葉ですが，変位電流はアンテナのルーツとなる重要な用語です

アンテナの原理には，**大きなコイルで作られたループ・アンテナ**と，**2本の針金に代表されるダイポール・アンテナ**との二つの源流があります(**図1-3**)．

形状からループ・アンテナと呼ばれることもある**クワッド型**のアンテナもありますが，基本的には別のものです．これについては第3章でとりあげます．

コイルに電流を流せば周囲に磁界が発生することは，アンペールの法則としてよく知られています．では磁界が発生したあとはどうなるのでしょうか．

ループ・アンテナ　　ダイポール・アンテナ

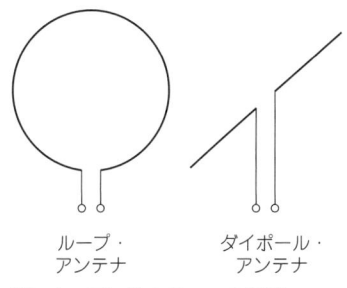

図1-3　アンテナの二つの源流

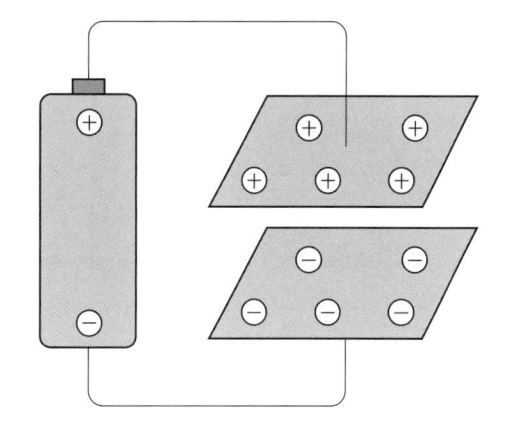

- 上の極板には（＋）の電荷がたまる
- 下の極板には等量の（－）の電荷がたまる
- 量的な関係は以下のとおり

$$Q = CV$$

ただし　Q：極板にたまる電荷［C］
　　　　C：コンデンサの静電容量［F］
　　　　V：加えられた電圧［V］

図1-4　コンデンサに電圧を加える

　もう一つ．ダイポール・アンテナと呼ばれる2本の針金に交流電圧を加えたら，なぜ電流が流れて電波が出るのでしょうか．

　この二つの疑問に対する答えは「空間に電流が流れる」と考えることでスッキリします．

　なぜ電流は電線でもない空間に流れるのかは，変位電流という言葉で説明されます．

　図1-4は，4アマ，3アマの教科書でもおなじみの，コンデンサのしくみを表す図です．

　コンデンサは基本的に2枚の極板を向かい合わせた構造になっており，これに直流電圧を加えると，電源の（＋）側につながれた極板には（＋）の電荷がたまり，反対側の極板には同じ量の（－）の電荷がたまります．たまった電荷は放っておけば，たまったままの状態を続けますが，極板の間を導線でつないでやれば（＋）と（－）の電荷が出会って中和され，たまっていた電荷が空になります．この状態をスイッチで次々に実現させたものが**図1-5**（次ページ）です．

　電池の記号は，直流電源を意味します．また，電流計の記号は電流の向きがわかる目的でつないであります．スイッチSWを1，2，3と順番に切り替えると**図1-5**(a)→(b)→(c)のように，充電，蓄電保持，放電の状態に切り替わります．このとき図(a)では電流が右向きに流れ，図(b)では流れず，図(c)で電流が左向きに流れます．

　このスイッチ操作を素早く繰り返して行えば，電流が右向きに流れたり左向きに流れたりしますが，**図1-6**（次ページ）に示すようにコンデンサに交流を加えても同じことです．

　すなわち，よくご存じのようにコンデンサは交流を流すのです．

　さて，**図1-7**（15ページ）に示すように，興味をコンデンサの極板の間に注いでみましょう．

　説明にもあるように，電流計には電流が流れるのに，極板から先には電流が流れなくなるというのは不

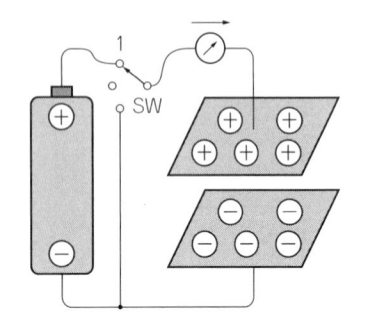

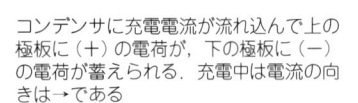

(a) スイッチ SW が "1" のとき

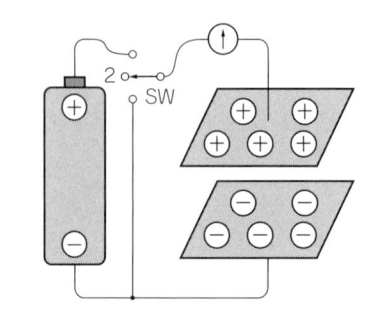

コンデンサに充電電流が流れ込んで上の極板に（＋）の電荷が，下の極板に（－）の電荷が蓄えられる．充電中は電流の向きは→である

(b) スイッチ SW が "2" のとき

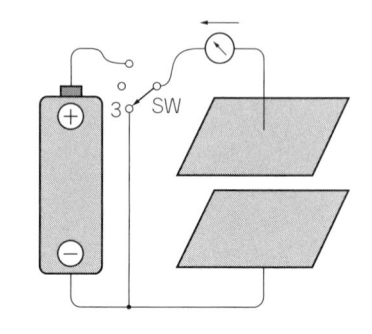

コンデンサに充電も放電も行われず上の極板に（＋）の電荷が，下の極板に（－）の電荷が蓄えられたまま電流は流れない

(c) スイッチ SW が "3" のとき

コンデンサは短絡されて放電電流が流れ，上の極板も下の極板も電荷がなくなる．放電中は電流の向きは←である

図1-5 コンデンサの充放電
コンデンサに直流電圧を加えたり，ショートさせたりしたとき，電荷が蓄えられたり放電したりして，電流が右行，左行を繰り返す

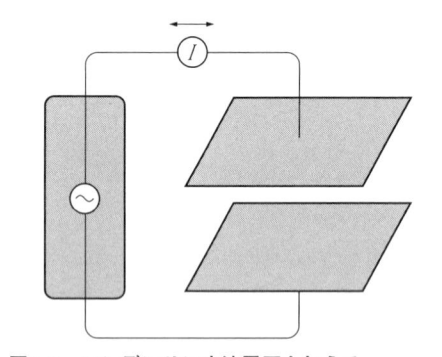

図1-6 コンデンサに交流電圧を加える
・図1-5でスイッチをガチャガチャ切り替えた状態を交流電圧を加えることによって実現した
・電流はリアクタンスに応じて左右に流れる

可解千万です．回路的に考えても電線および極板と，空間とは直列になっています．したがって，電線に流れる電流と同じ電流が空間にも流れると考えざるを得ません．

その理論的な説明は「**変位電流**」という言葉でなされます．それによれば，変位電流はまたの名を電束電流ともいい，単時間あたりの電荷の変化（$\Delta Q/\Delta t$）で表されますが，先にも出てきたように，クーロン＝アンペア・秒ですから，$\Delta Q/\Delta t$の単位はアンペアで，それはとりも直さず，空間に流れる全変位電流であり，導線を流れてきた電流（＝**伝導電流**）と同じ値であることになります．この考えはマクスウェルによって確立されたものです．

空間にも電流が流れるという結論だけ覚えてしまえば，**変位電流**という言葉を知っておく必要もないのですが，理論上はこのような名前で説明されていることを承知しておきましょう．しかもこの電流は，その周囲に磁界を生じるなど，導線を流れる伝導電流と同じような性質を持っています．

つまり**電流は，磁力線と同じように電線であろうが空間であろうがお構いなしに流れ，流れた電流は磁**

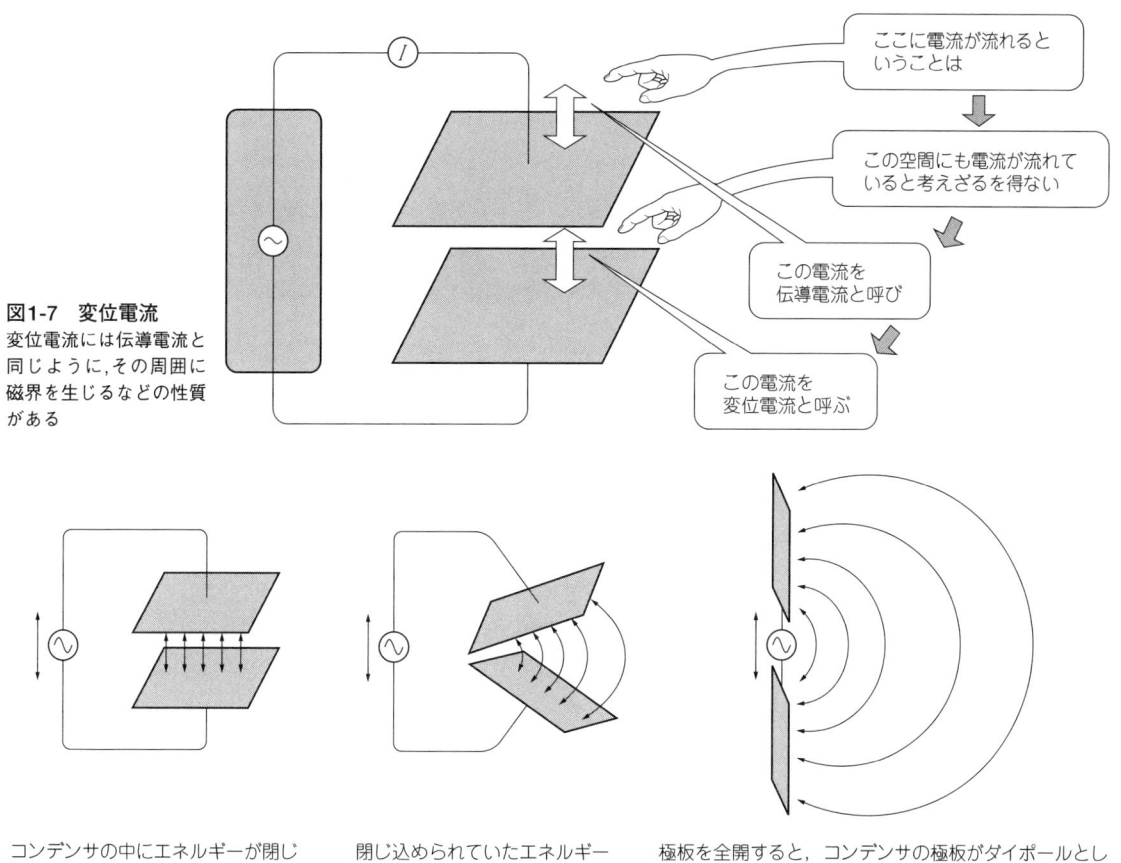

図1-7 変位電流
変位電流には伝導電流と同じように，その周囲に磁界を生じるなどの性質がある

- ここに電流が流れるということは
- この空間にも電流が流れていると考えざるを得ない
- この電流を伝導電流と呼び
- この電流を変位電流と呼ぶ

(a) 平板コンデンサ
コンデンサの中にエネルギーが閉じ込められている．電源から見たコンデンサは純リアクタンスになっており電力の消費はない．

(b) 極板を開く
閉じ込められていたエネルギーが外に出てくる．コンデンサのインピーダンスに抵抗分が発生する．

(c) ダイポール・アンテナとなる
極板を全開すると，コンデンサの極板がダイポールとして働くようになる．エネルギーがすべて外に向かって出る．ダイポールを調整することによりインピーダンスをほとんど純抵抗にすることが可能．

図1-8 コンデンサの極板を開いていく（変位電流のようす）

界を発生し，磁界はまた新たな電流を発生するのです．

　この節の冒頭に述べた，「コイルに電流を流して発生した磁界の先はどうなるのか」とか「ダイポール・アンテナと呼ばれる2本の針金に交流電圧を加えたらなぜ電流が流れて電波が出るのか」といった疑問はこう考えることによってスッキリするでしょう．

　さて，**図1-8**を考えてみます．

　図1-8(a)は，**図1-6**や**図1-7**と同じものです．変位電流はなんら仕事をすることなく，純リアクタンスであるコンデンサの中に閉じ込められた形で，ひたすら流れています．

　図1-8(b)のようにコンデンサの極板を少しずつ開いていくと，変位電流は極板から離れた空間にまで広がっていきます．**図1-8(c)**の状態にまで開くと，この極板はまさにダイポール・アンテナの状態になります．ここまでくると，変位電流は空間に広がって流れ，空間に広範囲な電界を作り出します．この空間に電流を消費するような回路素子があれば，そこで仕事をすることになります．すなわち，**広がったコ**

ンデンサは電界エネルギーを放射するアンテナとして機能します．このとき，コンデンサとして機能した2枚の極板は，もはや純リアクタンスではなくなり，負荷につながる抵抗分ができてきます．この抵抗分は**放射抵抗**と呼ばれます．放射抵抗は空間へ放射される電力を消費するのに相当した仮想的な抵抗です．

なお，ダイポール・アンテナの詳細については，次章以降に触れることにします．

1-3 「電波」の発生とその基本用語 ── [Maxwellの電磁方程式]，[波長]，そのほか

図1-8で変位電流を空間に送り出すメカニズムを見てきましたが，せっかくの機会なのでここで電波の基本的なことについてもう少し突っ込んで考えましょう．

前節で**電流は，磁力線と同じように，電線であろうが空間であろうが，お構いなしに流れ，流れた電流は磁界を発生し，磁界はまた新たな電流を発生する**と大胆な結論を述べました．

この結論によれば，図1-3に示したアンテナの二つの源流，ループ・アンテナとダイポール・アンテナは，最初に磁界があるか電流があるかの違いだけであることがわかります．

そこで，ダイポール・アンテナを例にとって，電界と磁界の"絡み方"を整理してみます．図1-9に電界と磁界がどのような順序でできるのかを定性的に整理しました．

これは昔から説明されている，直感的にわかりやすい，ポピュラーな方法です．

図1-9(a)に示すように，最初の電流が流れたら，まずアンペールの右ねじの法則で最初の磁力線ができます．この磁力線の周囲に，この磁力線を打ち消す方向に電気力線ができます．

このありさまは，最初の電流を中心として半径方向に均等ですが，一方向にのみ着目すれば図1-9(c)に示すように，磁界と電界が交互に絡み合って放射されることがわかります．

ことわっておきますが，図1-9(c)の状態は同時に起こっているのではなく，中心から周辺に向かって

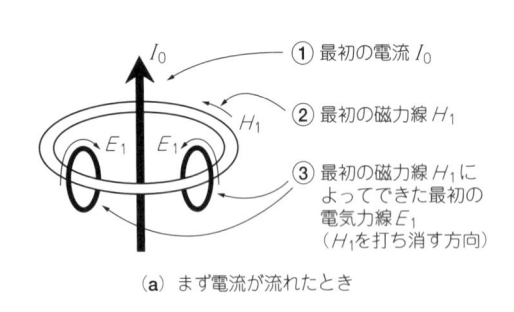

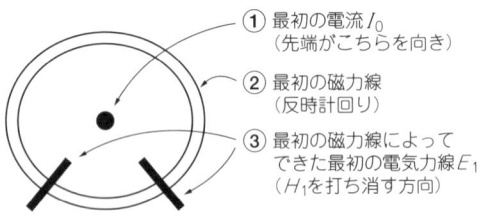

図1-9 電波はどのようにして広がり，そして進んでいくか

(a) まず電流が流れたとき
① 最初の電流 I_0
② 最初の磁力線 H_1
③ 最初の磁力線 H_1 によってできた最初の電気力線 E_1（H_1 を打ち消す方向）

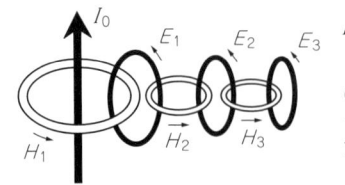

(b) 図(a)を上から見ると
① 最初の電流 I_0（先端がこちらを向き）
② 最初の磁力線（反時計回り）
③ 最初の磁力線によってできた最初の電気力線 E_1（H_1 を打ち消す方向）

(c) 磁界と電界が放射していくようす
$I_0 \to H_1 \to E_1 \to H_2 \to E_2 \to H_3 \to E_3 \to \cdots$
の順に磁界の時間変化が電界を生じて，電界の時間変化が磁界を生じて，絡みあって光速で伝搬する．

順番に起こる変化を，スローモーション的に描写したものと思ってください．

電波が放射された結果，全体としてどのようになっているかを説明したものが図1-10です．

最初の電流を中心とし，同心円状に磁界ができています．

電界は磁界と直交する形で(最初の電流と平行かつ反対向きに)存在します．

電界と磁界が絡んで電波が伝搬していくようすを定性的に眺めましたが，理論的にはどうなのか少しばかり垣間見てみます．

マクスウェル(James C.Maxwell，1831-1879，英)は，電磁誘導と変位電流の概念を総合して高度な数学理論を展開し，電磁波の存在を予言しました．今日の電波の理論は彼から始まるのですが，いったいどのような方程式なのかを図1-11に簡単に紹介します．

これは今風に簡略化した式なので，非常に単純に見えますが，かなり高度な数学の世界なので，紹介するだけにとどめ，こまかく解析することは差し控えます．

図中，HやEが斜体の太字になっているのは，ベクトルという大きさと方向を持つ物理量のことです．ベクトルの演算を行えば，大きさと方向が得られるので電波の伝搬についても非常に有効です．この手法によって電波の伝搬を解析したものが図1-12です．

図1-12に示すようにダイポールが発振器によって励振され，電流Iが流れたとすると，この電流に呼応して磁界Hが図のような方向に発生します．また，ダイポールからは図1-8(c)の場合と同様，破線のよ

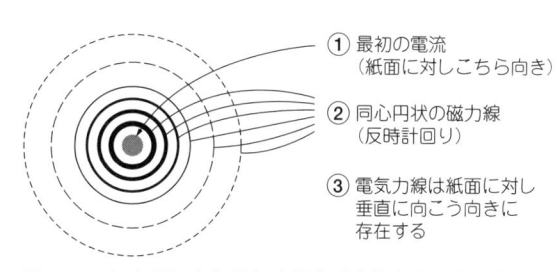

図1-10 打ち消しあう電気力線と磁力線を整理すると

① 最初の電流 (紙面に対しこちら向き)
② 同心円状の磁力線 (反時計回り)
③ 電気力線は紙面に対し垂直に向こう向きに存在する

$$\text{rot } \boldsymbol{H} = \boldsymbol{i} + \frac{\partial \boldsymbol{D}}{\partial t}$$
$$\text{rot } \boldsymbol{E} = -\frac{\partial \boldsymbol{B}}{\partial t}$$
$$\text{div } \boldsymbol{D} = \rho$$
$$\text{div } \boldsymbol{B} = 0$$

[記号の意味]
H：磁界のベクトル
i：電流のベクトル
D：電束密度のベクトル
E：電界のベクトル
B：磁束密度のベクトル
t：時間
ρ：真電荷の体積密度
rot：ベクトルの回転を示す演算記号
div：ベクトルの発散を示す演算記号
$\frac{\partial \boldsymbol{D}}{\partial t}, \frac{\partial \boldsymbol{B}}{\partial t}$：偏微分と呼ばれる演算記号

四つの方程式のうち最初の2式をマクスウェルの電磁基礎方程式とも呼んでいる(電気学会編「電気磁気学」など)

図1-11 マクスウェルの電磁方程式

① ダイポールは発振器によって励振され電流Iが流れたとする
② この電流に呼応して磁界Hが図のような方向に発生する
③ またダイポールからは，図1-8(c)の場合と同様，破線のように電気力線が発生し，ダイポールの中心の円周位置では，Eという電界が発生する (電界は電流Iと逆向き)
④ $S = E \times H$というベクトル演算を行った結果，Sというベクトルがエネルギーとして進むことが理論付けられている (Sはポインチング・ベクトル)

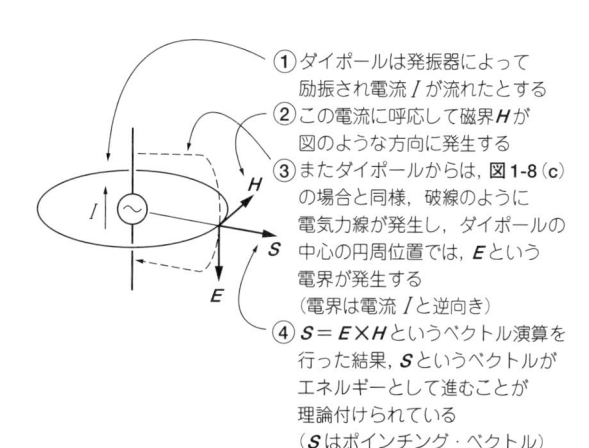

図1-12 電波の放射をマクスウェル風に解析する

うに電気力線が発生し，ダイポールの中心の円周位置では*E*という電界が発生します（電界は電流*I*と逆向きになっている）．

*E*と*H*とは直交しており，*S* = *E*×*H*というベクトル量が，この点から半径を遠ざかる方向に伝搬していくことが導き出されています．

S = *E*×*H*は**ポインチング・ベクトル**と呼ばれ，単位は［W/m²］という電力密度です．

わざわざベクトルによるややこしい解析を紹介しましたが，当然のことながら，マクスウェルの格調高い方法でも，**図1-9**や**図1-10**と同じ結論が得られていることを理解しておいてください．彼の電磁方程式を実際に解くことはたいへんなので行いませんが，この方程式から導き出される大切な結論は，**互いに直交する電界と磁界とが，さらに両者に直交する方向に波動エネルギーとなって伝わって広がる**ということです．

さて，ここで電波に関する基本的な言葉をひととおり眺めてみます．交流の回路理論に出てくる最初の技術用語は［**周波数**］，［**振幅**］，［**位相**］ですが，これらについてはすでに理解しているものとします．しかし，無線の世界になるとひと味ちがった意味が付け加わります．

［**周波数**］は，回路では電圧や電流の向きが毎秒何回交替しているかを表す用語ですが，電波では電界あるいは磁界が，毎秒何回交替しているかを表す用語になります．

また，周波数の別の表現として［**波長**］が付け加わります．

波長と周波数とは電波の速度を介して，対等の親戚関係になっています．すなわち

$$\lambda = \frac{C}{f} \ [\mathrm{m}]$$

ただし，λ（ラムダ）：波長［m］，C：電波の速度［m/s］，f：周波数［Hz］

電波の速度は，真空中の光速（2.9979×10^8 m/s）を近似して，3×10^8［m/s］を用います．

fを［MHz］で表せば，

$$\lambda = \frac{300}{f} \ [\mathrm{m}]$$

で近似することができます．この式は今後非常によく出てきます．

すでにアマチュア無線の運用の中では周波数や波長の呼び名を常識として使い慣れているでしょうが，**表1-3**に周波数による電波の分類を整理しました．

ところで「**電波法**」によると，**電波とは300万メガヘルツ以下の周波数の電磁波をいう**，となっています．電磁波とは何かという定義はありませんが，300万メガヘルツより高い周波数の電磁波には周波数の低いほうから，赤外線，可視光線，紫外線，X線，ガンマ線と呼ばれる電磁波群が存在しています．**表1-3**を見てもわかるように，高い周波数のグループが，光の性質に酷似していることに，ナルホドとうなずけると思います．

波長はアンテナの構造を決めるうえできわめて重要な要素ですが，次章で取り上げます．

「振幅」という言葉は，無線ではもっぱら「電界の強さ」＝「電界強度」に相当します．

電界強度はすでに述べたとおりですが，交信上重要な要素です．

表1-3 周波数による電波の分類

通称	略称	周波数	波長	波長による名称	性質，用途など
サブミリ波		300GHz～3THz	1mm～0.1mm	デシミリメートル波	・きわめて強い直進性 ・雨や霧の影響大
ミリ波	EHF(Extremely High Frequency)	30GHz～300GHz	10mm～1mm	ミリメートル波	・光の性質に酷似 ・レーダーなど
マイクロ波	SHF(Super High Frequency)	3GHz～30GHz	10cm～1cm	センチメートル波	・強い直進性がある ・雨や霧の影響大
極超短波	UHF(Ultra High Frequency)	300MHz～3GHz	1m～10cm	デシメートル波	・光の性質に酷似 ・携帯電話，TV，FMなど
超短波	VHF(Very High Frequency)	30MHz～300MHz	10m～1m	メートル波	・近距離通信
短波	HF(High Frequency)	3MHz～30MHz	100m～10m	デカメートル波	・電離層反射 ・国内外通信
中波	MF(Medium Frequency)	300kHz～3MHz	1km～100m	ヘクトメートル波	・電波伝搬が安定 ・放送ほか多用途
長波	LF(Low Frequency)	30kHz～300kHz	10km～1km	キロメートル波	・電波伝搬が安定 ・長距離通信(船舶など)
超長波	VLF(Very Low Frequency)	3kHz～30kHz	10km以上	ミリアメートル波	・地表に沿って伝搬 ・大電力長距離通信

「位相」は回路上の電圧や電流にもありますが電波にも存在し，運用上問題になったり，逆にうまく利用することで特徴のあるアンテナを作り出せるなど，内容の深い言葉です．

1-4 「電波」の伝搬とその基本用語 ― ［直接波］，［反射波］，［電離層］，［偏波］

前節では電波が発生するからくりを見てきました．ここからは，電波がどのように広がり進んでいくかを整理します．電波の伝搬は技術のうえでも，アマチュア無線の運用上でも，非常に大切な要素です．

さて，電波の伝搬はズバリ「反射」が主体になっているといっても言い過ぎではありません．

表1-4は伝搬の主なモードを示すものです．表1-3をアマチュア向きに整理し，表1-4とあわせて周波数別の伝搬モードを整理したものが表1-5(次ページ)です．

対流圏波という少しむずかしそうなモードがありますが，対流圏というのは地球をつつむ大気層のうち，地上約10kmまでの対流の起こる部分をいいます．それより外側の地上約50kmまでの層を成層圏と呼び，

表1-4 電波が伝搬する主要モード

地上波	直接波	見通し距離にある送信および受信アンテナ間を直接伝わる電波
	大地反射波	送信アンテナから出た電波が大地で反射されて受信アンテナに伝わる電波
	地表波	特に数MHz以下の垂直偏波の電波が大地の表面に沿って伝搬するものをいう
電離層波		地球を取り巻く電離層と屈折，減衰，反射を繰り返す電波
対流圏波		VHF波やUHF波が気象の状態によって，地上波とは別の伝わり方をするもの

表1-5 周波数による電波の伝搬モード

通称	略称	周波数	近距離の場合	遠距離の場合
極超短波	UHF	300MHz～3GHz	直接波, 大地反射波	直接波, 対流圏波
超短波	VHF	30MHz～300MHz		電離層波(F), 対流圏波
短波	HF	3MHz～30MHz	電離層波(F)	電離層波(F)
中波	MF	300kHz～3MHz	地表波	
長波	LF	30kHz～300kHz		電離層波(E)

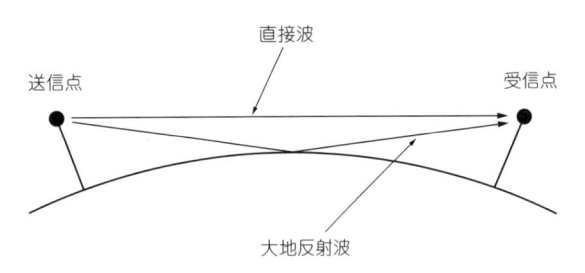

- 見通し距離にある送受信点間の伝搬は直接波が主体.
- UHF, VHFでは直接波と同様に大地反射波も到達する.
- 受信点では直接波と大地反射波との位相差によって干渉が生じ, 電界強度が直接波だけの場合より増えたりあるいは減ったりする.
- 受信点の高さによって電界強度の増減が繰り返され, この現象をハイト・パターンと呼ぶ.

図1-13 VHF, UHFの代表的な近距離伝搬

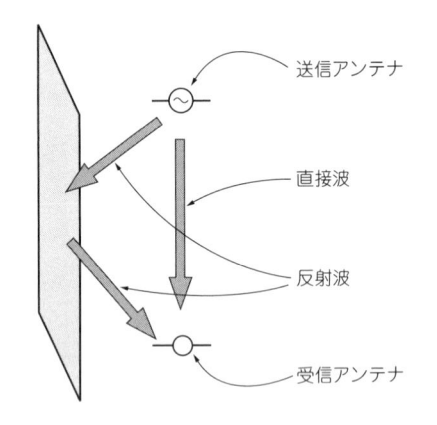

- 直接波の経路に電波の障害物が介在すると直接波の減衰が起こり, 反射波が勝つことがある

図1-14 直接波と反射波との競合

さらにその外側が電離層です.

対流圏の気象や物理的な性質によって, 対流圏を伝わるVHFやUHFの遠距離通信ができることが知られています. 主として直接波の対流圏伝搬と考えられているようです. 対流圏波以外では, 直接伝わる「**直接波**」, 大地に反射して届く「**大地反射波**」, それと電離層で反射を繰り返して届く「**電離層波**」も反射が命ですから, 「伝搬」は「反射」だといっても過言ではありません.

もっとも身近にある, VHFとUHFの「直接波」と「大地反射波」の事例を**図1-13**に示します.

直接波と反射波とは, 位相差によって強めあったり弱めあったりしますが, この現象をハイト・パターンと呼んでいます. ハイトとは高さのことです.

反射は常に大地からとは限らず, 立体物からも反射されます. この事例を**図1-14**に示します.

形の上では図1-13の大地の部分を縦形にしたようなものですが, ビルの立て込んだ街を想像するとよいでしょう. 反射を起こす立体物は一つとは限りません. いろいろな反射物を経由して電波が到来する状態を**マルチ・パス**などと呼び, 受け取る側から見ると雑音となります. テレビのゴーストもこれに属します. また, 直接波の経路に思わぬ障害物が存在することもあり, そのときには交信の頼りになるのは反射波ということになります.

この状況をアマチュアらしく活用した事例を**図1-15**に示します. これはふだん交信できない局どうしが, 旅客機の定期便の時間帯をねらって飛行機反射で交信するという事例です.

反射を頼りにするのは, お月様の利用も同じことです. 反射が起こると注意しなければならないことがあります. それは「**偏波**」の問題ですが, このあと触れます.

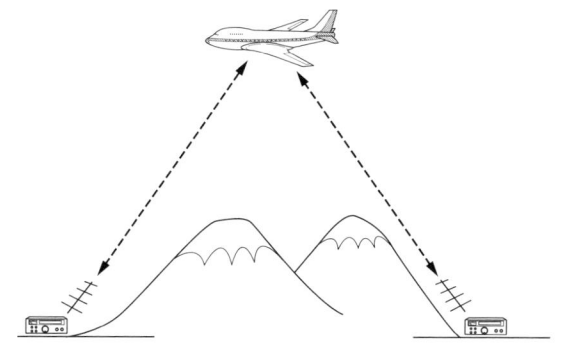

・山のあなたの空遠く……
・定期航空便をねらって交信可能！！！
・月面反射も同じ理屈

図1-15 反射をうまく利用するとこんなことも

高角度で放射された電波は密度の高いF層でも反射されず上空へ突き抜ける

F層は電子密度が高く電波を反射する．地表との間で反射を繰り返し地球の裏側までとどく．通常は30MHz程度以下

F_2層（250～400km）
F_1層（150～200km）
E層（100～130km）
D層（70～90km）
地球

・太陽から放射される紫外線などにより地球上空の大気が電離され，誘電率の高い導体の層が形成される．
・この電離層には陽イオン，陰イオン，自由電子があるが，特に自由電子の密度が電波の伝搬に影響を与える．
・その影響とは，屈折，反射，減衰である．
・電離層は図のとおり，D，E，F_1，F_2の各層があるが，電子密度は上空に行くほど高い．D層は反射より減衰の影響が大きく，夜間は消滅する．E層は中波帯や短波帯の低い周波数側を反射する．
・短波による海外との交信はF層によるところが大きい．
・太陽の黒点の影響で50MHz以上を反射することがある．
・夜間にはF_1とF_2とが一体化する．

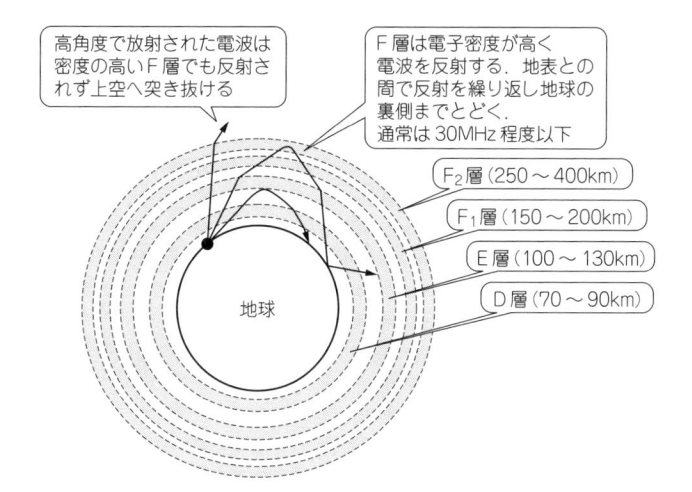

図1-16 電離層による電波の伝搬状況

　さて，アマチュア無線にとって最大の醍醐味は，HFによる遠距離交信です．**表1-5**に示したようにF層による電離層波が使用されます．電離層については**図1-16**に解説するとおりで，年，季節，昼夜の別，周波数によっていろいろに変化します．また，太陽の活動，黒点の数におおいに関係があります．

　電離層では反射も起こりますが，層の内部の電子密度の違いによって屈折も起こり，電波の減衰も生じます．電離層はフワフワ動いているので，鏡などによる反射とは異なり到達する電波も強くなったり弱くなったりして，**フェージング**という現象につながります．

　電波を地上から垂直に発射し，その周波数をだんだん高くしていくと，ある周波数以上で反射しなくなり，電離層を突き抜けてしまいます．反射する最高周波数を「**臨界周波数**」と呼んでいます．

　さて，ここで送受信の基本として守らなければならない原則であり，「反射」に伴って思いがけない現象を引き起こすことでも知られている，重要な言葉「**偏波**」について考えることにします．

　アマチュア無線では電波を出す人も受ける人もアンテナを使って送受信を行いますが，その送受アンテ

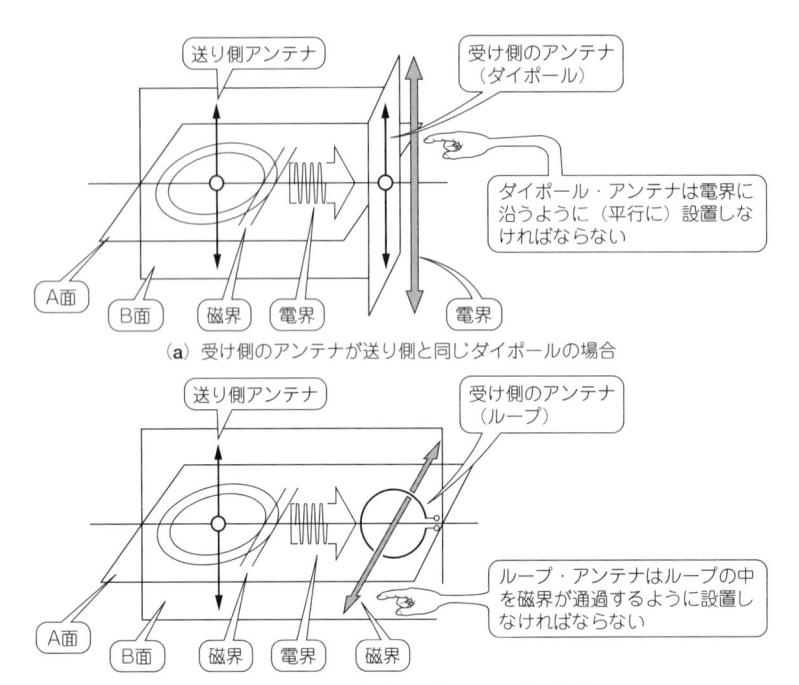

図1-17 電波の送り側と受け側のアンテナの相対姿勢

(a) 受け側のアンテナが送り側と同じダイポールの場合

(b) 受け側のアンテナがループ・アンテナの場合

1. 送り側のアンテナから電界と磁界が出るようすは**図1-12**参照．その結果を踏まえて図中に電界と磁界を記入してある．
2. 送り側と受け側とを入れ替えてもこの相対姿勢でなければならない．

ナは特定の相互姿勢が保たれている必要があります．

　特にVHFやUHFによる近距離通信では鉄則の常識です．

　アンテナには**図1-3**に示したように2通りの源流，ダイポール型とループ型があります．

　図1-17(a)はダイポールどうしの組み合わせ，**図1.17**(b)はダイポールとループとの組み合わせの基本姿勢を説明したものです．

　図1-17を見れば理解できると思いますが，ダイポールから放射された電波をダイポールで受けるときは，電界の向きが一致するように設置し，ダイポールから放射された電波をループで受けるときは，ループの中に(電界とは垂直な)磁界が通過するような向きに設置しなければならないということです．

　例えば，送り側をループ型としても，すなわち，送り側と受け側が入れ替わっても，この守らなければならない相対姿勢は同じです．

　図1-17は，アンテナの姿勢や電界，磁界の関係を理解するために，A面やB面と名づけた平面を使っていますが，大地との関係については触れていません．

　実際には送り側のアンテナは大地に対して垂直である「**垂直ダイポール**」か，大地に対して水平である「**水平ダイポール**」になるので，前者に対してはA面が大地と同じ水平面になり，後者に対してはB面が大地と同じ水平面になると考えればよいわけです．

　少しややこしい説明をしてしまったので，**図1-18**に結論を整理しました．

(a) 垂直ダイポールどうし

(b) 水平ダイポールどうし

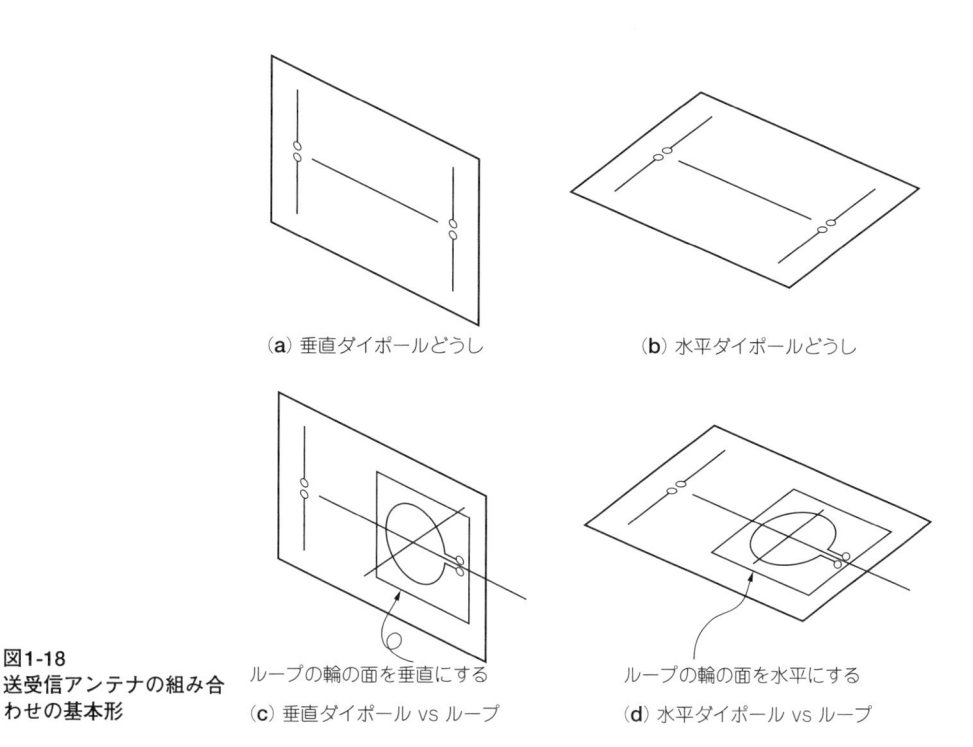

図1-18
送受信アンテナの組み合わせの基本形

ループの輪の面を垂直にする

(c) 垂直ダイポール vs ループ

ループの輪の面を水平にする

(d) 水平ダイポール vs ループ

　特に近距離で交信するVHFやUHFアンテナの相互姿勢は，この考え方で設置するのが鉄則です．実際に使用されるアンテナは，八木アンテナなどエレメントの多いアンテナが多用されるので指向性などの技術的な問題がありますが，このことは次章以降に触れるとして，ここでは無線機が直接つながるダイポールやループに関する限り，**図1-18**の相対姿勢を守らなければならないと理解してください．

　この基本を説明する重要な言葉が「**偏波**」です．

　電界が大地に対して垂直方向に変化する電波を「垂直偏波」といい，大地と平行な面内で変化する電波を「水平偏波」といいます．特に近距離間の交信の場合，送り側が垂直偏波の姿勢なら受け側も垂直偏波の姿勢に合わせるのが基本です．水平偏波についても同様です．このことを「**偏波面を合わせる**」といいます．

　子供たちのお遊びで，二人の張った綱を波の形のように振動させるとき，一方の子供が手を上下に動かしたら，もう一人の子供もそれに合わせて手を上下に動かすと，きれいな波の形ができるでしょう．これは二人で垂直偏波に偏波面を合わせたことになります．

　さて，基本はこれでよいのですが，実際に空を飛んでいる電波の偏波はどのようになっているのでしょうか．

　アマチュア無線は海外とも交信するわけですが，日本で垂直ダイポールを使用しているから，海外にいる相手の場所でも垂直偏波になっているか，というとそうはいきません．もっと身近な例で考えます．**図1-14**を見てください．

　図1-14に示すように障害物のために，本来の垂直偏波の直接波が届かないような場合，反射物が地面

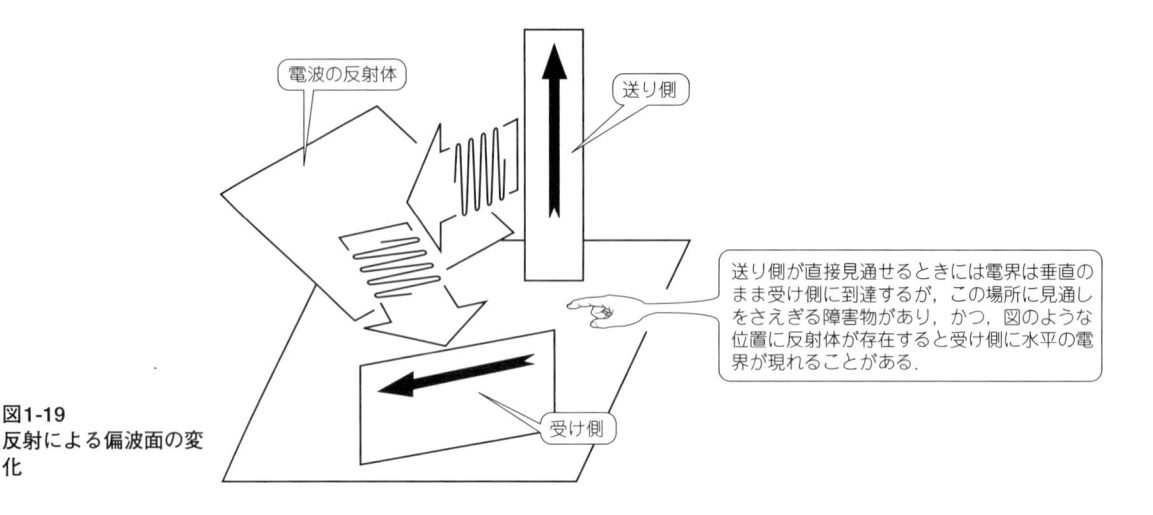

図1-19 反射による偏波面の変化

電波の反射体／送り側／受け側

送り側が直接見通せるときには電界は垂直のまま受け側に到達するが，この場所に見通しをさえぎる障害物があり，かつ，図のような位置に反射体が存在すると受け側に水平の電界が現れることがある．

に対して垂直だったらとりあえずハッピーですが，図1-19に示すように妙な角度で反射するようになっていたら，垂直偏波で放射された電波が届いてみたら水平偏波になっていたということもあるのです．水平偏波は水平のダイポールで受信することになります．

このことは，目の前に立っている棒を，手鏡を使って適当な角度で眺めると，横たわっている棒に見えることで容易に体験できます．

ここまでの結論は，**送り側のアンテナから放射された直後の電波は，アンテナが大地に対して垂直か水平かで偏波面が特定されますが，受け側のアンテナに到達する段階では，周囲の環境によって偏波面が乱れることがある**ということです．

特に遠距離や山谷のあるところは要注意です．このため，水平ダイポール・アンテナを用いて受信した出力と，垂直ダイポール・アンテナを用いて受信した出力とを合成して偏波の乱れを補う「**偏波ダイバーシティ**」という技法が使われることもあります．

偏波には使用するアンテナによって「**円偏波**」というものもあります．

「**衛星通信**」などで偏波面の特定が困難な場合，円偏波アンテナを使用すると，常にベストの状態とはいえませんが，到来電波がゼロになることを防ぐことができます．

円偏波はいろいろな方法で作られますが，たとえば「**ヘリカル・アンテナ**」と呼ばれるらせん状のアンテナによっても実現します．ただし，これはモバイルに用いられる短縮型のヘリカル・ホイップ・アンテナとは別のものです．

また，そのらせんが左巻きか右巻き（左施か右施か）で偏波の向きが異なり，たがいに送受できなくなるというおもしろいものです．

第2章

半波長ダイポールの基礎

　第1章では,「電界」,「変位電流」,「電波の発生」,「電波の伝搬」という順序で,電波そのものの誕生の理論を展開しましたが,まだアンテナとの関係については触れていません.

　アンテナの基礎理論を理解するには,基本となる半波長ダイポールの性質を理解することが最短の近道です.アンテナ一般の理論は,半波長ダイポールから展開されます.

　本章では,「ダイポール・アンテナが半波長で共振すること」,「電圧・電流の分布」,「放射抵抗」,「放射特性」,「延長と短縮」,「利得」といったアンテナの基礎的な特性を解説します.

　これによりアンテナのカタログや仕様書に出てくる専門用語が理解できるようになることを期待します.

2-1 アンテナの基本「半波長ダイポール・アンテナ」

前章で，コンデンサの極板を開いていくと電気力線があふれ出し，電界エネルギーが出ていく状態がダイポール・アンテナであると説明しました．定性的にはそういうことでよいのですが，正確にいうとまだ効率の良いアンテナとはいえず，やっとダイポール・アンテナの原型ができた状態です．しっかり動作するダイポール・アンテナであるためにどうあればよいかを，もう少し掘り下げてみます．

ダイポールまたは**ダブレット**という言葉には，もともと「**電気双極**」などという訳語が使われていますが，そのルーツは，ダイ＝2，ポール＝極なので，ここでは2本の電線の組で構成されるダイポールの原型をすべてダイポールと呼ぶことにします．

図2-1(a)は，全長 ℓ[m]のダイポールの電線に周波数 f[MHz]の高周波を加え，その周波数を変化させると回路に流れる高周波電流がどのようになるかを観察したグラフです．

周波数を低いほうから徐々に高くしていくと，ある周波数 f_0[MHz]で高周波電流が最大になるところが観察され，さらに高くしていくと電流が減ります．もっと高くしていくと，また電流が増える共振状態が観察されます．実は f_0 の2倍，3倍，……の周波数でも共振が起こりますが，とりあえず最初にくる f_0 に着目します．

このような関係は，**図2-1**(b)に示すようなコイル(L)，コンデンサ(C)，抵抗(R)の直列共振回路の場合と酷似しています．

このことから，**図(a)のダイポールの電線は周波数 f_0[MHz]で共振する**と考えられます．f_0[MHz]に相当する波長 λ[m]は前回のおさらいで，

$$\lambda = \frac{300}{f_0}$$

ですが，共振するときの波長 λ[m]とダイポールの長さ ℓ[m]との関係は，ほぼ $\ell = \frac{1}{2}\lambda$ になっています．"ほぼ"と断ったのは，ダイポールの電線の太さなどによる微差があるからです．

また，実は f_0 の2倍，3倍，……の周波数でも共振が起こるといいましたが，LCR 直列回路の共振周波数は一つしかないのに対し，ダイポールの電線の場合は，f_0 の整数倍の多くの周波数で共振を起こします．

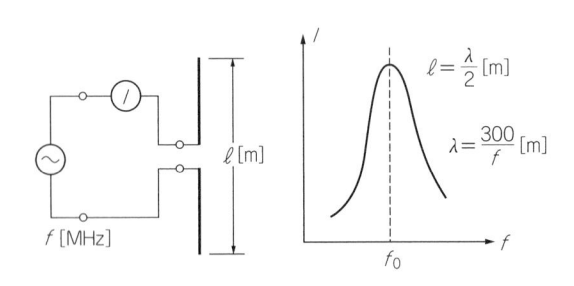

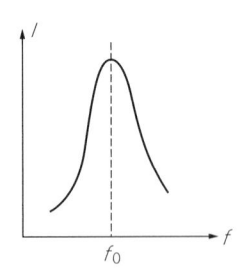

(a) $\ell = \frac{1}{2}\lambda$ のときのアンテナの共振

(b) 等価回路

図2-1 アンテナの共振とその等価回路（I は高周波電流）

f_0 のことを「**基本周波数**」とか「**固有周波数**」などと呼び，整数倍の周波数を「**高調波共振周波数**」と呼んでいます．

この全長 $1/2\lambda$ のダイポール・アンテナを「**半波長ダイポール**」あるいは誤解がない限り単に「**ダイポール**」と呼んでいます．今後，このアンテナが理論的な基礎になったり，変形されてほかのスタイルのアンテナに生まれ変わったりしますので，これからの理解を助けるために，もう少し整理してみることにします．

このアンテナが共振したときの電線の中では電流や電圧がどのようになっているのかを**図2-2**に示します．分布を示す縦軸は大きさを表します．**図2-2(a)**に示したように，電流は高周波を供給する端子(**給電点**)で最大となり，電線の先端でゼロとなります．そのメカニズムは**図2-2(b)**に示したように，ダイポールは給電点を中心に多数の微小ダイポール(電気双極)から成り立っていると考えられ，それぞれの微小ダイポールに供給される電流の総和が電線各部の電流値になっていると考えるのです．

それが**図2-2(a)**の電流分布図にまとまっています．そもそも電線の先端で電流値がゼロでなかったら，そこから先は空間なのですからおかしいですよね．電圧分布のほうは，ダイポールがプラスとマイナスの異極どうしである限り，給電点のゼロを境に(+)と(-)が入れ替わることは理解できるでしょう．

電圧，電流の最大の部分を，それぞれ**電圧の腹**，**電流の腹**と呼びます．

また電圧，電流の最小の部分を，それぞれ**電圧の節**，**電流の節**と呼びます．

f_0 の2倍，3倍，……の周波数で共振するダイポールには電圧や電流の腹や節がいくつもあることになります．

さて，共振点近くでは，半波長ダイポール・アンテナの**入力インピーダンス**$(R + jX)$はどのようになっているのでしょうか．

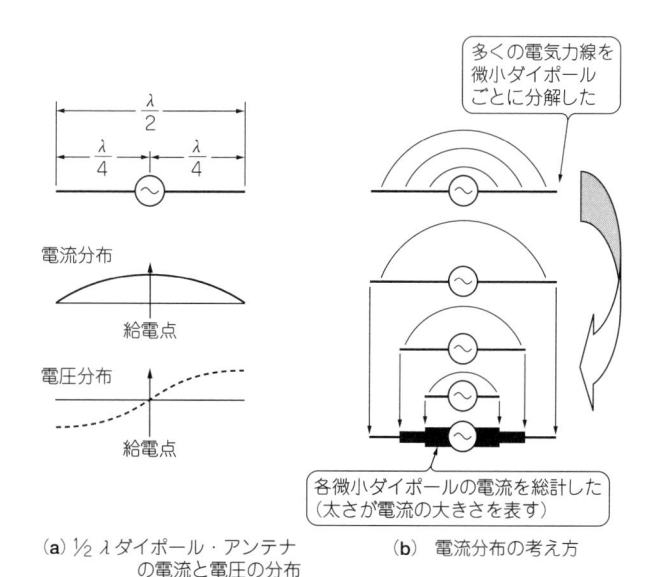

(a) $1/2\lambda$ ダイポール・アンテナの電流と電圧の分布　　(b) 電流分布の考え方

図2-2 半波長ダイポールの電圧・電流分布

入力インピーダンスの実部を**入力抵抗**あるいは**空中線抵抗**と呼んでいます．

ここでちょっと割り込みです．アンテナは日本語では「**空中線**」と呼ばれており，アンテナと呼ぶより空中線と呼んだほうが耳慣れている人も多いようです．給電点に入力される電流についても，アンテナ電流というより空中線電流のほうがピンとくるOMさんもおられます．ですからこれから先，両方の呼び名が混用されることもあるのでお許しください．

入力抵抗は，空間に放射されるエネルギーに対する**放射抵抗**と放射エネルギーに寄与しない**損失抵抗**とで構成されます．損失抵抗とは，導体の抵抗や電流の漏れ抵抗などです．

電波の発生がマクスウェルの電磁方程式から誘導されることに象徴されるように，ダイポールのインピーダンスも数学の手法で求められます．

そして，その結果として，多くのアンテナの教科書が「**半波長ダイポール・アンテナの放射抵抗は73Ωである**」と紹介しています．なぜそうなのかを説明しないで，いきなり結論を述べたものが多いようです．前章でマクスウェルの電磁方程式とはどんなものかを紹介しましたが，それと同じように73Ωの出所の一端を**図2-3**に紹介しておきます．

アンテナを構成する電線（エレメント）には，当然ある太さが存在しますが，この太さを考慮すると解析が非常に複雑になるので次節2-2で扱うこととし，とりあえず，きわめて細い線径を考え，しかも電流分布を正弦波として，高調波の共振周波数にまでおよんでアンテナの入力インピーダンスを計算したものを**表2-1**に示します．

計算過程はわからなくても結構ですが，このようにしてしっかりした根拠のもとに求められたものだということを理解してください．

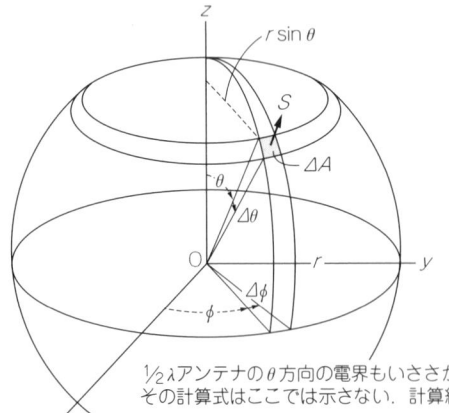

表2-1 アンテナの入力インピーダンス

N	$R_r[\Omega]$	$X_r[\Omega]$
1	73.1	+42.5
2	93.4	+44.8
3	105.5	+45.5
4	114.1	+45.9

Nは高調波の次数を表す

半径 r の球の中心O点に1/2λアンテナがあるとき球面の微小表面積ΔAから出て行く電力密度Sを全表面にわたって求めて総電力Pを算出しようとしている

その式はまず

$$P = \int_0^{2\pi} \Delta\phi \int_0^{\pi} Sr^2 \sin\theta \cdot \Delta\theta$$

1/2λアンテナのθ方向の電界もいささか複雑な計算によって求められるが，その計算式はここでは示さない．計算結果を上式に代入して書き直すと，

$$P = \int_0^{2\pi} \Delta\phi \int_0^{\pi} \frac{1}{120\pi} \cdot \left(\frac{60|I|}{r}\right)^2 \cdot \frac{\cos^2(\frac{\pi}{2} \cdot \cos\theta)}{\sin^2\theta} \cdot r^2 \sin\theta \cdot \Delta\theta$$

この計算も相当に骨がある．計算結果を示すと，

$$P = 30 \cdot |I|^2 \times 2.4376 = 73.13|I|^2$$

$$\therefore R_r = 73.13 \ [\Omega]$$

これが1/2λアンテナの放射抵抗である

図2-3 なぜ73Ωなのか

2-2 半波長ダイポール・アンテナの基本的な物理量

先にも述べたように，半波長ダイポール・アンテナは，変形されてほかのスタイルのアンテナに生まれ変わったり，それらのアンテナと比較される基準のアンテナとして引き合いに出されます．そこで，このアンテナにかかわる基本的な物理量を紹介しておきます．

多くの参考書にも紹介されていますが，そのいくつかを**図2-4**に示しました．非常に硬い言い回しになりますが，まず「**実効長**」から入ります．

長さが $1/2\lambda$ のアンテナの電流の分布を正弦波と考え，中央に流れ込む電流 I_0 が**図2-4**のように方形波状に一様に分布している仮想的な等価アンテナを想定するとき，その長さ ℓ_e のことを「**実効長**」と呼んでいます．この言葉は，垂直接地アンテナの場合には「**実効高**」という言葉に置き換えられます．

図2-4(e)に述べたように，この実効高のアンテナを電界強度 E[V/m] の電界中に置いたとき，E_a[V] という電圧が誘起されることになります．

放射電力 P_r[W] は，中央の腹部に流れ込む電流 I_0[A] と放射抵抗 R_r[Ω] とを用いて，**図2-4**(c)のように表されます．R_r[Ω] はさきほどから出てきた 73.1Ω のことです．

さらに，このアンテナから距離 d[m] 離れたところの電界強度 E[V] がどうなるかを示したものが**図2-4**(d)です．

一挙に半波長ダイポール・アンテナの特性を並べ立てましたが，どのように活用するのかも**図2-4**の中

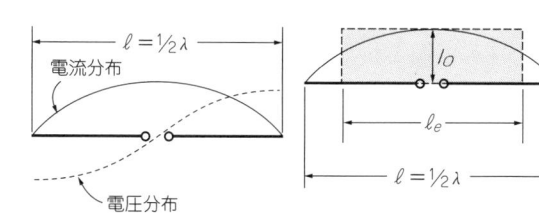

(a) アンテナ（空中線）の長さ　　$\ell = 1/2\lambda$
(b) 実効長　　$\ell_e = \dfrac{2}{\pi}\ell = \dfrac{\lambda}{\pi}$
(c) 放射電力　　$P_r = I_0^2 R_r$ [W]
(d) 電界強度　　$E = \dfrac{60 I_0}{d} = \dfrac{7\sqrt{P_r}}{d}$ [V/m]
(e) 誘導電圧　　$E_a = E \ell_e$ [V]

[例題]
1. 空中線電流が 1.5[A] 流れる半波長ダイポール・アンテナでは，放射電力 P_r は，(c) の式で $R_r=73.1$[Ω] とおいて，$P_r=164.5$[W]．また，これから 15[km] 離れた地点の電界強度 E は，(d) の式で $d=15×10^3$[m] とおいて，$E=6$[mV/m] となる．
2. 波長 2[m] の半波長ダイポール・アンテナの実効長は，(b) の式で $2/\pi ≒0.64$[m] である．このアンテナを電界強度 2.5[mV/m] の中においたとき，誘導電圧 E_a は，(e) の式から 1.6[mV] となる．

図2-4 半波長ダイポール・アンテナの基本的な性質

【補足】
図2-4(d)の**電界強度の式**は，**図2-3**と同様の解析によってできたもので，式の展開経過は省略しますが，この式のように，**電界強度がアンテナからの距離 d に反比例する電界のモードを放射電磁界と呼び**，通常はこのモードを利用しています．このモードになる条件は，$d \gg 15\lambda/\pi$ すなわち d が波長の約5倍より十分大きな値で，見通せる距離以内であるということです．

注意してほしいのは，十分な地上高がある自由空間であることです．また，地面の状況で相当に変動があります．

なお，垂直接地型アンテナの場合は，P_r の代わりに $2P_r$ を使います．

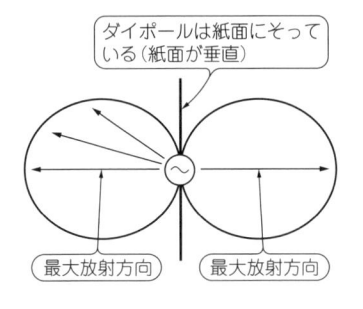

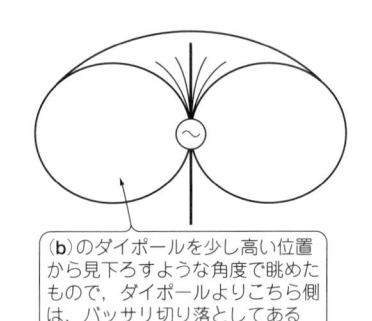

（a）水平面の指向性　　　（b）垂直面の指向性　　　（c）立体的に眺めたらドーナツになっている

図2-5　垂直半波長ダイポールの放射パターン（指向性）

に例題として示しました．

　これらの数式の出所と計算過程を展開することはますます硬くなりますので，省略することにします．

　初めに断っておくことでしたが，放射抵抗が73.1Ωであるとか，誘導電圧がどうなるかについては，ある約束があります．それは，**その半波長ダイポールがアンテナのエレメント径が波長に比べてきわめて細いことのほかに，大地から無限に離れた自由空間にあるとして計算されている**ということです．

　ですから，図2-4のような特性や計算式は，実際のアンテナに対しても通用すると思うと誤解のもとになってしまいます．実際には地面からの高さによって放射抵抗も変化し，結果として放射電力も計算どおりになるとは限らないのです．

　では，図2-4は何のためにあるのでしょうか．半波長ダイポール・アンテナは基本的なアンテナなので，これから派生するほかのアンテナがどのような特性なのか常に参照されることになります．ですから，理想的な条件下であっても，半波長ダイポールとはこのようなものである，と承知しておくことが重要なのです．

　図2-4で触れなかった半波長ダイポールの基本的な性質に，「**指向性**」があります．

　図2-5は，垂直半波長ダイポールの電波の**放射パターン**（指向性）を説明したものですが，これも大地から無限に離れた自由空間にある場合のものです．

　大地から無限に離れた自由空間にある半波長ダイポールですから，わざわざ垂直と断るまでもなく，水平半波長ダイポールについても同じことです．図2-5は垂直半波長ダイポールによって説明していますが，図2-5の中で「垂直」と「水平」とを置き換えて読めば水平半波長ダイポールの説明として使えます．

　図2-5（a）でわかるように，半波長ダイポールからは，ダイポールを軸に円板のこまを回しているようなイメージで周囲に均等に電波が放射されています．電波は，図2-5（b）に示すようにダイポールの中心である「**給電点**」から矢印のような方向に放射され，その強さは給電点を垂直によぎる方向がもっとも強く，そのほかの方向については図2-5（b）に示した円形に矢印の先端がくるような分布をしています．完全な円ではなく少し上下が押しつぶされた円になります．

　これを「**横8字パターン**」とか「**8字特性**」などと呼んでいます．

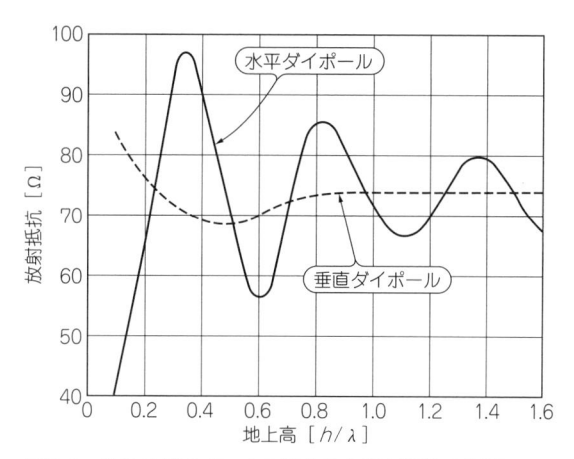

図2-6　半波長ダイポールの地上高と放射抵抗の関係

図2-5(a)も図2-5(b)も，ダイポールを真上から見たり真横から見たりしていて，実感としてどうなのかがわかりにくいものですが，図2-5(c)はこれを立体的に眺めたものです．

すなわち半波長ダイポールからは，電波の強さがドーナツ状に表現されるようなイメージで，電波が放射されることがわかります．

これからもいえることですが，送信ダイポールの電線の延長上には電波がなく，この方向に受信アンテナを配置しても電波を捕まえられないことがわかります．

大地から無限に離れた自由空間にある半波長ダイポールの基本的な性質をザーッと見てきましたが，それでは大地から無限に離れているとはいえない半波長ダイポールの特性はどうなっているのか，代表的な特性について二つ紹介します．

一つは，アンテナの地上からの高さとインピーダンスとの関係，もう一つは垂直面内の指向性についてです．

図2-3や表2-1で見てきたように，きわめて細い線で作られ，自由空間に置かれた半波長ダイポールの放射抵抗は73Ωであると説明されています．この半波長ダイポールが地面に近づいたら放射抵抗がどうなるのかを示したものが図2-6です．

水平ダイポールの場合に放射抵抗が劇的にあばれることがよくわかります．

図2-6は，大地が完全導体として計算されたものですが，大地には湿地状態があります．そのときは「アバレ」の幅はもう少し小さくなりますが，ここでは省略します．

水平の場合も垂直の場合も地上高が高くなれば，すなわち横軸のズーッと右側に行けば，放射抵抗が73Ωに近づくことがわかります．

もう一つの特性，地上高と指向性との関係については，垂直ダイポールの場合を図2-7に，水平ダイポールの場合を図2-8にそれぞれ示します．どちらも0点の位置がダイポールの給電点を示します．

図2-7(a)は，半波長の下側のエレメントの先端が大地に触れるほどの低さですが，電波は水平に放射されることがわかります．図2-7(b)も似たような放射パターンですが，図2-7(c)のように，さらにhが

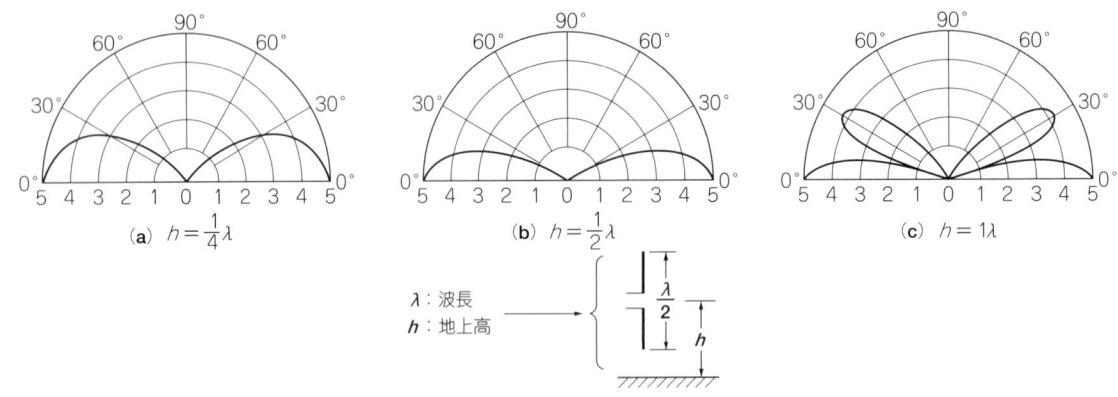

図2-7 垂直半波長ダイポールの垂直面内指向性(放射パターン)

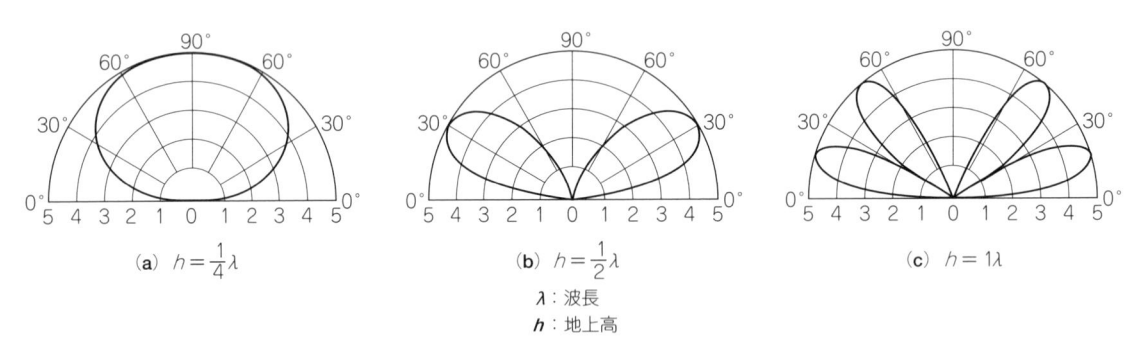

図2-8 水平半波長ダイポールの垂直面内指向性(放射パターン)

大きくなると放射パターンは複雑になり,一つの方向だけでなくなることがわかります.**図2-7**には示していませんが,$h = 3/4\lambda$ の場合も $h = 1\lambda$ のパターンと似ています.

図2-8は水平ダイポールの場合ですが,これも高さ h によって放射パターンがさまざまな変化を示すことがわかります.このように,比較的低い地上高と指向性との間には,非常に複雑な関係があることを承知しておくことが重要です.

図2-9に示したように,電波が大地に対して放射される角度を一般に「**打ち上げ角**」と呼びます.特にHF帯で電離層反射を利用して交信する場合,電波がどのような角度で放射されるかは重要な要素になります.

例えば,打ち上げ角が大きすぎると,電波が電離層を突き抜けたり,何度も反射を繰り返して目的の地点にやっと到達するという,効率の悪い送信ということになります.一般に反射回数を減らすためには,打ち上げ角を低くすることになります.

この辺の事情は,**図2-10**にも示しましたが,槍投げなど物を遠方に投げ飛ばす要領とは相当に異なります.

図2-9 打ち上げ角

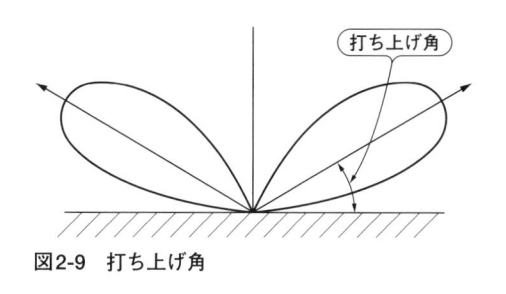

図2-10 打ち上げ角

ヤリは遠く投げるのに"打ち上げ角"の設定が重要．電波は直進するうえに反射を繰り返すので比較的低い打ち上げ角が望まれる

ナゲヤリは困るケド

2-3 アンテナ・エレメントの太さがもつ意味

　先ほどダイポールが共振するときの波長λ[m]とダイポールの長さℓ[m]との関係は，ほぼ$\ell=\frac{1}{2}\lambda$になっていると書きましたが，この辺のことをもう少し正確に見てみましょう．

　図2-11は，線の太さを考慮したときの，$\frac{1}{2}\lambda$付近の，アンテナの入力インピーダンスを求めたものです．入力インピーダンス$R+jX$のリアクタンス分Xは線径dによって相当にばらつきますが，抵抗分Rはほとんど1本の曲線に集中しています．

　線径dをうんと小さくすると，0.5λのアンテナの入力インピーダンスは**73.1＋j42.5**[Ω]になることが計算されます．さらに，0.5λより少し短くすればリアクタンス分Xがゼロになるポイントがあることもわかります．

　ダイポール・アンテナは，共振してはじめて効率よく電波が放射されるわけで，機械的な0.5λよりもある率で短縮する必要があります．どのくらい短縮するかを示す言葉が「**短縮率**」です．

　図2-11で見るようにエレメント径dが太くなるほど短縮率は大きくなります．それはエレメントが太いものほど静電容量Cの影響が強いからです．VHFやUHFでは比較的正確に計算データも提供されていますが，HF帯ではその都度調整する必要もあります．

　実際のアンテナは，この短縮率を考慮して設置する必要があるのですが，構造などによって必ずしもピタリというわけにはいきません．その場合には，コイルやコンデンサを使って電子回路的に短縮したり延長したりすることが行われます．これについては次節で触れます．

　エレメントが太いか細いかは短縮率だけでなく，アンテナの「**バンド幅**」にもおおいに関係があります．「エレメント径が太いものほどCの影響が強い」といいましたが，**図2-1(b)**を思い起こしてください．Cが大きければ共振の相手となるLは小さくなります．電子回路の理論では，共振の鋭さをQで表現することはよく知られています．

　そのQは，抵抗分をRとすると$Q=\dfrac{1}{\omega CR}$であることも常識になっています．すなわち，エレメント径が太いアンテナはQが小さくなり，そのアンテナでカバーできるバンド幅が広がります．

　バンド幅は後ほど触れるSWR(定在波比)という物理量によって評価されますが，イメージ的には**図2-**

図2-11 中央給電，半波長近辺の入力インピーダンス
（R：抵抗分，X：リアクタンス分，d：線径）

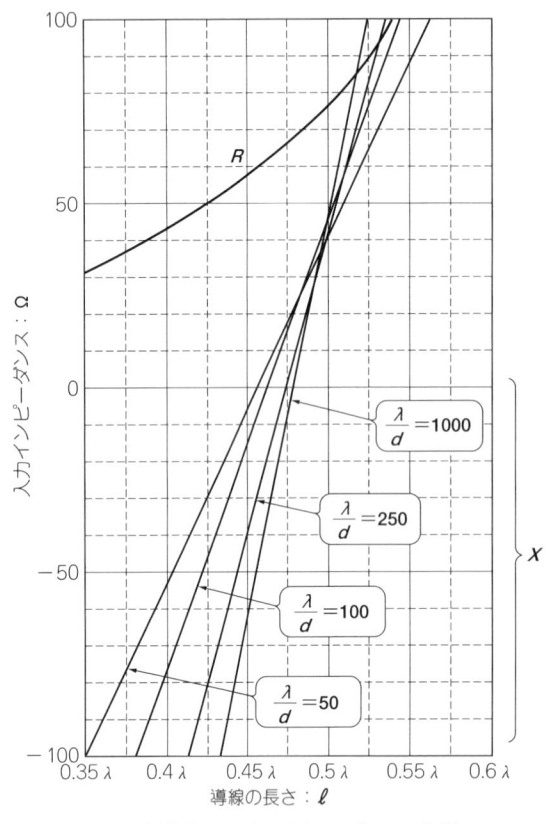

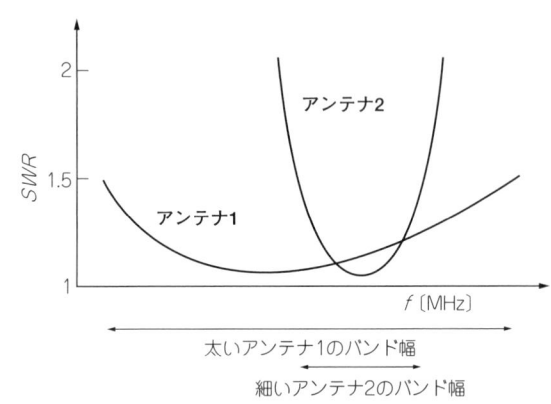

図2-12 アンテナによってバンド幅が異なる

12のような違いになります．この性質は特にVHFやUHFで重要になります．

　ともかく，エレメントの線径が太いと，短縮率が大きくなるとともに，バンド幅も広がるのです．バンド幅はアマチュア・バンドに許されたバンドの帯域の広さですから，これをあまり狭くすると，そのバンドの高い周波数と低い周波数とで2本のアンテナを用意するとか，同調回路を用意するなどたいへんやっかいですから，アンテナを自作するときにはあらかじめ中心周波数とバンド幅を考えておき，エレメントの太さを積極的に考慮することが望まれます．

2-4 延長コイルと短縮コンデンサ

　アンテナは空中線ともいわれるように，空中高く張りめぐらすのが一般的です．
　張ってみたら短縮率が思ったとおりにいかず，リアクタンス分が誘導性であったり，容量性であったりさまざまです．このようなとき何度もアンテナ線を上げたり，降ろしたりするのはたいへんですが，アンテナの線長を変えずに共振状態を作り出してくれるものが，「延長コイル」と「短縮コンデンサ」です．図

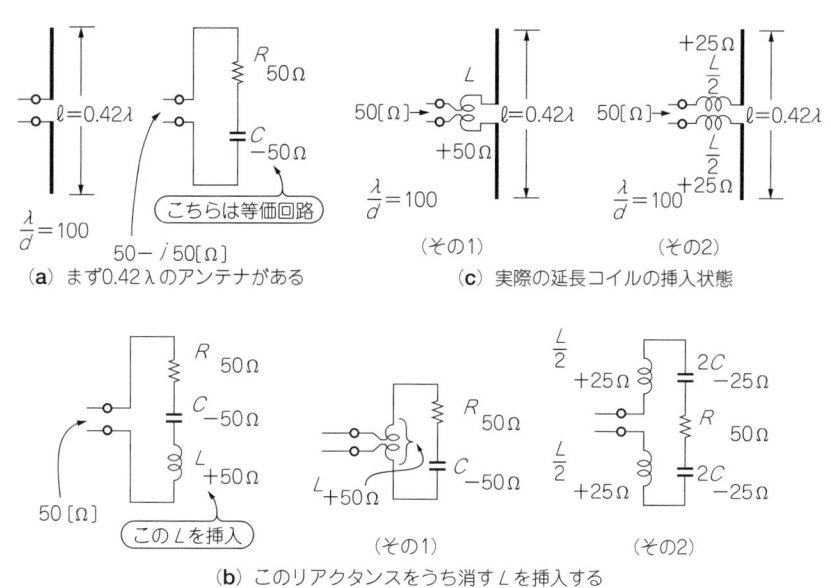

図2-13 延長コイルの挿入事例

(a) まず0.42λのアンテナがある
(b) このリアクタンスをうち消すLを挿入する
(c) 実際の延長コイルの挿入状態

2-13で延長コイルの事例を見てみます．

 図2-13(a)のように，まず0.42λの半波長に満たないダイポールがあるとします．

 λ/d = 100とすると，図2-11によると0.42λではリアクタンス分Xは，ほぼ-50Ωです．また，抵抗分Rはほぼ50Ωなので，このアンテナの等価回路は図2-13(a)の右の図に示すようになります．

 入力インピーダンスは$50-j50$［Ω］です．短縮率というものの目的が，アンテナの入力インピーダンスからリアクタンス分を打ち消すことであったように，延長コイルや短縮コンデンサの目的もアンテナの入力インピーダンスからリアクタンス分を打ち消すことにあります．

 ここでは，-50Ωを打ち消すことです．したがって，図2-13(b)の(その1)，(その2)に示すように，二通りの方法が考えられます．

 いずれの方法も，$+50\Omega$のコイルを挿入してC成分の-50Ωを消すことですが，(その1)の方法は$+50\Omega$のコイルの中点から端子を出して入力端子とする方法です．(その2)の方法は，C成分の-50Ωを二つの-25Ωに分け，二つの$+25\Omega$のコイルでそれぞれを打ち消すというものです．

 このとき，二つのコイルどうしを磁気的に結合させてはいけません．二つのコイルを同一軸上に接近させて配置するとか，並べて接近させて配置するとかすると磁気的な結合が起こるので要注意です．接近させざるを得ない場合は，コイルの中心軸を互いに90度向きを変えるように構造を工夫する必要があります．

 短縮コンデンサについても同じように考えることができます．この場合は，接近してもコイルのときのような結合はないので，配慮は無用です．

2-4 延長コイルと短縮コンデンサ

2-5 アンテナの「利得」

利得という言葉は,電子回路の世界では増幅度という言葉と同義語です.

利得という文字を使っているので,何か得するような印象を受けますが,数字で表すときにはマイナス符号が付くこともあります.もちろんこの意味は増幅ではなく減衰です.

アンテナの利得は,ある基準になるアンテナに比べて,どのくらい能力が高いのか低いのかを表現する指標です.基準になるアンテナは構造が簡単で,理論的にもしっかりと能力が表せるものである必要があります.実は二通りの基準があります.

その一つが半波長ダイポール・アンテナです.もう一つは,いささか難しいアンテナで,仮想的なものといってもよろしいでしょう.

前者を「**相対利得**」と呼びdB(dBd)で表し,後者を「**絶対利得**」と呼んでdBiで表しています.

dB(デシベル)はユニークな単位で,「増幅度」や「減衰量」を表す大小の割合をいう場合と,添え字を付けてdBmでmWを基準にした電力を表したり,dBμでμVを基準にした電圧を表したり変幻自在な単位であることはよくご存じのとおりです.しかも音圧の単位にまで使われるので,まったくユニークそのものです.

アンテナの利得は,(ワットやボルトなどの)単位を伴わない大小の割合を示す数値です.

電力Pの大小を表すdBは

$$G = 10 \log \frac{P}{P_O}$$ で表し,

電界強度のような電圧系Eの大小を表すdBは

$$G = 20 \log \frac{E}{E_O}$$ で表します.

ここで,P_OやE_Oは比較される基準の電力や電圧を表します.はじめに相対利得の考え方を事例によって説明しましょう.

図2-14は,3エレメントのビーム・アンテナの相対利得を求める方法です.

まず**図2-14(a)**では,相対利得を知りたいアンテナに$P[\mathrm{W}]$という電力を加え,ある地点でその電界強度を調べます.つぎに基準となる半波長ダイポールに,同じ電界強度が得られるような$P_O[\mathrm{W}]$を加えます.ビーム・アンテナのほうが利得は大きいでしょうから,当然P_OはPよりも大きな電力を加えなければなりません.そのときこのビーム・アンテナの相対利得は

$$G = 10 \log \frac{P_O}{P} [\mathrm{dB}]$$

となります.

図2-14(b)では,どちらのアンテナにも同じ電力を加えて(もちろん電力を加えるのは同時ではありません),その電界強度の強さの割合をdBで表す方法です.このときは

図2-14 相対利得の求め方事例

(a) その1: $G = 10 \log \frac{P_O}{P}$ [dB] …相対利得

(b) その2: $G = 20 \log \frac{E}{E_O}$ [dB] …相対利得

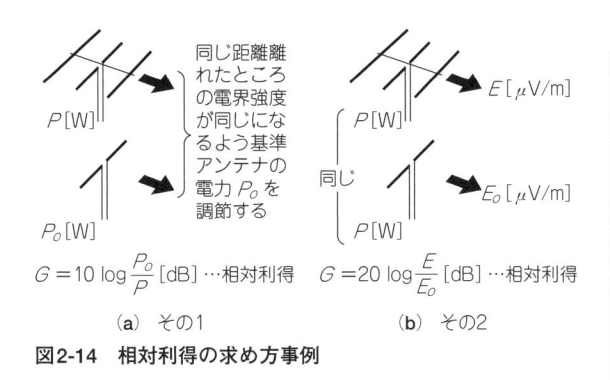

表2-2 絶対利得と相対利得

アンテナのタイプ	絶対利得	相対利得
等方向性アンテナ（完全無指向性）Isotropic Antenna	0dBi	－2.15dB
半波長ダイポール	2.15dBi	0dB
指向性アンテナの例（3エレメント）	9.15dBi	7dB

$$G = 20 \log \frac{E}{E_O} \ [\text{dB}]$$

となります．電圧系の割合なので係数が20になっていることに注意してください．

さて，アンテナの利得には，二通りの基準があり，その一つが半波長ダイポール・アンテナで，もう一つはいささか難しいアンテナで仮想的なものだといいましたが，私たちが通常アンテナの利得をいうとき，この半波長ダイポールに対する相対利得のことをいっています．難しい仮想的なアンテナを基準にした場合には，絶対利得と呼ぶのですが，相対利得と比較しながら両者の関係を示したものが**表2-2**です．

表2-2で見るように，絶対利得の基準となるアンテナは等方向性アンテナあるいは完全無指向性アンテナと呼ばれます．

英語で「**Isotropic Antenna**」で，コンサイスの英和辞典によると等方性と説明されています．すべての方向に一様に電力を放射する微小アンテナで，アンテナの理論を考えるとき常に出発点となる重要な仮想アンテナです．このアンテナを基準に選んだときの（絶対）利得をdBで表現する場合には，英文名のIsotropicをとってdBiで表現しています．

表2-2でわかるように，半波長ダイポールと完全無指向性アンテナとの間にはきちんとした相関があり，2.15 dBという差があるので，両dB相互間の変換は容易です．

利得は，2-2節でも紹介したような「自由空間」で考えているものであり，地面に近い場合や設置方法によっても差異があります．

2-6 半波長アンテナについての補足

前章の電波の解説に続き，標準的なアンテナ，半波長ダイポールのいろいろな性質について述べてきました．

文中にも触れましたが，半波長アンテナはアンテナの基本中の基本です．ここで半波長ダイポール・ア

アンテナの重要性を総括して締めくくりたいと思います．

(1) 半波長ダイポール・アンテナは，それ単独で計測用のアンテナとして活用されている．
(2) 非常に多くのアンテナが半波長ダイポール・アンテナから派生した構造になっている．
(3) 構造が単純で放射能力に再現性があり，ほかのアンテナの相対利得の基準となっている．

そして重要性ではありませんが注意点として，大地からの距離が振る舞いに大きく影響することを忘れてはなりません．

上記の(2)のうち，派生というよりは親戚のようなダイポール「フォールデッド・ダイポール」があります．これについて次節で紹介します．

2-7　フォールデッド・ダイポール

「フォールデッド・ダイポール」は，テレビの受信用アンテナとしておなじみのものです．

図2-15は半波長ダイポールからフォールデッド・ダイポール・アンテナへの展開を示す三つの姿です．図の(a)はおなじみの半波長ダイポールで，ご存じのように放射抵抗は73Ωです．

図(b)は半波長ダイポールに沿ってもう一つの「給電しない半波長ダイポール」を接近して配置し，2本のエレメントの両端をそれぞれ接続したものです．

図の(a)に破線で示したように，ダイポール上の電流分布は給電点が最大でエレメントの先端はゼロになっています．このことは(b)についても同じで，2本のエレメントとも同じパターンで電流が分布しています．ループ状になっているから電流は逆向きに流れるのではないかと思われるでしょうが，エレメントの先端で電流がゼロになっているところがミソで，エレメントがさらに長ければそこから先は位相が逆になるはずのところが，そこで折り返されているので，結局2本目のエレメントにも1本目のエレメントと同位相の電流が流れると考えれば理解しやすいでしょう．2本のエレメントには同じ大きさの電流が流れると考えられ，供給される全電流は変わらないので，1本あたりの電流は(a)の半波長ダイポールの場合の半分の大きさになると考えられます．

同じ電流分布の2本のエレメントが接近しておかれているので，外から見ると2本分の太いエレメントが1本存在しているのと等価で，エレメント2本が垂直面内に上下に位置していても，水平面内に隣り合わせに位置していても指向性や偏波面に差異はありません．

このアンテナの放射抵抗は，給電の電圧を同じとすれば4倍となり約300Ωとなります．

300Ωという放射抵抗は，テレビ受信用の平行2線式のリボン・フィーダのインピーダンスと同じなの

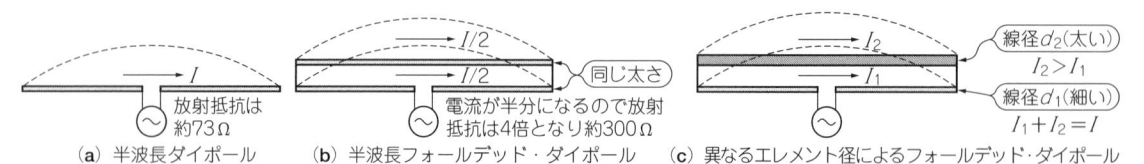

(a) 半波長ダイポール　放射抵抗は約73Ω
(b) 半波長フォールデッド・ダイポール　電流が半分になるので放射抵抗は4倍となり約300Ω　同じ太さ
(c) 異なるエレメント径によるフォールデッド・ダイポール　線径d_2(太い)　$I_2 > I_1$　線径d_1(細い)　$I_1 + I_2 = I$

図2-15　フォールデッド・ダイポール・アンテナ(折り返しアンテナ)

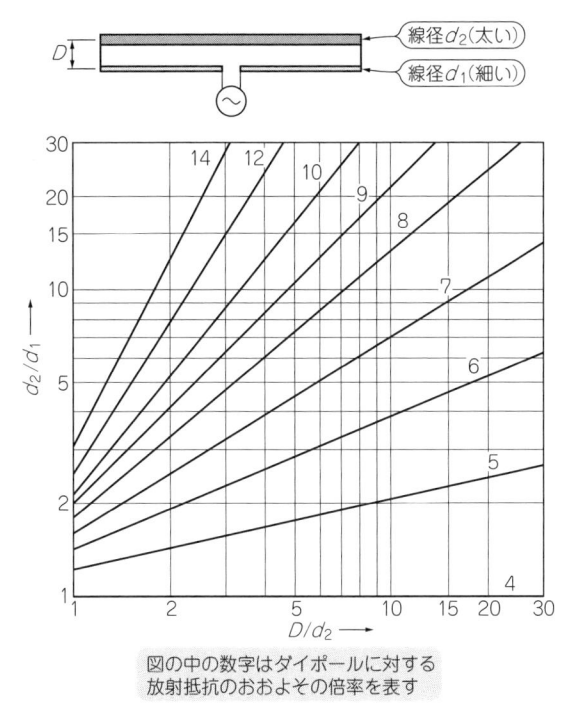

図2-16 線径の異なるフォールデッド・ダイポールの放射抵抗

図の中の数字はダイポールに対する放射抵抗のおおよその倍率を表す

で，このフィーダを加工することによって簡易型のフォールデッド・ダイポールが作れます．

もし図(c)に示すように，2本目のエレメントの線径が1本目の線径よりも太い場合はさらにようすが異なり，太いほうのエレメントの電流は1本目のそれよりも多くなります．

そして図(b)で経験したように放射抵抗も変わってきます．

そのありさまを図2-16でもう少し詳しく見てみます．

図の読み方は，縦軸が2本のエレメントの線径比，横軸が2本のエレメントの間隔と太いほうの線径との比で，両者の交点にある斜線に付した数字が73Ωの何倍かを示すものです．

第3章

ローバンドのアンテナ

　第1章では，電波を理解するために欠かせない物理学を学習しました．用語の切り口からいうと「変位電流」，「電磁波エネルギーが広がるメカニズム」，「偏波」等々でした．

　第2章では，「ダイポール・アンテナ」がアンテナの原型であるとして，「放射抵抗」や「利得」といったアンテナのカタログに出てくる専門用語が理解できることを目的に理屈っぽい理論を展開しました．

　本章からは，いよいよ具体的なアンテナの構造や特性に踏み込みますが，電波の性質が波長によってがらりと異なるように，アンテナも扱う波長によって構造や考え方が異なります．そこで本章ではどちらかというと「ローバンド」寄りのアンテナから入ることにします．

3-1 アンテナはどう分類するのか

　技術書によっては，アンテナの分類方法が必ずしも同じではありませんが，諸先輩の分類に大きく逆らわずに，筆者がまとめてみた分類が**表3-1**です．

　そもそもアンテナのルーツは，表中にあるダイポールとループです．

　ダイポールは，すでに詳しく説明してきましたが，ループが磁力線を授受して，アンテナの機能を果たすことは容易に理解できるでしょう．

　この二つには，平衡型の給電線によって給電されるような，対等の2端子が備わっています．

　対等というのは，端子どうしを入れ替えても，同じ結果が得られるという意味です．

　したがって，どちらも空中高く設置されて，給電される平衡型として分類されます．

　このすぐ後に「**鏡像**」を説明しますが，その鏡像を使えば，垂直ダイポールの下半分を，大地に置き換えることが可能です．その場合には，表の接地系の欄に示した「**垂直接地アンテナ**」となります．

　垂直接地アンテナの象徴的なものは，中波の放送局の送信アンテナです．送信周波数を1MHzとすると$1/2 \lambda = 150$mですから，一般家庭では，半波長ダイポールを空高くかかげるわけにはいかず，上部エレメント長の$1/4 \lambda = 75$mを建てるのが精一杯です．これでもまだ無理があります．

　このことでわかるように，接地系のアンテナは，短波帯以下の低い周波数帯で利用されます．逆に，VHFやUHFで接地系のスタイルを採用したら，どんなことになるでしょうか．たとえば，VHFの100MHzは$1/4 \lambda = 0.75$mですから，人間の身長以下のアンテナを，ダイレクトに地面に立てて，送受信をしようということになります．電波の見通し距離や，障害物を考えただけでも，垂直接地がVHFやUHFに向かないことが明白です．

　さて**表3-1**には，半接地系という奇妙な分類を入れました．あえてクエスチョン・マークを付けましたが，気持ちとしては，どうしても入れたくなる分類です．

　一つは直接大地へ接地する代わりに，大地近くに張った「**カウンターポイズ**」という電線を使うもので

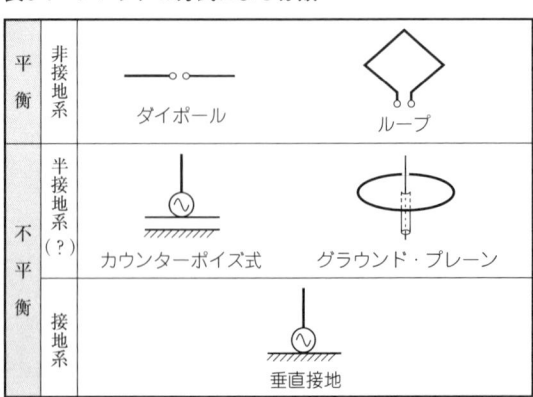

表3-1 アンテナの方式による分類

平衡	非接地系	ダイポール	ループ
不平衡	半接地系(?)	カウンターポイズ式	グラウンド・プレーン
	接地系	垂直接地	

す. 詳細は後述します.

　もう一つはVHFやUHFでもっとも多用されている「**グラウンド・プレーン**」です. カウンターポイズもグラウンド・プレーンも, 下方にあるエレメントは大地相当です. グラウンド・プレーンという言葉も訳せば「**大地板**」です. ではなぜこれらを接地系として分類しなかったのかというと, 特にグラウンド・プレーンのほうは, 「**大地板**」ごと空中高くかかげて使うことが可能で, 直接接地することなく機能するからです.

　カウンターポイズも直接接地していないので, 一種のグラウンド・プレーンと見ることができます.

　以下, それぞれのタイプのアンテナについて, 詳しく見ることにします.

3-2　接地アンテナの一口原理

　はじめに, 直接接地する方式のアンテナから考えます. 前にも述べたように, 短波帯以下の低い周波数で使用するアンテナが中心です.

　まず, 電磁気学の最初の段階で学習するような話から入りましょう. **図3-1**は, 広い導体からある距離が離れたところに, プラスの電荷がある図です. 電気力線には「導体の面に垂直に出入りする」という性質があります. これを表したものが同図(**a**)です.

　この状態は, 同図(**b**)に見るように, 導体の面に対してプラス電荷と, 対称の位置にマイナス電荷があることと, 等価であることがわかります. 導体の面は, 両電荷の中間点にあたり, ちょうどゼロ電位です.

　プラス電荷は, 「**鏡像**」としてのマイナス電荷を作っていたことになります.

　このことから, **図3-2**(**a**)に示すように, 広い導体面と見なされる大地に, 1/4λ長のエレメントを建てると, 同図(**b**)に示すように鏡像が作られ, 結果として同図(**c**)のように, 高さ0mの半波長ダイポールが存在することと等価になります.

　給電部も大地の表面で半分に切られているので, 放射抵抗は空中にあるダイポールの半分になります.

　これが, 垂直接地アンテナの一口原理です.

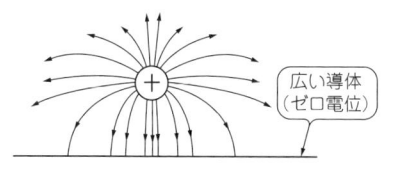

(a) 電気力線は導体の面に垂直に出入りする電気力線の性質のひとつ

(b) (a)の電気力線の出方は, 導体内に鏡像があることと等価

(注)　(a)の「モノポール」は(b)の「h=0のダイポール」と等価

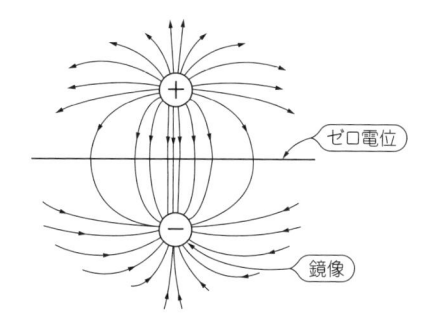

図3-1　平面導体は表面を対称軸として逆電荷の鏡像を作る

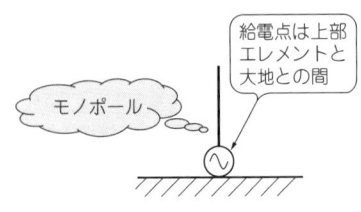

（a）半波長ダイポールの片側を接地　　（b）接地側に鏡像のエレメントが存在すると考えられる　　（c）電波の放射は半波長ダイポールと等価

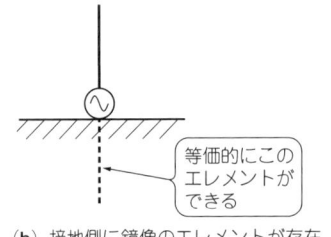

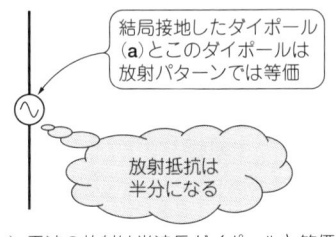

図3-2　大地に建てたモノポールは鏡像によりダイポールと等価

　垂直接地アンテナは，地上のエレメントと接地との，両面から考えなければなりませんが，まず接地のほうから始めます．

3-3　接地のはなし

　大地は完全導体ではないので，接地のしかたや土質の状態によって，数Ωから数10Ωの抵抗を持ち，これを「**接地抵抗**」と呼びます．接地抵抗は，給電点に対し放射抵抗に直列の形で入ることになり，電力の損失を生じます．したがって接地には，技術やノウハウが求められます．

　もともと接地には，二つの目的があります．一つは漏電による感電の防止や，落雷からの保護のような保安上の目的，もう一つは接地アンテナの鏡像メーカーとしての目的です．

　ちなみに，電気設備の保安上の基準は，電気事業法に基づいて規定されており，A種接地工事からD種接地工事まで，ランクによってその扱いは区別されています．たとえば，避雷器の接地はA種接地工事で，接地線は2.6mm径以上とし，接地抵抗は10Ω以下と規定されています．

　ここでは，アンテナの鏡像としての接地の問題ですから，保安上の接地の話には深入りしませんが，送受信機も電気の設備ですから，冷蔵庫や洗濯機と同じように，保安のための接地をすることが望まれます．しかしこのための接地は，接地型アンテナのための接地と兼用することは好ましくありません．

　図3-3は，アンテナ用の接地と，保安用の接地とを別々に行うときの，キーポイントを示したものです．保安用の接地は，家庭内のコンセント（レセプタクル）に，3線式の電源コードを使用できるようになっていればそれでこと足ります．それがない場合は，電気屋さんが家電製品を設置したときに，簡単に工事するアース棒方式の接地で十分です．

　この接地がなくても，無線の機能には影響はありませんが，雷から身を守るためには，ぜひ設置することをお勧めします．ピカピカゴロゴロが始まる頃には，かなり強力な静電気が，アンテナから同軸ケーブルを伝わって，無線機の筐体（きょうたい＝ケース）にまで現れ，金属片を近づけると，火花を見ることすらあります．

　この程度の接地は，機器に帯電した電気を，徐々に大地に落とす機能はありますが，一気に発生する落雷から機器を保護するものではありませんので，高いアンテナを建てるときは，これとは別にしっかりした避雷の対策も行う必要があります．

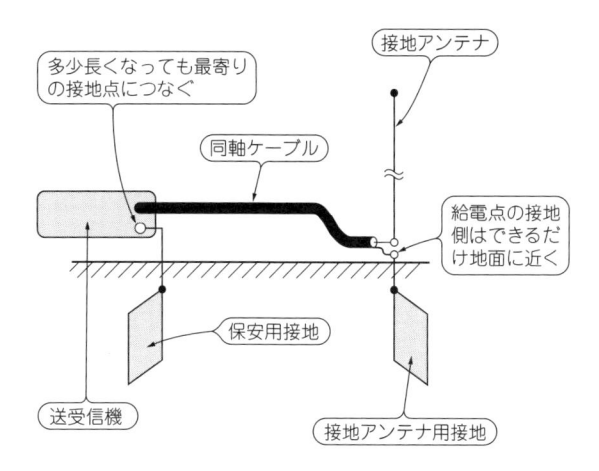

図3-3 保安用接地とアンテナ用接地は別々に

繰り返しになりますが，図3-3は信号用ではない保安用接地と，信号用である接地アンテナの接地を，別々に行うという常識を示したものです．接地アンテナ用の接地は，原理的に鏡像を利用したものですから，図に示してあるように，給電点をできるだけ地面近くに設ける必要があります．

そしてとにかく，より低い接地抵抗で接地することを心がけなければなりません．

さきほどから，何度も接地抵抗という言葉を使ってきましたが，どこにある抵抗をいうのでしょうか？

そもそも大地が完全導体ならば，接地抵抗は0Ωですが，一言でいうと，接地するための導線「接地線＝アース線」と，内部の仮想完全導体との間にある，等価抵抗と考えればよろしいでしょう．

接地抵抗は，「**接地抵抗計**」という計測器で測定できますが，その詳細は他にゆずります．

ともかく低い接地抵抗で接地することが重要です．地中に埋め込む導体は，大きければ大きいほど接地抵抗が低くなります．

もし水道管が近くにあれば，このパイプが地表に顔を出している根元あたりに，接地線をつないでやれば良質な接地となります．ただしガス管には絶対につながないでください．また水道管の場合でも，中間に塩化ビニル管を使ったいわゆる「キセル」はだめです．

3-4 カウンターポイズとその変形

接地抵抗を低くするための土質は，湿地帯が好ましいのですが，乾燥した土地，砂地や岩山など直接接地することが困難なところでは，**図3-4**のように導線網を大地と平行に張る「**カウンターポイズ**」が有効です．この導線は，大地とは接続してなく，容量的につながっているだけです．

コンサイスによれば，カウンターポイズ(Counterpoise)とは「釣り合いおもり」とか「均勢」などと訳されています．図(a)からもわかるようにカウンターポイズは，ダイポールの下側のエレメントを，地面に平行にそわせたものです．この面が大地の役目をはたすものです．

地面からの高さは，アンテナ高の10％程度とも2～3mともいわれています．カウンターポイズの先端

は，電圧分布の「腹」になるため，高電位による感電の危険があります．したがって，人の手が届かない高さが好ましいでしょう．

カウンターポイズの水平面での広がりは，中心から$1/4\lambda$程度が推奨されています．

パターン例を同図(b)に示しました．パターンの模様は多少非対称であってもかまいません．

地表に張るものだけにデザイン的に凝ったものにしたくなりますが，放射状のエレメント(ラジアル)が重要視されます．しかし，波長が長くなればなるほど，占有面積も広いものが要求されるようになり，土地に余裕のある，恵まれたハムに限られたものになります．例えば，7MHz帯では$1/4\lambda$が10mにもなるので，直径20mの土地が必要です．このカウンターポイズを藤棚や果樹園の棚として使うわけにもいかず，いきおい土地面積を心配しなくてすむ業務用のものとなります．

このようにカウンターポイズは，大地の影響を受けにくい反面，広い土地を必要とするなど，採用するにはためらいがあります．しかしもっと簡略化した方式もあります．調整をしっかり行うことが前提ですが，**図3-5**にその一例を示します．

今まで説明してきたカウンターポイズという平面の代わりに$1/4\lambda$の電線を使うのです．なんのことはない「半波長ダイポール」の下半分のエレメントを大地に平行に張ることと同じです．

また，**図3-6**のようにカウンターポイズを単純な十文字にすることも可能で，これはVHFやUHFで多用されるグラウンド・プレーンと同じものです．

(a) 横から見た図

周囲の白丸は支持物との接点を表す(例えば硝子)
(b) カウンターポイズのいろいろなパターン(平面図)

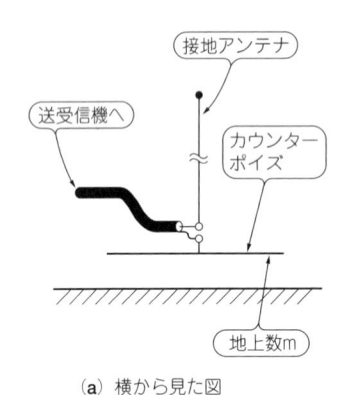

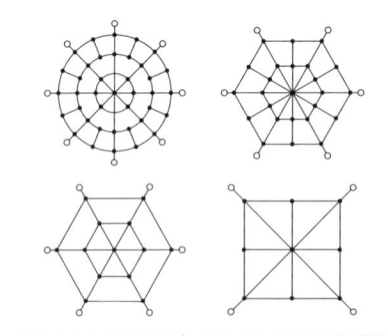

図3-4 カウンターポイズの基本構造

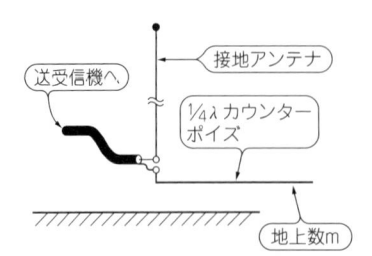

図3-5 簡単なカウンターポイズ

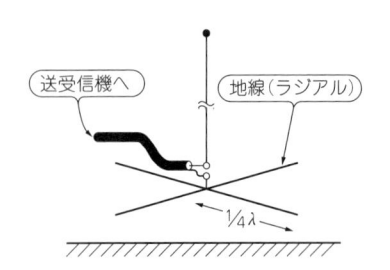

図3-6 $1/4\lambda$ラジアル付カウンターポイズ(グラウンド・プレーン・アンテナ)

3-5 垂直エレメントのはなし

接地アンテナでは，直接電波を放射する「ラジエータ(＝Radiator＝放射器)」は通常垂直エレメントであり，$1/4\lambda$の長さを必要とします．実際にはこれに短縮率をかけたものです．

ところが$1/4\lambda$という長さは，7MHzでも10mもあるので，そんなに気軽に建てられるものではありません．ましてや3.5MHzともなると20m！

そこでアンテナの垂直部を短めにしておいて，等価的に$1/4\lambda$になるよう工夫することになります．事例を図3-7に示します．

同図(a)は垂直部が$1/4\lambda$の基本形です．(b)は第2章の図2-13に出てきた延長コイルで補正したものです．(c)以下はそれぞれに名前が付けられているもので，いずれも帽子をかぶって身長の不足を補っています．

(c)の逆L形は，文字どおり垂直部の先端を逆L形に曲げたもので，垂直部の長さと水平部の長さの和を，$1/4\lambda$とすることを目安とします．

(d)はその水平部を振り分けて，垂直部につないだものです．この場合は，垂直部の長さと水平部の半分の長さとの和を，$1/4\lambda$とすることを目安にします．

(e)はT形の水平部相当の部分を，円形の帽子風にしたもので「頂冠」ともいいます．

(f)はさらにその付け根の部分に，ローディング・コイルを挿入して効果を高めたものです．

図3-7は，大地側を直接接地しているように表現しましたが，この部分がカウンターポイズになることもあります．

さて，このようなアンテナは，実際にどうやって建てるのでしょうか．

アンテナ建設のための機材や技法は，別の機会にゆずるとして，構成の概略を示すと図3-8のようにな

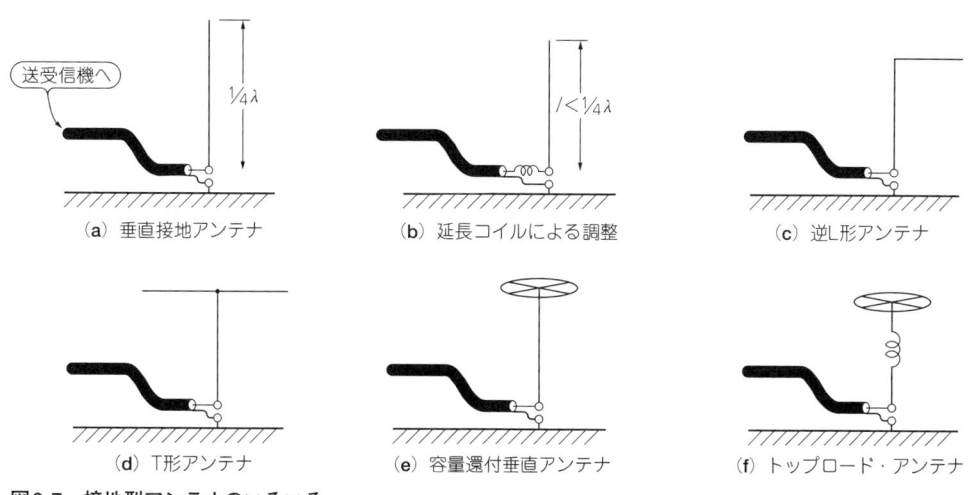

(a) 垂直接地アンテナ　(b) 延長コイルによる調整　(c) 逆L形アンテナ
(d) T形アンテナ　(e) 容量還付垂直アンテナ　(f) トップロード・アンテナ

図3-7　接地型アンテナのいろいろ

ります．

　図の(b)だけが自立式のもので，「**塔アンテナ**」とか「**円管柱アンテナ**」などと呼ばれます．そのほかのものはすべて支柱に張った線によって，垂直部のエレメントをつり下げるものです．

　(b)は支柱を使わない分だけ建設費が安くなり，放射に対する支柱の影響も除かれますが，垂直部の強さが要求されることになります．河川敷で見かけたこともあるでしょうが，中波の放送用アンテナに多く用いられています．

　図3-8に示した小さな黒丸は，両側の線を絶縁する碍子（がいし）を表します．碍子を使ってアンテナ柱を支える電線（ステー）を小刻みに絶縁するのは，その電線が長いときには電波を妨害するからで，非金属のロープを使用するときには，もちろんこれらの碍子は不要です．

　以上述べたような接地アンテナは，図3-9のように，アンテナの高いところで，あちこち行ったり来たりして長く張りめぐらせば，等価的にアンテナ長を長くできます．もちろん最終的にはキチンと波長に合わせた上で，インピーダンスを整合する作業を怠らないようにしなければなりません．

　こうして張ったアンテナの指向性は，どうなっているのでしょうか．特定の通信相手との交信状態を確認しながら，張り方を変えてみる方法もないわけではありませんが，ご存じのように，電波は刻々変化する電離層で反射しながら伝搬するので，どの張り方が最良なのか特定しがたいものがあります．よく調整して電波を無駄なく送り出しさえすれば，とりあえず何とかなると割り切りましょう．

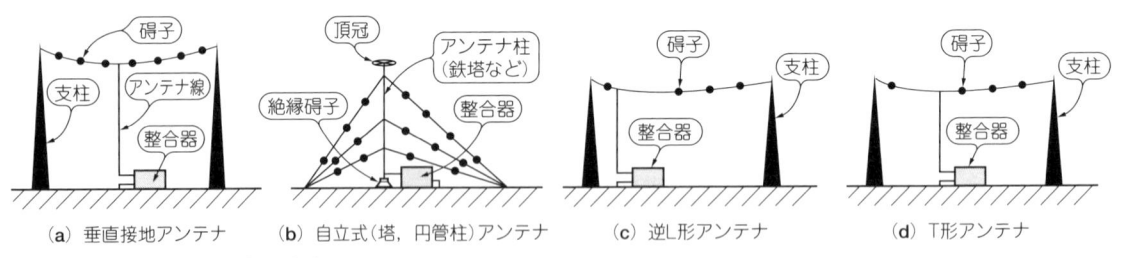

図3-8　接地型アンテナの架設方法

(a) 垂直接地アンテナ　　(b) 自立式(塔，円管柱)アンテナ　　(c) 逆L形アンテナ　　(d) T形アンテナ

図3-9　実際にアンテナを張るときのイメージ

3-6 非接地系のツエップ・アンテナ

ここからは，非接地系のアンテナの事例を取り上げることにします．

古典的であると同時に，今でも現役バリバリのアンテナ「**ツエップ・アンテナ**」を紹介します．

このアンテナは，水平エレメントの一端から給電するもので，「end-fed antenna」と呼ばれます．また，水平エレメントの長さを$1/2\lambda$とすると，その周波数の2倍，3倍，…の高調波に対しても使用可能という便利なアンテナです．

なぜ一端から給電できるのかを**図3-10**に示しました．

図では「はしごフィーダ」を使った説明も入れましたが，OM諸氏はもっぱらこの方法でツエップ・アンテナを活用したものです．はしごフィーダによる説明だけでは今日的ではないので，同軸による給電の状態も加えました．

「今でも現役バリバリ」と表現しましたが，現在市販されているツエップ・スタイルのアンテナは，例外なくこのように同軸ケーブルを直接接続して給電できるように，ユーザー想いの構造になっています．一端から給電できるというのは非常に便利なことで，送受信機から比較的短い同軸ケーブルで，給電点に到達できるというメリットがあります．

「ツエップ・アンテナ」という言葉は正式には「**ツエッペリン・アンテナ**」で，1900年に最初の飛行船の飛行に成功した，飛行船技師のFerdinand von Zeppelin（1838～1917年，独）の名前から来たものです．ツエップ・アンテナは，まさに飛行船のアンテナに最適と思われます．

なお古典的なアンテナといえば，OM諸氏にも懐かしい「ウィンドム・アンテナ」がありますが，これについては別の機会にゆずります．

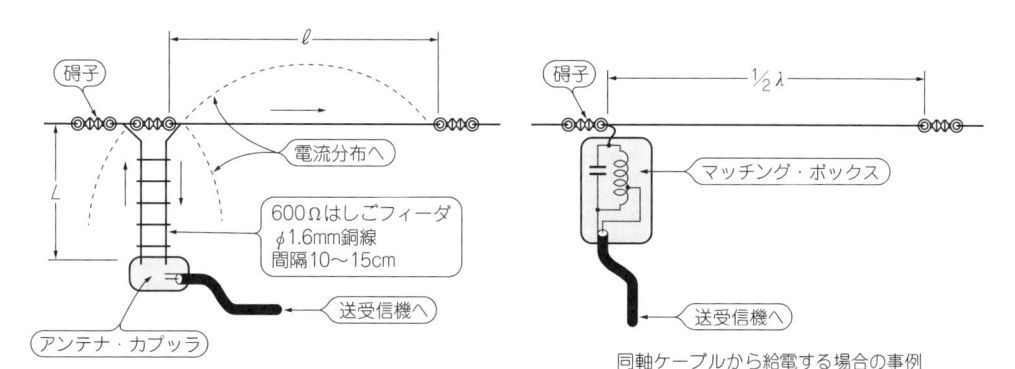

バンド(MHz)	ℓ	L
3.5, 7, 14, 21, 28	41m	13.6m
7, 14, 21, 28	20.4m	13.6m

アンテナ・ハンドブック(第6版)：CQ出版社 p.346から引用

図3-10 ツエップ・アンテナ(図右はツエップ・スタイルのアンテナ)

3-7 非接地系のダイポール・アンテナ

さて，表3-1に示す，非接地系アンテナの一方の代表格「ダイポール・アンテナ」を取り上げます．

ダイポール・アンテナは，アンテナのルーツであり波長の長いローバンドから，VHFやUHFに至るまで広く使われています．しかも「八木アンテナ」として，TVやFMにも使われていることを考えると，もっとも使用している人口(?)の多いアンテナともいえます．

本章ではHF帯以下のローバンドを中心に展開することにします．

半波長ダイポールについては，前章でも重箱のすみをつつくような説明をしてきましたので，改めて原理の説明はしませんが，使う上ではいくつかのスタイルがあります．

図3-11に，半波長ダイポール・アンテナのもっとも単純な使い方を示します．ご存じのように，半波長ダイポール・アンテナの放射抵抗は約73Ωですから，特性インピーダンス75Ωの同軸ケーブルで直接給電ができ，送受信機のある部屋（シャック）まで，長さに気を使うことなく引き込むことができます．平衡型のダイポールに不平衡の同軸ケーブルをつなぐと，電流の分布がケーブルの外側表面にも現れ，電波の飛びが悪いとか，TVなどに障害が起こるなどの不具合もありますが，実用上問題がなければ，非常に簡単な給電方法といえます．

注意することは，多くの送受信機の出力インピーダンスが50Ωであることです．その場合には，例えば50Ω：75Ωの変成器など整合のための回路網を，送受信機の出力側に設ける必要があります．この回路網については別の機会に触れることにします（図7-14など）．

図3-12に，単一周波数で使う半波長ダイポールの基本的なスタイルを示します．この図で「バラン」が何度も出てきます．バランは「Balance-Unbalance」の意味で，「平衡-不平衡変換」の意味です．平衡型の半波長ダイポールを不平衡型のケーブルで直接給電するのでなく，ダイポールとケーブルの間に介在させて平衡型のダイポールを平衡給電できるようにしたものです．

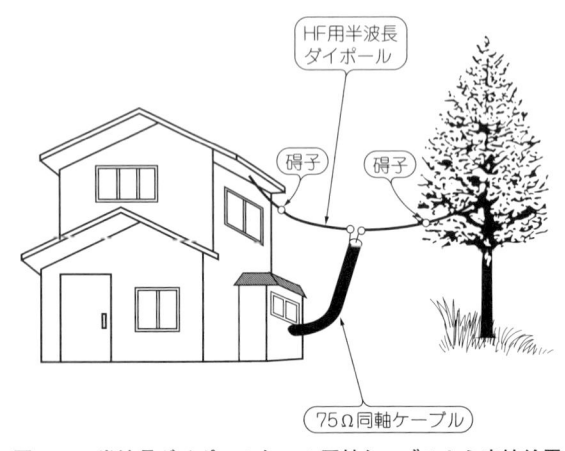

図3-11 半波長ダイポールを75Ω同軸ケーブルから直接給電

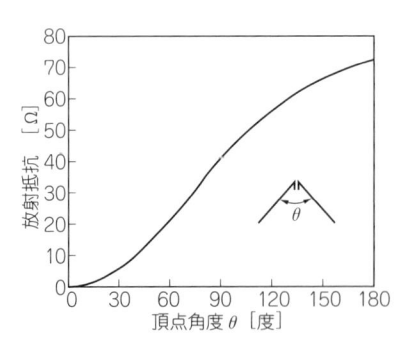

図3-13 頂点角度と放射抵抗との関係

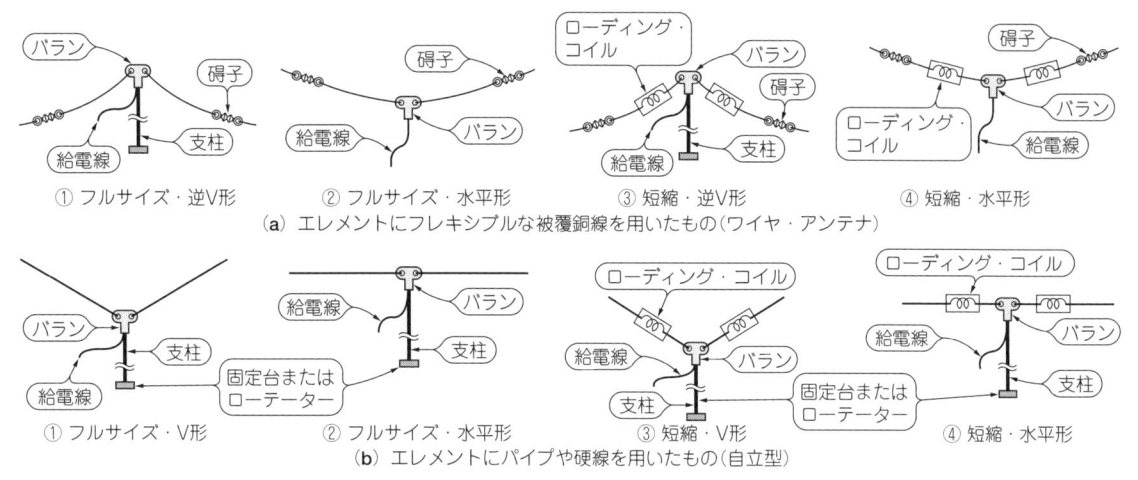

① フルサイズ・逆V形　② フルサイズ・水平形　③ 短縮・逆V形　④ 短縮・水平形

(a) エレメントにフレキシブルな被覆銅線を用いたもの（ワイヤ・アンテナ）

① フルサイズ・V形　② フルサイズ・水平形　③ 短縮・V形　④ 短縮・水平形

(b) エレメントにパイプや硬線を用いたもの（自立型）

図3-12 いろいろな半波長ダイポール（モノバンド）

数MHzからVHF帯近くまでの広帯域を，50Ωの同軸ケーブルで給電できるアンテナの定番部品があります．これについては第6章で他の機材とともに扱います．

図3-12はいろいろな半波長ダイポールの具体例ですが，図の(a)と(b)とに区別したように，アンテナのエレメントには，被覆銅線のようにフレキシブルなものと，パイプのように硬い導線とがあります．

被覆銅線を使う場合は，その末端の碍子を介しての支持をどうするのか，給電点を支柱で支持させるのか，エレメントでぶら下げるのかなど，バラン以外はほとんど自作の領域です．

(a)と(b)それぞれに水平形とV字形があり，さらにフルサイズのものと短縮形のものがあります．周波数が低くなってくると，なかなかフルサイズというわけにもいかず，概して短縮形主体になります．

図3-13にV字形の頂点角度と，放射抵抗との関係を示しました．水平形もV字形の頂点角度が180°という特殊な状態と見ることができます．この図は，アンテナを自由空間においたときの値ですが，前章でも**図2-6**で触れたように，放射抵抗は，地上高(h/λ)によって数%はバラつき，また周囲の地形や建物によっても相当に変化するものです．

したがって実際にアンテナを建てるときには，何度も試行錯誤して，高さや頂点の角度を設定する必要があることを肝に銘じておく必要があります．

さて，アンテナを複数のバンドで使えるようにしたいと思う人は多いと思われます．そのような場合の対応を**図3-14**に示します．図にあるように，各バンドごとのダイポールをまとめて給電する図(a)のような方法と，「**トラップ**」と称する共振回路を，エレメントの途中に挿入する図(b)のような方法があります．

トラップについていうと，図にも示したようにもっともバランに近いエレメント（図のB）を，もっとも高い周波数帯の目的のバンドに調整しておき，先端にその周波数帯に共振した「共振ユニット＝トラップ」をつなぐのですが，その周波数帯に並列共振しているので，トラップから先にはその周波数の電流が流れない理屈になります．トラップには，コンサイスによると「ワナ」とか，水道のパイプにある「防臭弁」などといった意味があります．

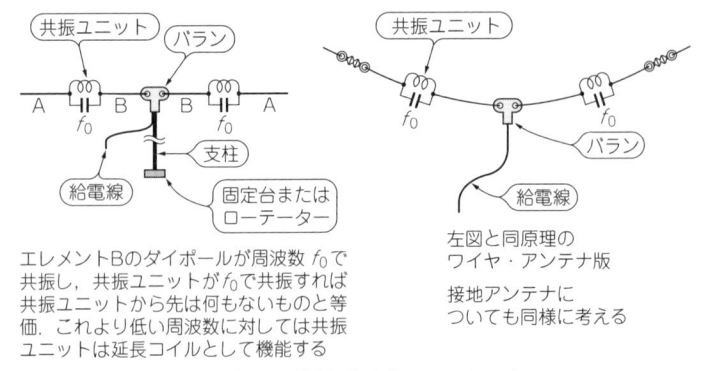

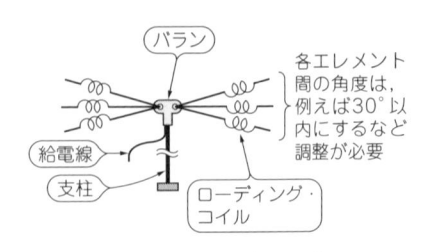

図3-14 マルチバンド・ダイポール

(a) 各波長のダイポールを共通の給電点から給電する

エレメントBのダイポールが周波数 f_0 で共振し，共振ユニットが f_0 で共振すれば共振ユニットから先は何もないものと等価．これより低い周波数に対しては共振ユニットは延長コイルとして機能する

(b) トラップ付きダイポール・アンテナ

左図と同原理のワイヤ・アンテナ版
接地アンテナについても同様に考える

さて，その周波数帯より低い周波数に対しては，トラップは共振状態から外れ，等価的に延長コイルとして機能します．この延長コイルの先に，エレメント(図のA)がつながる形となり，この状態で低い周波数帯のアンテナ長を調節することになります．

これを繰り返すと，何バンドでも送受できるマルチバンド・ダイポールができあがります．

市販のアンテナにもこのトラップ・ダイポールが多く見られます．

また，このトラップ方式は，垂直接地型アンテナや，その変形の「半接地系アンテナ」にも多く採用されています．エレメントを多数使ったビーム・アンテナについては次章以降にゆずります．

3-8　キュービカルクワッド・アンテナ

ここでいきなり「キュービカルクワッド・アンテナ」を展開しようとするには，それだけの理由があります．

前節では，**表3-1**の非接地系アンテナの中から「ダイポール・アンテナ」を取り上げたわけですから，今度は「ループ・アンテナ」を展開するのが順序と思われますが，まぎらわしいことに，「形はループ，素性はダイポール」しかも非常にポピュラーなアンテナ「キュービカルクワッド・アンテナ」を避けてとおるわけにはいかないからです．

通常のループ・アンテナは次節にまわすとして，まず「キュービカルクワッド・アンテナ」について考えることにします．

このアンテナは，クラレンス・C・ムーア氏(Clarence C. Moore)が生みの親とされており，彼以降もこのアンテナに関して，多くの諸先輩が研究している，技術的にも非常に奥の深いアンテナです．キュービカルクワッド・アンテナだけで何百ページもの文献があるほどですから，とてもこの数ページで語りつくすことはできませんが，今まで述べてきた他のアンテナ程度に解説することにします．

まず**図3-15**から入ります．オヤと思う人がいるかもしれませんが，キュービカルクワッド・アンテナがループ・アンテナであるといいながら，この図では2本の半波長ダイポールからスタートしています．

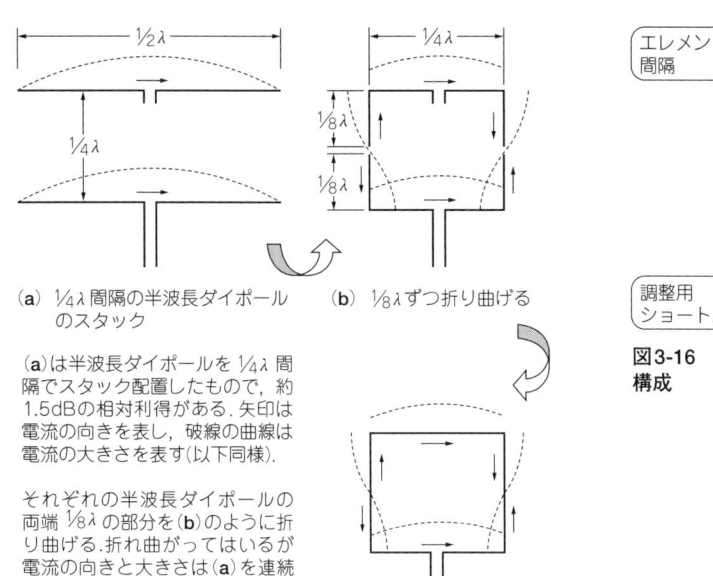

(a) 1/4λ間隔の半波長ダイポールのスタック

(b) 1/8λずつ折り曲げる

(c) キュービカルクワッド

(a)は半波長ダイポールを1/4λ間隔でスタック配置したもので，約1.5dBの相対利得がある．矢印は電流の向きを表し，破線の曲線は電流の大きさを表す(以下同様)．

それぞれの半波長ダイポールの両端1/8λの部分を(b)のように折り曲げる．折れ曲がってはいるが電流の向きと大きさは(a)を連続的に踏襲している．

(b)の電流がゼロになるところをつなぎ合わせ，上側のエレメントの電流最大の部分をつなぐと(c)の「シングル・キュービカルクワッド」ができあがる(この相対利得は1.4dB)．

図3-15 キュービカルクワッドの考え方

図3-16 2エレメント・キュービカルクワッドの構成

　ここで注意を喚起しておきたいことがあります．それはループ・アンテナという姿であっても，そのエレメントの長さや構造が，波長と特定の関係にあるときは，特定波長の線状アンテナと密接な関係があり，ループだからダイポールとは別物と，断定してはいけないということです．図3-15はまさにその事例であるといえます．

　図にも詳しく述べたように，1/4λ離れた二つの半波長ダイポールの「**スタック**」(積み重ね)を，同図(b)のように折り曲げても，ほぼ同じ効果が得られると考え，さらにエレメントを電流のゼロ点でつないでしまうと，(c)のようなキュービカルクワッドができあがるのです．

　このアンテナ単独で相対利得は1.4dBあるといわれています．

　キュービカルクワッド・アンテナは，八木アンテナと同様，導波器や反射器と組み合わせる，いわゆるビーム・アンテナとして使うのが定番となっており，その一例を図3-16に示します．このような状態では相対利得が約6dB増加するため，2エレメントだけで約7dB前後の相対利得という，効率的なアンテナということになります．

　給電点のインピーダンスは，アンテナの地上高によっても異なりますが，二つのエレメントの間隔によっても大きく変わってきます．

　キュービカルクワッド・アンテナは，その構造のまとめ方によって特性も大きく変わってくるので，自作派，工作派のハムにはいろいろと楽しめるアンテナということができます．

3-9 ループ・アンテナ

前章節で取り上げたキュービカルクワッド・アンテナは形の上ではループ・アンテナなのですが,実は,通常「ループ・アンテナ」と呼ばれるアンテナは,「キュービカルクワッド・アンテナ」とは90°の指向性のちがいがあるなど,異質のものであることを認識する必要があります.

ここでは,その「**通常のループ・アンテナ**」に的を絞って話を展開したいと思います.

図3-17は,一般的なループ・アンテナを模式図化したもので,断面積A [m^2]の巻枠にコイルをN回巻いたループ・アンテナの特性を示すものです.ループの形については触れていませんが,極端に長い長方形でなく,まあ常識的な長方形か円を考えましょう.

図にあるようにループ・アンテナの性能のよさを示す指標は「**実効長**」です.この値の半波長ダイポールの実効長に対する割合を考えると「相対利得」に相当する性能がわかります.

第2章の**図2-4**を復習すると,半波長ダイポール・アンテナについては,以下の2項目のようにまとめられます.

① 半波長ダイポールの実効長は,$\ell_e = \lambda/\pi$ [m]である.
② 実効長に電界強度Eを乗ずると誘導電圧が$E_o = E \cdot \ell_e$ [V]で求められる.
＊「実効長」は「実効高」とも呼ばれる.

図3-17の式を使ってループ・アンテナの事例を考えて見ましょう.

半径$r = 0.3$ [m],巻き数$N = 10$ [回],周波数7 [MHz]のループ・アンテナの実効長は,

$A = \pi r^2 = 0.28$ [m^2], $\lambda = 300/7 = 42.9$ [m]

となり,

$\ell_e = 0.41$ [m]

と算出されます.

フルサイズの半波長ダイポールは,$\ell_e = \lambda/\pi = 13.7$ [m]ですから,実効長比でわずか3%程度ということになります.この結果を見る限り,半径0.3 [m]程度のループ・アンテナで半波長ダイポール並みの電力を送信するのは,非常に大変なことが直感できますが,受信アンテナとしてならば,30dB程度の高周波増幅器を使えば半波長ダイポール並みの受信レベルまで取り戻せるので,ループ・アンテナはどちらか

ループの枠の面積 $=A$ [m^2]
N回巻き

ループ・アンテナの実効長:$\ell_e = \dfrac{2\pi AN}{\lambda}$ [m]

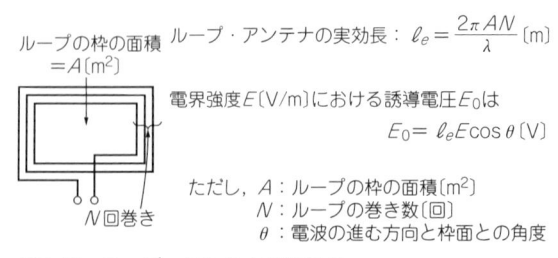

電界強度E [V/m]における誘導電圧E_0は
$E_0 = \ell_e E \cos\theta$ [V]

ただし,A:ループの枠の面積 [m^2]
 N:ループの巻き数 [回]
 θ:電波の進む方向と枠面との角度

図3-17 ループ・アンテナの実効長

というと受信用のアンテナということができます．

さきほど，ループ・アンテナは特性的にも「キュービカルクワド」とは異質であり，特に**指向性**に90°のちがいがあると述べました．そのようすを**図3-18**に示します．

図3-18(a)と**図3-18**(b)は，キュービカルクワッド・アンテナの放射特性で，給電点の位置によって放射される電界の方向（偏波）が異なる状況を示しており，いずれの場合も最大放射方向が開口面に垂直であることを示しています．

これに対しループ・アンテナでは，**図3-18**(c)と**図3-18**(d)に示すように，最大感度を得る方向がループ面に沿った方向であることを示しています．

図1-17のところで，「ループ・アンテナはループの中に磁界が通過するような向きに設置しなければならない」と述べましたが，**図3-18**の(c)と(d)はそのことをあらためて図解したものでもあります．

ループ・アンテナを総括しておきましょう．

(a) キュービカルクワッド

(b) キュービカルクワッド

(c) ループ・アンテナ（垂直型）

(d) ループ・アンテナ（水平型）

通常，ループ・アンテナは，キュービカルクワッド・アンテナより小さいが，説明上大きく描いた．キュービカルクワッド・アンテナには「最大放射方向」と表現したが，ループ・アンテナのほうは，受信用途が主体なので「最大感度方向」と表現した．もちろん「最大放射方向」は「最大感度方向」も含んでいる

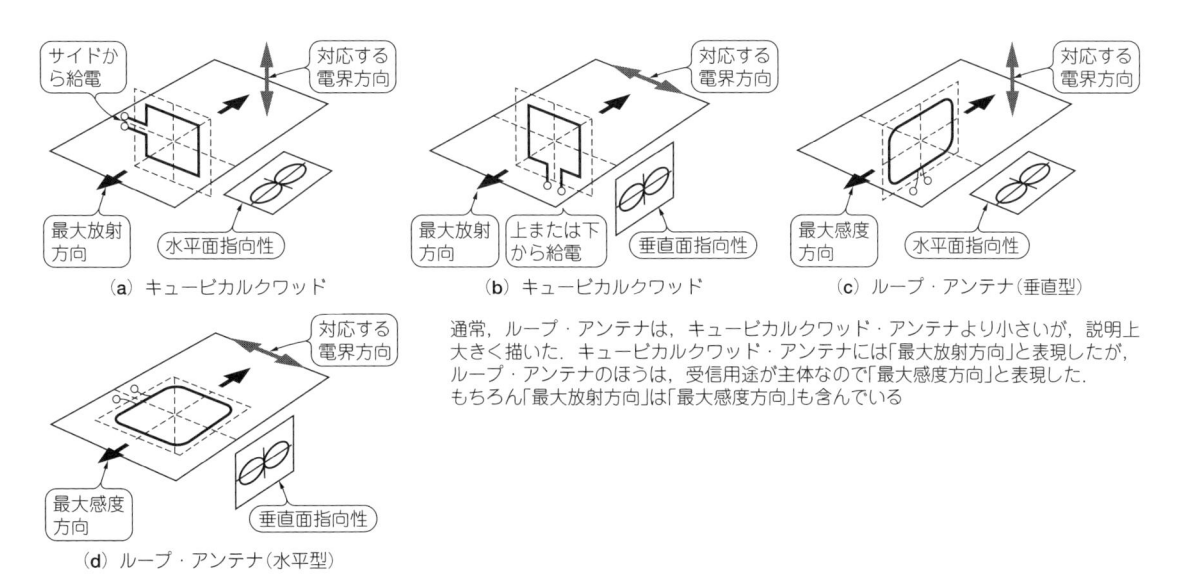

図3-18 キュービカルクワッド・アンテナとループ・アンテナの指向性

フェライト・アンテナの実効長：$\ell_e = \dfrac{2\pi AN}{\lambda} \cdot \mu_e$ 〔m〕

電界強度 E〔V/m〕における誘導電圧 E_0 は

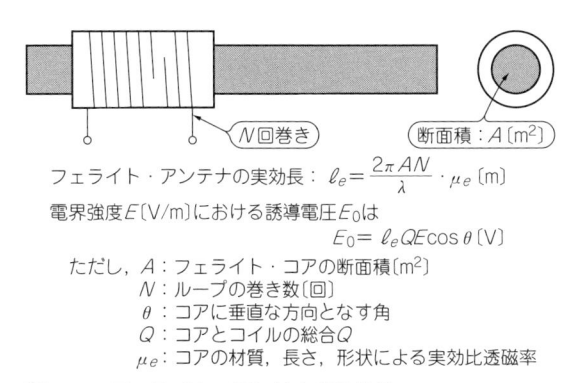

$$E_0 = \ell_e Q E \cos\theta \text{〔V〕}$$

ただし，A：フェライト・コアの断面積〔m²〕
　　　　N：ループの巻き数〔回〕
　　　　θ：コアに垂直な方向となす角
　　　　Q：コアとコイルの総合 Q
　　　　μ_e：コアの材質，長さ，形状による実効比透磁率

図3-19 フェライト・アンテナの実効長

3-9 ループ・アンテナ

先述の実効長の計算事例からもわかるように，ループ・アンテナは微小アンテナに属し，受信用途に適したアンテナです．また，指向性が8字特性であることから方向探知機にも利用されます．さらに，実効長の計算が簡単なことから電界強度測定器にも使用され，また，長中波の標準電界発生用のアンテナとしても使われます．

最後にループ・アンテナの変形として，「フェライト・アンテナ」の特性を図3-19に示します．フェライトは，一般にMFe_2O_4の化学式を持つイオン結晶で，Mは2価の金属イオン（マンガン，鉄，コバルト，ニッケル，銅）を表す物質です（三省堂「物理小事典」）．

フェライトをコイルに挿入することにより，インダクタンスを増し，等価的に断面積を広くする効果があります．

図3-17と比べればわかりますが，フェライト・コアを使うことによって実効長を大きくできるので，小型の受信機などに多用されます．コイルの巻数が多ければインピーダンスも高くなるので，通常は可変コンデンサと並列接続し，共振させて周波数の選択を行い，別に数回巻のピックアップ・コイルから出力を取り出すようにしています．もちろんフェライト・コアの軸方向がループ・アンテナの開口面の向いている方向と一致します．

3-10 ケーブルの特性インピーダンス

OMさんの実験結果を紹介します．

非常に興味のある結果がレポートされていたので，資料として埋蔵されるのはもったいないと思い，あえてあらためて紹介する気になりました．

測り方は，ケーブルに，あるダミー抵抗を負荷して反対側からインピーダンスを測定するのですが，ダミーと特性インピーダンスの値が近ければ，周波数を変化させて測ってもインピーダンスの乱れがないことを利用したものです．

この考え方は，ケーブルに表示された型番が読みとれないような，同軸ケーブルのインピーダンスの特定にも応用が可能です．

結果そのものが何かの役に立つのかと言われても，大したことには使えそうもありませんが，このような方法で調べられますよ，という教育材料と考えればなかなか味のあるものだと思います．

ケーブルの種類	長さ[m]	特性インピーダンス[Ω]
オーデオ用ケーブル	1.0	54
オーデオ・ビデオ用	1.5	70
50心フラット・ケーブル	1.0	160
AC100V用平行線	1.0	120
電話用モジュラ線	1.0	106
電話用屋内配線ケーブル	1.0	154

『トランジスタ技術』1993年4月号 p.402 野田 龍三氏

で，ここから先はこの記事から離れてひとこと．

入社したての新人相手の導入教育のときに，「50Ωのケーブル」という話をしたら，そのケーブルに50Ωの抵抗を直列につないだら100Ωになる，と信じていた新人がいました．

特性インピーダンスとはどのようなものかを，オームの法則を説明するときのような手軽さで説明することの難しさをイヤというほど味わいました．

特性インピーダンスは，インピーダンスとは別物．しかし単位，次元は同じΩです．

特に若い新人のために蛇足を付け加えました．

3-11 増幅器なしでAMラジオの感度アップ!?

こんな方法をご存じでしたか？

比較的弱い電波の放送局を聞いていて雑音っぽい状態のとき，枠の面積がやや広いループ・アンテナと

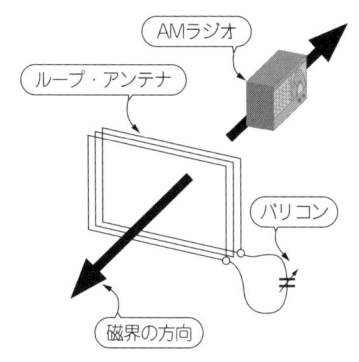

図3-20 ループ・アンテナの応用

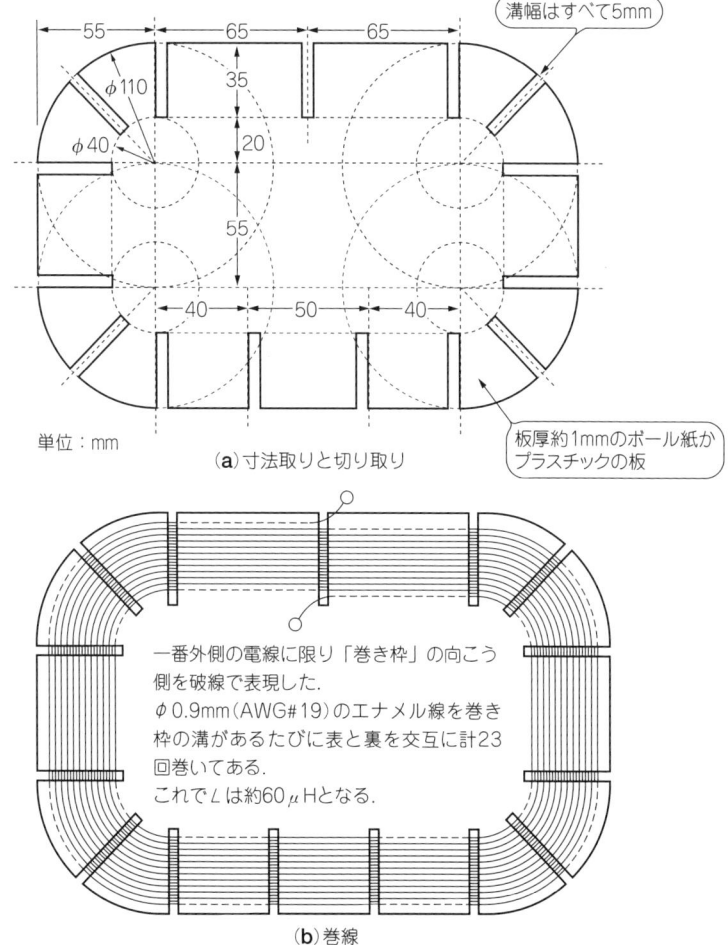

(a) 寸法取りと切り取り

一番外側の電線に限り「巻き枠」の向こう側を破線で表現した．
φ0.9mm(AWG#19)のエナメル線を巻き枠の溝があるたびに表と裏を交互に計23回巻いてある．
これでLは約60μHとなる．

図3-21 ループ・アンテナの作り方　　(b) 巻線

バリコンとで受信周波数に共振させ,ラジオの近くの適当な位置に置いてやると,突然受信状態が良好になるのです.

ループ・アンテナの応用として知っておくのも悪くないでしょう.

ついでにループ・アンテナの作り方を紹介します.実効高の高いループ・アンテナがラジオ本体のフェライト・アンテナと複同調化されて,感度が向上したものと思われます.

3-12　中短波帯の試験用ループ

530kHz～27MHzといった中短波の標準信号を発生させるループ・アンテナを紹介します.

これはJIS(日本工業規格)のC6102「AM受信機試験方法」に記載されている試験法です.

この規格はAM方式の受信機を総合的に試験評価する手順をまとめたものなので,アンテナに限らず,いろいろな特性について定義や試験法が記述されています.したがって,受信機を評価するときの参考にしていただきたいものです.筆者もこの規格の起案に携わった一人です.

さて,**図3-22**の(a)は,受信機のフェライト・アンテナの位置に正確な電界強度の電界を発生させるための,装置のレイアウトを示します.このループ・アンテナを図のように使えば,図中にも述べたように標準信号発生器の出力レベル E_0 dB(μV) の読みから26dB引いた値の電界強度 E dB(μV/m)が得られるようになっているのです.ですから自作にせよループ・アンテナをしっかり用意しておけば,中短波帯の電界を比較的正確に発生させることができるのです.

図3-22の(b)がそのループ・アンテナの構造です.見てのとおり10～12mm径の銅管を直径25cmの輪に丸めて,その中に絶縁被覆されたアンテナ線を同軸のように通すものです.アンテナ線の一方は銅管と一緒にハンダ付けされており,反対側は銅管が何にも接続されない状態で「オープン」になっています.つまりアンテナ線を静電シールドしています.アンテナ線の反対側は高周波特性のよい抵抗を経て同軸ケーブルにつながり標準信号発生器の出力端子に接続されます.この抵抗器は電界強度を微調整するための校正用抵抗になっており,規格書では136Ωとなっていますが,自作の場合に正確を期すならば信頼のお

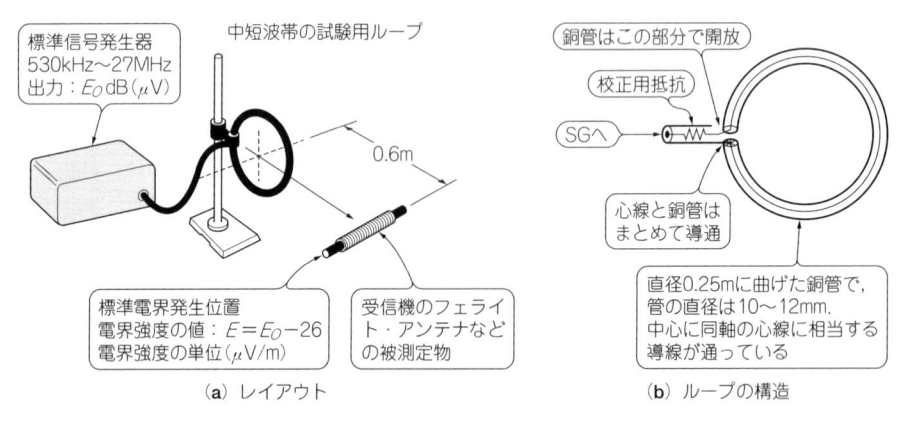

(a) レイアウト　　(b) ループの構造

図3-22　中短波帯 試験用ループ・アンテナのレイアウトと構造

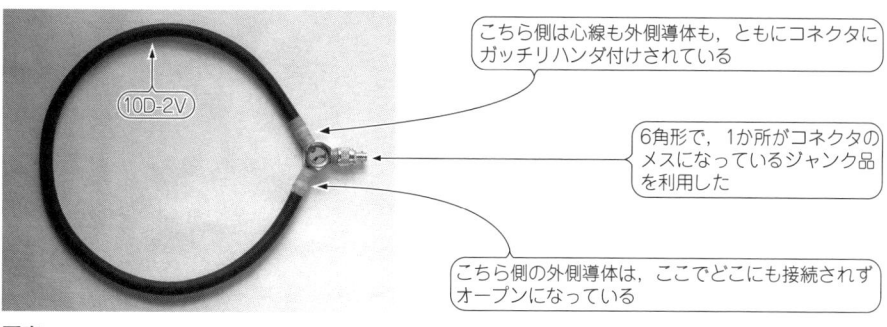

写真3-1

- こちら側は心線も外側導体も,ともにコネクタにガッチリハンダ付けされている
- 6角形で,1か所がコネクタのメスになっているジャンク品を利用した
- こちら側の外側導体は,ここでどこにも接続されずオープンになっている

ける電界で校正するとよいでしょう.

　写真3-1は筆者が自作した電界発生用ループ・アンテナです.「輪」の部分に10D-2Vの同軸ケーブルを使ったところがポイントで,抵抗をつなぐ部分の構造を工夫することで非常に安定したものができあがります.抵抗値は100〜150Ωです.

第4章

V/UHFまでのアンテナ

　第3章の「ローバンド」寄りのアンテナに引き続き，本章ではVHFやUHFにまでおよぶ，高い周波数向けのアンテナを取り上げることにします．

　前章を振り返ってもわかるように，ローバンドの最大の特長は，電離層を利用した遠距離通信であり，長いアンテナ・エレメントに，いかに無駄なく電力をつぎ込むかを追求するバンドであるともいえます．

　これに対し，V/UHF帯のように波長が短くなるとアンテナそのものが波長のサイズで作れるようになり，特長のあるいろいろなアンテナに展開されることになります．目的別の種類に富んだアンテナが勢ぞろいするので，楽しい章になることを期待しています．

4-1 構造，特性，用途によるアンテナの分類

アンテナを一元的に分類するには無理があります．

表4-1は，筆者なりに分類してみたものですが，左の列に列記してある切り口は，次元がそろっていません．たとえば，「半波長ダイポールからの展開」や「ループ・アンテナ系」というのは理論的なルーツをたどった切り口であり，「ビーム・アンテナ」や「定インピーダンス・アンテナ」というのは特性の特徴を取り上げたものであり，また，「方向探知」や「計測用」というのは用途による切り口であって，まさに多元的な分類になっています．

したがって，同じアンテナが分類表のあちらこちらに顔を出すことになりますが，ここではもっとも特徴的な切り口によって分類してあります．

表4-1は，本章の目次か索引のように参照してください．

表4-1 さまざまに展開されるアンテナの分類

半波長ダイポールからの展開	(エレメントを折り返して)	フォールデッド・ダイポール※	
	(モノポール・タイプに変形して)	グラウンド・プレーン・アンテナとその変形	
	(半波長でないダイポール)	特に(5/8)λアンテナなど	
ループ・アンテナ系	キュービカルクワッド・アンテナ※		
	ループ・アンテナ※		
	フェライト・アンテナ※		
ビーム・アンテナ	反射板付	コーナー・リフレクタ・アンテナ	
		平面反射器付	
	オール・ドリブン型	ブロードサイド・アレー	カーテン・アンテナなど
		位相差給電	エンド・ファイア・アレー
			8JK ビーム・アンテナ
			ZL スペシャル
			HB9CV ビーム・アンテナ
			コリニア・アレー・アンテナ
	パラシティック型	八木アンテナ	
		キュービカルクワッド・アンテナ※	
	ヘリカル・アンテナ		
定インピーダンス・アンテナ	構造による	無限長双円すいアンテナ(バイコニカル・アンテナ)	
		ディスコーン・アンテナ	
	多エレメント	対数周期アンテナ(Log Periodic Antenna)	
方向探知	ループ系	ループ・アンテナ(ベリニ・トシなど)	
	多エレメント系	アドコック・アンテナ	
計測用	AM 受信機試験用ループ		
	近傍電界強度測定用		
その他	スーパーターン・スタイル・アンテナ		
	マイクロ波用アンテナ		
	ロンビック，ヘンテナ，EH アンテナ，等々		

※印は前章で説明済みのもの
個別のアンテナは，複数の分野にまたがるものが多いが特徴を勘案した．

4-2 グラウンド・プレーン・アンテナ

半波長ダイポールからの変形として重要なものに,「**グラウンド・プレーン・アンテナ** = Ground Plane Antenna(GP)」とその変形があります.

知っておきたい順序としては,第2章で解説したフォールデッド・ダイポールよりもグラウンド・プレーン・アンテナのほうが上位と思われますが,グラウンド・プレーン・アンテナの中にもフォールデッド・ダイポールが顔を出しますので,その説明を先行させました.

表3-1で,「半接地系」という分類でグラウンド・プレーンを紹介しましたが,説明を繰り返すと,垂直接地のHFアンテナとまったく同じように,接地導体を伴ったまま空中高く上げるアンテナのことです.

グラウンド・プレーンは直訳しても「接地板」ですが,これを伴った「不平衡型の**モノポール**」です.「接地板」がダイポールの下側のエレメントと等価であることを考えると,「ダイポールの変形」でもあります.

図4-1にこのアンテナの基本形(**a**)と垂直面指向性(**b**)を示します.垂直面指向性の横の広がりが大きければ大きいほど相対的に遠くまで届くということですから,グラウンド・プレーンと呼ばれる導体板が広ければ広いほど,同じ電力でも電波が水平方向の遠くへ届くことがわかります.導体板の半径は通常$1/4\lambda$に選ばれます.この$1/4\lambda$という半径がこれからも頻繁に出てきます.

余談ですが,小型のアンテナ・エレメントを試験するときには,半径$1/4\lambda$といわず波長に対して非常に広い金属板の中央にエレメントを取り付けておいて,インピーダンスや諸データを測定することが再現性の上からでも勧められます.

図4-2はグラウンド・プレーン・アンテナの基本形をさまざまに発展させたものです.

まず(**a**)は**図4-1**(**a**)の基本形そのものです.(**a**)から(**b**)に向かっての展開はグラウンド板を「逆じょうご」のように円錐状に絞り込んだもので,その形から「**スカート・アンテナ**」と呼ばれています.スカート・アンテナには,円錐(えんすい)の角度によってインピーダンスを変えられるという特徴がありますが,これについてはのちほど述べることにします.

図の(**a**)から(**c**)への展開は導体板を「ラジアル」と呼ばれる数本の電線に置き換えたものです.ラジアルは「**地線**」とも呼ばれます.

図3-2で,半波長ダイポールの片側を広い導体に接地すると放射抵抗は空中にあるダイポールの半分,すなわち36Ωであると説明しました.しかし,**図4-2**(**c**)のように大地を$1/4\lambda \times 4$のラジアルに置き換えることにより,放射抵抗はもう少し小さくなり$22\sim24\Omega$程度になります.

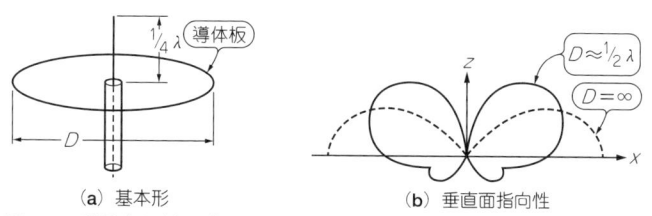

図4-1 グラウンド・プレーン・アンテナ
(**a**) 基本形
(**b**) 垂直面指向性

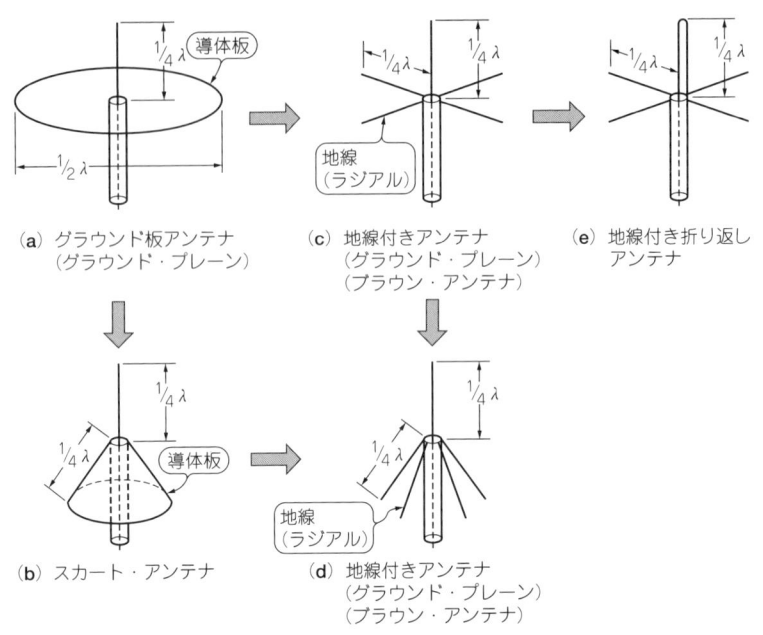

図4-2 各種のグラウンド・プレーン・アンテナ

　図4-2(b)のスカート・アンテナと図4-2(c)の地線付アンテナとの両方から展開されたアンテナに，図4-2(d)のようなアンテナがあります．こうなればスカートというより「腰みの」ですが，スカート・アンテナよりは，風圧を軽減する上からも，費用の上からも，また作業の上からもずっと実用的です．
　地線付アンテナは，考案者の名前にちなんで「**ブラウン・アンテナ(Brown Antenna)**」とも呼ばれています．
　グラウンド・プレーン・アンテナのもう一つの展開として，図4-2(c)の放射エレメントを図4-2(e)のようにフォールデッド・ダイポールのようにした「**地線付き折り返しアンテナ**」もあります．このアンテナの放射抵抗は(c)の場合の4倍すなわち約84〜96Ωになります．
　図4-3にもう一つの展開を紹介します．
　図の(a)「スカート・アンテナ」から発展したアンテナで，(b)の「**スリーブ・アンテナ**」がそれですが，いってみれば「タイト・スカート」です．このアンテナはまた「**コアキシャル・アンテナ**」とも呼ばれています．
　このアンテナの魅力は，給電点のところから別のパイプをグラウンド板(板とはいえない?)として接続するだけで場所をとらない地線付アンテナができあがるということです．
　「スリーブ」を1本のラジエータに置き換えると(c)のようなアンテナができあがり，給電部の形から「**h型アンテナ**」と呼んでいます．
　スリーブ・アンテナもh型アンテナもラジアル部分の長さは$1/4\lambda$ですが，計算値に固執するのでなく，後ほど触れる「**SWR**」に着目して微調整する必要があります．
　これからもそうですが，どのアンテナについても給電点のインピーダンス整合はしっかり行うことが鉄則です．

(a) スカート・アンテナ　　(b) スリーブ・アンテナ　　(c) h型アンテナ

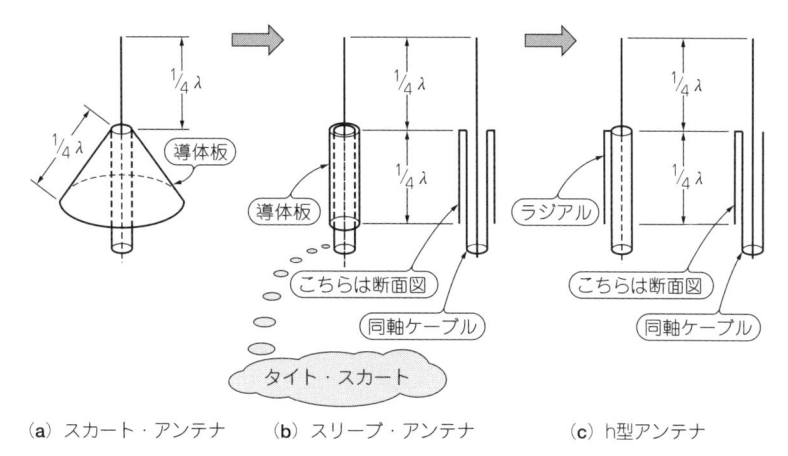

図4-3　スリーブ・アンテナとh型アンテナ

(a) マッチング・トランス　　(b) ガンマ・マッチ　　(c) スタブ　　(d) 地線付きアンテナ
（グラウンド・プレーン）
（ブラウン・アンテナ）

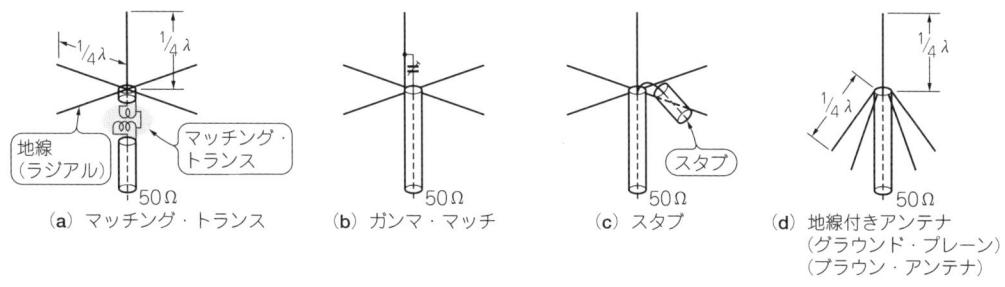

図4-4　グラウンド・プレーン・アンテナのマッチング

　グラウンド・プレーン系アンテナの締めくくりとして，アンテナの放射抵抗と給電線のインピーダンスの整合について簡単に触れておきます．

　図4-4がその代表例です．(a)はマッチング・トランスを使う方法，(b)は「**ガンマ・マッチ**」と呼ばれるもので，放射エレメントがグラウンド側から建てられています．(c)は「**スタブ**」と呼ばれるマッチング・ユニットを挿入する方法です．スタブは給電用のケーブルと同じケーブルを短く加工して作ったものです．スタブについては第5章で触れます．そして(d)はマッチング回路を使う代わりにラジアルの頂角を変えて給電部のインピーダンスに合わせ込む方法です．

　詳しくは定インピーダンス・アンテナの説明のところで系統的に取り上げます．

4-3　$5/8\lambda$アンテナ

　アンテナ・メーカーの総合カタログで，よくお目にかかる$1/4\lambda$以外のアンテナに，$1/2\lambda$や$5/8\lambda$といったアンテナがあります．その中でひときわ目立つのが$5/8\lambda$**アンテナ**です．

　図4-5にいま述べた3種類の垂直アンテナの垂直面指向性パターンを示しました．

　$5/8\lambda$アンテナは打ち上げ角が低く，電界強度も圧倒的に他をしのいでいることがわかります．利得は

(a) $5/8\lambda$　(b) $1/2\lambda$　(c) $1/4\lambda$

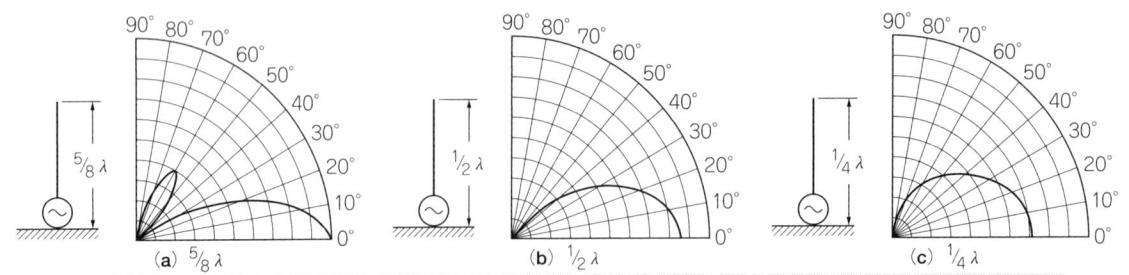

各グラフの横軸は電界強度の相対値を示す．$5/8\lambda$の場合のフルスケールは放射電力1kWのとき約275mV/mに相当する．図(c)は第2章の**図2-7**(a)と同じもの．$5/8\lambda$の電界は$1/4\lambda$のそれよりも3dB大きいことがわかる．なおこの場合の大地は完全導体を想定している．

図4-5　垂直アンテナの長さと垂直面指向性パターン

$1/4\lambda$アンテナより3dBも大きいので，メーカーの商品ラインアップに多く組み入れられています（相対利得の求め方については第2章の**図2-14**を参照してください）．

ところで，$1/4\lambda$や$1/2\lambda$は電流分布を考えてみてもエレメントの端でちょうど電流がゼロになるよう共振状態で分布することがわかるのですが，$5/8\lambda$の長さでは目的の周波数に共振しません．

第2章の**図2-11**のような手法で求めると，$5/8\lambda$のエレメントはインピーダンスがほぼ$60\Omega - j100\Omega$となることがわかっています．

60Ωのほうは50Ωのケーブルで給電するのに好都合ですが，-100Ωのリアクタンス分はコイルを挿入することによって打ち消してやる必要があります．

そのインダクタンスは，

$$L(\mu H) = \frac{100}{2\pi f(MHz)}$$

によって求めます．

先ほど述べたように，$1/4\lambda$よりも長いアンテナを作り，さらに延長コイルを挿入することによってもう少し長いアンテナに仕上げていることになります．

その長さは長ければ長いほどよいのかというとそうではなく，打ち上げ角などの観点からみると，結果的にエレメントの長さは$5/8\lambda$程度が非常に良いポイントをついているということなのです．

もう一歩つっこんで考えると，$5/8\lambda$の長さのエレメントに$1/8\lambda$相当のコイルを挿入し，全体の電気的な長さを，$5/8\lambda + 1/8\lambda = 3/4\lambda$にし，電流がうまく分布するようにしたものであるともいえます．

打ち上げ角を低くしたり利得を上げたりする工夫はいろいろとなされており，メーカーのカタログを見ても，$3/8\lambda$，$6/8\lambda$，$7/8\lambda$，$9/8\lambda$など，いろいろな仕様のものが提案されています．

4-4　ビーム・アンテナ（Beam Antenna）

ある特定方向にのみ電波を集中して放射するアンテナのことを「ビーム・アンテナ」あるいは「**指向性アンテナ**」といいます．「ビーム＝Beam」には光束とか光線の意味があります．

そして指向性の鋭さを表す指標に「**FB比**(F/B)」があります．FはFrontすなわち前面，BはBackすなわち背面の意味で，前方に放射される電力(F)と背面に放射される電力(B)との比のことです．

図4-6は，あるアンテナの指向特性例です．電波の主体の電力パターンを「**主ローブ**」(＝ **Main Lobe**)といい，副次的に放射される電力のパターンを「**副ローブ**」(＝ **Minor Lobe**)といいます．ローブ(Lobe)というのは耳たぶなどという意味があります．F/Bは指向性を重視する八木アンテナなどのカタログには必ず表記されています．

またF/Bがよくないときは，アンテナの前方からも後方からもいろいろな経路をたどった電波が到来するので，同じ相手からの電波であっても時間差のある混信電波として受信の質を悪くする原因となり，ましてや背後から入感する他局の電波があれば聞きたくない妨害となるので極力排除したいものです．

F/Bを向上させる手段はいろいろありますが，もっともわかりやすいものとして，アンテナの背後に衝立をたてる方法があります．このアンテナから始めましょう．

図4-7は「**コーナー・リフレクタ・アンテナ**」と呼ばれるもので，アンテナの後ろを金属板で囲み，電波は前方から来たものは受けつけ，前方にのみ放射する，そして後方から来たものは受けつけない，といった考え方がアリアリと出ているアンテナです．

以前にも触れましたが，電波は半波長より大きい金属板からは反射される性質があります．

図中にも示したように，記載されているような形状，寸法で約10 dB程度の相対利得が得られる魅力あるアンテナです．銅の反射板を使用すれば重量も増え，風圧も相当なものがあるので同図(**b**)のようにダイポールと平行な「**金属すだれ**」を代用することができます．

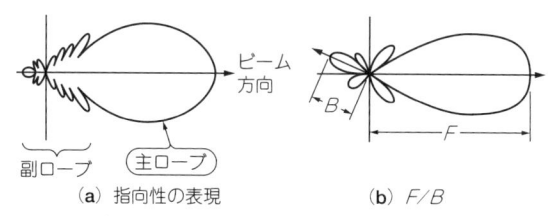

図4-6 ビーム・アンテナの指向性とF/B

(**a**) 指向性の表現　　(**b**) F/B

放射電力は両反射板による鏡像からの放射電力を合成したものになる．特性は放射板の開き角θによって異なり，たとえば，
$S=0.5\lambda$　$\theta=90°$では
　放射抵抗127Ω
　相対利得9.6dB
$S=0.5\lambda$　$\theta=60°$では
　放射抵抗75Ω
　相対利得11.9dB
と計算される

$a \geq 0.6\lambda$　$b \geq 2S$
$S=0.25\lambda〜0.7\lambda$
程度がよいとされる

(**a**) コーナー・リフレクタ　　(**b**) 金属すだれ　　(**c**) これはダメ

反射板はこのような縦じまの金属すだれでもよい　間隔は$1/10\lambda$

金属すだれでも横じまはダメ！

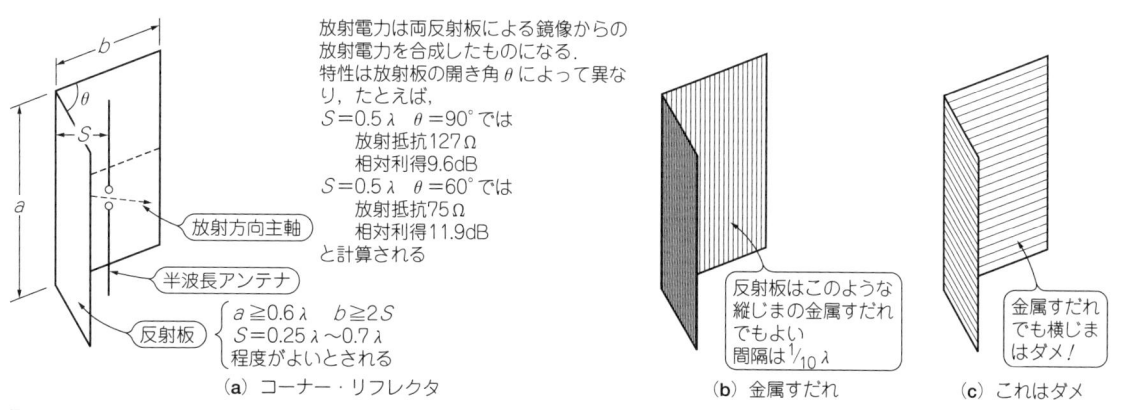

図4-7 コーナー・リフレクタ・アンテナ

(a) 反射器付きアンテナ

コーナー・リフレクタ・アンテナの $\theta=180°$ という特殊な例. $S=0.1\lambda$ とすると放射抵抗21Ω 相対利得6.7dB と計算されている

放射方向主軸
半波長アンテナ
反射板

(b) アンテナに平行な金属すだれ

反射板はこのような縦じまの金属すだれでもよい 間隔は $\frac{1}{10}\lambda$. 網目でもよい

(c) これはダメ

金属すだれでも横じまはダメ！

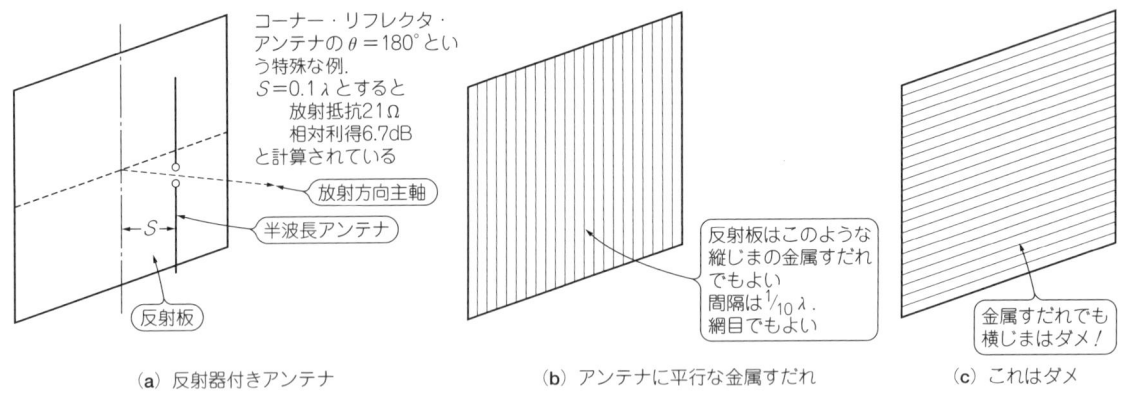

図4-8　平面反射器付きアンテナ

(c)のようにダイポールと平行でない金属すだれは効果がありません．偏波ということをおさらいしましたが，電界の方向と直角に置かれた金属線は無いに等しいからです．

図4-8はコーナー・リフレクタ・アンテナの θ が180°という特殊な例で，単に「**平面反射器付アンテナ**」と呼んでいます．金属すだれについてはコーナー・リフレクタ・アンテナの場合と同様です．

コーナー・リフレクタのように平板を折り曲げたものでなく，反射板を放物線状にゆるやかに曲げてその焦点にアンテナを位置させると，鋭く絞り込まれたビームが放射されることになります．いわゆる「パラボラ・アンテナ」として動作しますが，アマチュアとしては一度は実験してみたいテーマです．

4-5　エレメント2本を駆動する方法

「ビーム・アンテナ」の話題から突然「2本駆動」という話題に無節操に話を切り替えたように思われるでしょうが，ビーム・アンテナからは切っても切れない関係であることがすぐにわかると思います．

世の中には「単一型」のアンテナや「グラウンド・プレーン」ばかりではありません．

テレビの受信アンテナに代表される八木アンテナがそうであるように，多くのエレメントをかかえた堂々としたアンテナがたくさんあります．ここではエレメントを複数もった構造のアンテナを考えます．

多くのエレメントを持ったアンテナでも，八木アンテナのように放射器と呼ばれるエレメントのみに給電し，そのほかのエレメントは「その他大勢」のように，ただ並んでくっついているだけのものと，すべてのエレメントに給電して特徴を出しているものがあります．前者を「**パラシティック型**」，後者を「**オール・ドリブン型**」と呼んでいます．「パラサイト（＝ Parasite）」という言葉は昨今流行している「いそうろう」とか「**寄生虫**」という意味ですが，前者の「**パラシティック**」は「寄生の」という意味です．給電されないエレメントが寄生しているさまを表現したものと思われます．

すでに解説した2連以上の「**キュービカルクワッド・アンテナ**」も「**パラシティック型**」に属します．

まずエレメントを2本駆動する代表的な「**オール・ドリブン型**」について解説します．

話を展開する過程でわかってくると思いますが，この型は駆動のしかたによってまたふたとおりに分か

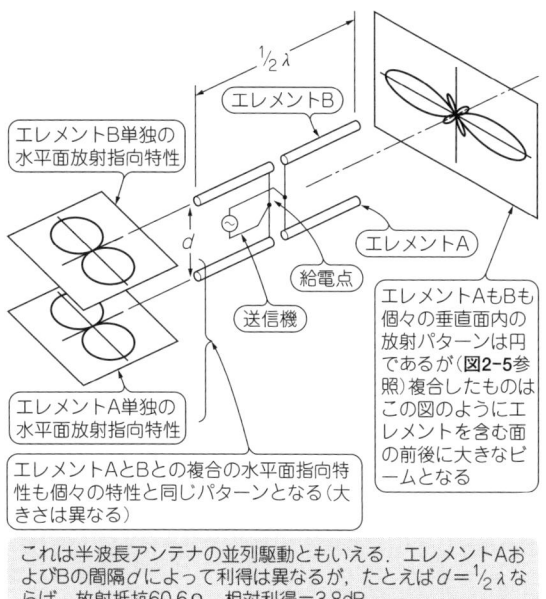

図中のラベル:
- 1/2λ
- エレメントB
- エレメントB単独の水平面放射指向特性
- d
- 給電点
- 送信機
- エレメントA
- エレメントAもBも個々の垂直面内の放射パターンは円であるが（**図2-5参照**）複合したものはこの図のようにエレメントを含む面の前後に大きなビームとなる
- エレメントA単独の水平面放射指向特性
- エレメントAとBとの複合の水平面指向特性も個々の特性と同じパターンとなる（大きさは異なる）

これは半波長アンテナの並列駆動ともいえる．エレメントAおよびBの間隔dによって利得は異なるが，たとえば$d=1/2\lambda$ならば　放射抵抗60.6Ω　相対利得＝3.8dB

図4-9　半波長アンテナのブロードサイド・アレー

れます．

　はじめは半波長アンテナを並べて並列駆動する例を考えます．

　図4-9がその構成です．エレメントAとエレメントBが適当な間隔d離れて位置し，給電点から両エレメントに対等に給電しています．

　このような駆動のアンテナを「**ブロードサイド・アレー・アンテナ**」と呼んでいます．「**アレイ（＝Array）**」というのは整列などという意味があり，複数のアンテナが整列した状態を表現した言葉です．

　図に示したように合成されたアンテナのビームはエレメントを含む面の前後に比較的鋭いパターンが得られます．

　ただしこの場合は，F/Bが0 dBです．しかし，前後にビームが存在するとはいえ，同じ姿勢のアンテナを複数個並べて並列駆動すれば，ビームが絞り込まれて鋭くなることがわかります．当然のことですが，前後いずれかに広い反射器を配置すれば大きなF/Bが得られることになります．

　つぎに，ブロードサイド・アンテナとほとんど同じような2本の半波長アンテナの配置でありながら，その2本の間に$1/4\lambda$長のフィーダをつないで，その一方から給電するとまったく動作ふるまいの異なったアンテナ・ユニットができあがることを紹介します．

　図4-10にその構成を示します．名付けて「**位相差給電のアンテナ**」ですが，ブロードサイド・アンテナが2本のアンテナを含む面の前後にビームが出たのに対し，今度はその面に沿った方向に，すなわちブロードサイドとは直角の方向に，F/Bのあるビームが放射されます．

　理由は図中に示したとおりですが，エレメントAとBとの間の90°の位相差が指向性を発生させるのです．

　このアンテナを「**アレー**」と呼ばれる状態に複数個まとめて配置させることもできます．このとき整列し

4-5　エレメント2本を駆動する方法　**69**

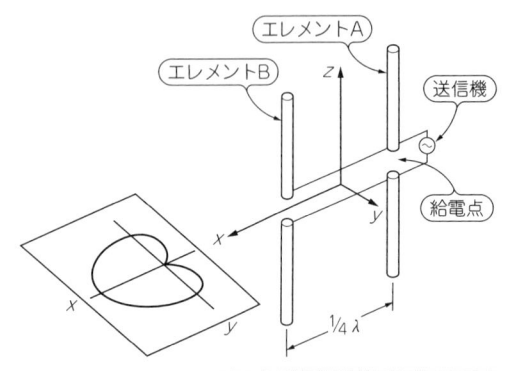

図4-10 の説明(左図内):

エレメントAの電流はエレメント間をつなぐ1/4λのフィーダによってエレメントBの電流より90°位相が進んでいる．その結果BからAに向かう放射がなく図に示すようにAからBに向かう方向にハート型のパターンとして放射される．このパターンはカージオイドと呼ばれる．エレメントAは励振されている反射器として機能している．エレメントAは励振反射器(Driven Reflector)と呼ばれる．エレメント間のフィーダは位相差を持たせる役目があるのでフェーズ・ラインと呼ばれる．各エレメントを位相差をもたせて給電し指向性をもたせるアレーをフェーズド・アレー(Phased Array)という．
　図の場合　放射抵抗＝146.2Ω　相対利得＝3dB

図4-10　位相差給電によって指向性を得る

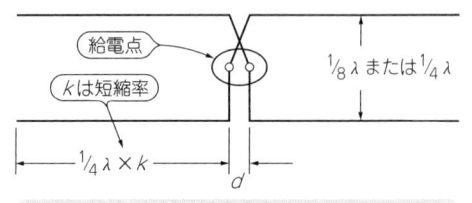

図4-11 の説明:

通称8JKアンテナは米国のW8JKの創作である．各エレメント間には180°の位相差が生じるよう給電される．
図のdは周波数帯によって異なり20～50MHzでは30～10cmである．
エレメントのどちら側にも鋭いビームが得られる．利得は1/8λの場合6.2dB，1/4λの場合5.6dBといわれる．放射抵抗はかなり低い(10Ω程度)．

図4-11　8JKビーム・アンテナ

たアンテナの個数が多ければ多いほど鋭いビームが得られます．もちろん先述のように給電する側のエレメントが反射器の働きをするのでビームは片方のみです．このアンテナは「**エンド・ファイア・アレー・アンテナ**」と呼ばれます．

「オール・ドリブン型」にはハム仲間で有名な「**8JKビーム**」，「**ZLスペシャル**」，「**HB9CV**」などがあります．これらについても簡単に説明しておきましょう．

いろいろやってみてFBな(素晴らしい)アンテナを創り出したハムの先輩諸氏には頭が下がりますが，何をやったのかを考えるとただひとこと，位相差給電の条件を変えてみて達成したということに尽きます．なーんだそれだけのことか，と言われそうですが，実は大変な努力です．

図4-11，**図4-12**，および**図4-13**に上記の3種類のアンテナの基本的な考え方を示します．

歴史的に古いアンテナですから後輩たちの改良もあり，さまざまにグレードアップされています．したがって，図には一応寸法などを記入しましたが，それは参考程度にしていただくとして，もっぱら考え方を中心に見てください．

アンテナに考案者の名前が付けられるのは大変光栄なことです．「八木アンテナ」もそうですが，共同開発者の宇田さんの名前も忘れないようにしましょう．

4-6　パラシティック型アンテナの雄「八木アンテナ」

「オール・ドリブン型」に対するアンテナとして「パラシティック型」があることはすでに述べたとおりで

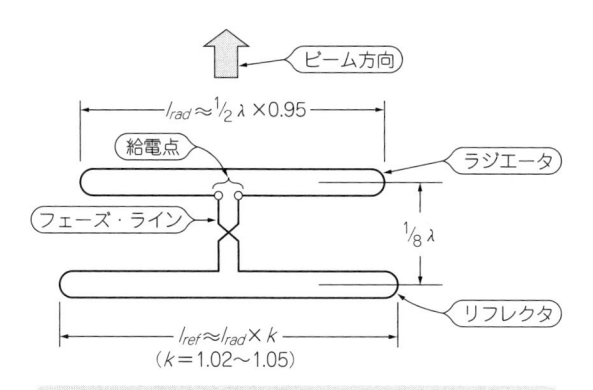

図4-12 ZLスペシャル

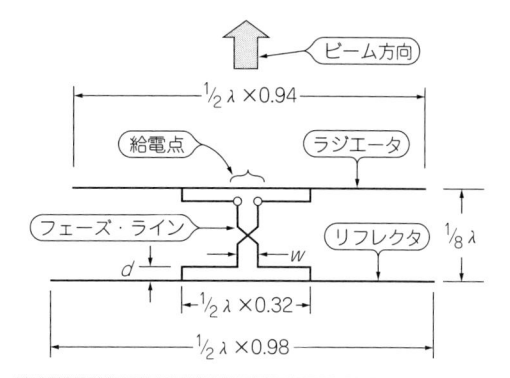

8JKビーム・アンテナの変形と考えられる．
8JKと異なるところは
① フォールデッド・ダイポール化．
② エレメントの長さが5%程度異なる．
③ 位相差は135°
④ 短いエレメント(ラジエータ)の「付け根」から給電する．
エレメント，フェーズ・ラインともTV用の300Ωフィーダが使える．図の方向にビームが得られ，利得は約5dB F/Bは15〜20dB．放射抵抗は90Ω程度

図4-13 HB9CVビーム・アンテナ

HB9CVビーム・アンテナはZLスペシャルの変形と考えられる．
各エレメントの位相差は225°とする．
wの値を1.25cm dの値を0.005〜0.007λとする記述がある．
図の方向にビームが得られ利得は約7dB．F/Bは10〜40dB
300ΩのTVフィーダで給電できる．

図4-14 パラシティック・エレメントの働き

(a) パラシティック反射器
(b) パラシティック導波器

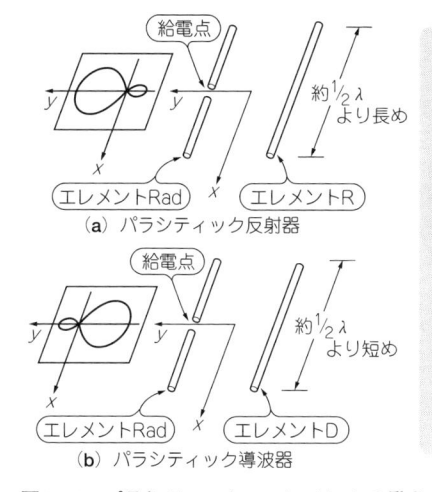

図は(a)も(b)も同じようなエレメント配列である．どちらもフェーズ・ラインを持っていないことが共通点「オール・ドリブン型」でなく「パラシティック型」である．「エレメントRad」は給電されて電波を放射するラジエータ(a)も(b)も同じような配列なのに放射のパターンが異なる．このようにフェーズ・ラインを取り除いても送信機から給電されるラジエータ(「エレメントRad」)の電界によって給電されていない約1/2λのエレメントにも電流が流れる．
この電流は給電されてないのでラジエータと同じ電流ではないがラジエータとの間隔や長さを加減することによって位相が変わり位相が進むときは(a)のように反射器として動作し位相が遅れるときは(b)のように反射器とは逆の働きをする(反射器と逆の機能なので導波器という)．
(a)の「エレメントR」はReflector(反射器)であり(b)の「エレメントD」はDirector(導波器)である・
これが八木アンテナの原理である

す．そしてハムの世界でもっとも人気の高い「八木アンテナ」と「キュービカルクワッド・アンテナ」がこれに属することも述べたとおりです．

これから「パラシティック型」の原理に迫ることにします．

図4-14にパラシティック・エレメントの働きを示します．

図中にも述べたとおり，放射器の近くに置かれた約1/4λのエレメントには放射器による電界によって電流が流れ，その位相差によって反射器となったりその逆すなわち導波器となったりするのです．以下のような割り切った説明もあります．

半波長ダイポール・アンテナと0.2λくらい離して半波長よりやや長い導体を置くと，この導体によって電波が反射されます．この導体は反射器となります．

　また，半波長ダイポール・アンテナと0.2λくらい離して半波長よりやや短い導体を置くと，この導体の方向に強く電波が放射され，またこの導体の方向から来る電波を強く導き込みます．この導体は導波器となります．

　導波器を多く配列すればビームはますます鋭くなり，利得も向上します．

　反射器をブームに対して上下に2個配置したようなバリエーションもあります．

　八木アンテナは，日本人が発明して世界中で活躍している技術成果の最高のものではないでしょうか．コンサイスの人名辞典によると，八木秀次氏（1886～1976）は大阪生まれで，1926年に宇田新太郎氏とともに指向性の強いこのアンテナを発明しています．大阪大学長などを歴任し，一時は右派社会党に属して全国区から参議院議員にも当選しています．1956年文化勲章を受章されています．

4-7　スタックド八木アンテナとカーテン・アンテナ

　図4-9で，半波長ダイポール・アンテナを並列駆動する方式を「ブロードサイド・アレー・アンテナ」という名前で紹介しました．

　一般に，複数のアンテナの各放射器に対等に給電する状態を「**スタック**」と呼んでいます．

　図4-15(a)のブロードサイド・アレー・アンテナの半波長ダイポールのところを(d)のように八木アンテナのラジエタに置き換えたものがスタックド八木アンテナです．

　前節では，「八木アンテナ」は，駆動の方式はパラシティックでありながら原理的には位相差給電であると紹介しました．したがって，「スタックド八木アンテナ」は，位相差給電アンテナのブロードサイド風構成のアンテナということになります．

　表4-1に「カーテン・アンテナ」というのがありますが，**図4-15**(a)のブロードサイド・アレー・アンテナの半波長ダイポールのところを(c)のフェーズド・アレーの給電点に置き換えて(e)のようにしたものです．これも位相差給電アンテナのブロードサイド風構成のアンテナということなので，(d)の「**スタックド八木アンテナ**」と(e)の「**反射器付カーテン・アンテナ**」は親戚どうしであることがわかります．

　ブロードサイド・アレー・アンテナは，エレメントに対等に給電されなければなりません．対等というのは，どのエレメントからも送信機の出力までさかのぼった経路が同じ条件になっているということです．電圧も位相も同じものが各エレメントに給電されるということです．

　そのためには，**図4-15**に示したように電力を配分してやる必要があります．

　電力を配分する回路網を「**分配器**」とか「**パワー・スプリッタ**」あるいはケーブルも含めて「**スタック整合器**」などと呼びます．

　スタックの間隔は，利得やF/Bなどをバランスを見ながら決めますが，これによって給電点のインピーダンスは微妙に変化します．したがって，パワー・スプリッタと給電点までの同軸ケーブルの特性インピーダンスや長さは，その変化に対応して決めてやる必要があります．

(a) ブロードサイド・アレー

半波長ダイポールの並列駆動
（オール・ドリブン型）

(a) ブロードサイド・アレー

原理的に位相差給電
（パラシティック型）
(b) 八木アンテナ

位相差給電
（オール・ドリブン型）
(c) フェーズド・アレー

位相差給電（パラシティック型）
の並列駆動
(d) スタックド八木

位相差給電（オールドリブン型）
の並列駆動
(e) 反射器付きカーテン・アンテナ

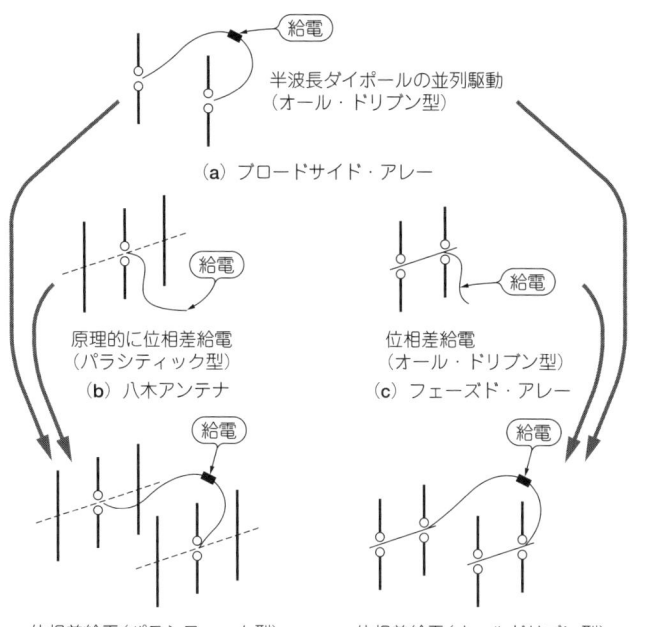

図4-15　フェーズド・アレーとブロードサイド・アレーの混合

(b) 4列スタックド八木アンテナ

図4-16　4列ブロードサイド・アレーと4列スタックド八木アンテナ

　アンテナを4列並べた4列スタックもあり，上下にも配列したm列n段というスタックもあります．4列の場合の給電のしかたを**図4-16**に示します．だいたいの性能事例についていうと，たとえば10エレメント・シングルのアンテナの相対利得が約9.5 dBあるのに対し，これを2列スタックにすることにより，約2 dBの増加が見られます．非常におおざっぱですが，4列にするとさらに2 dB程度の増加となりますが，先述のようにスタックの間隔は，利得やF/Bなどのバランスをとりながら決めるので，ひとことで何dBという評価はできません．ちなみにF/Bはシングルで15 dB程度，2列スタックで17 dB程度といったデータ事例があります．

4-8　コリニア・アンテナ

　図4-16(a)に示したような横並びのブロードサイド・アレーを縦並びにしたものを**図4-17**に紹介します．ダイポール単独のものよりも強い垂直面指向性を示します．
　図にはこまかな寸法を示していませんが，各ダイポール間の間隔はほぼ1波長とします．
　それぞれのダイポールは給電点をもっているので，ケーブルをつなぐ必要があり，それを支持するために図示したような支柱と腕木が必要になります．
　単なる縦並びのダイポールの水平面指向性はもともと円ですが，支柱が金属であれば，反射器として機能するので方向性を持ちます．

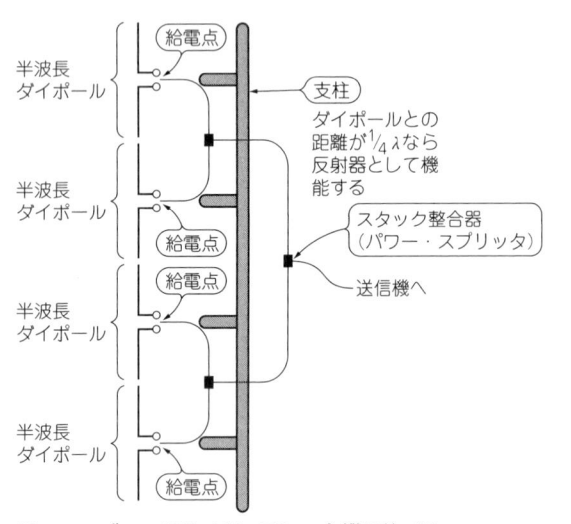

図4-17 ブロードサイド・アレーを縦に並べる

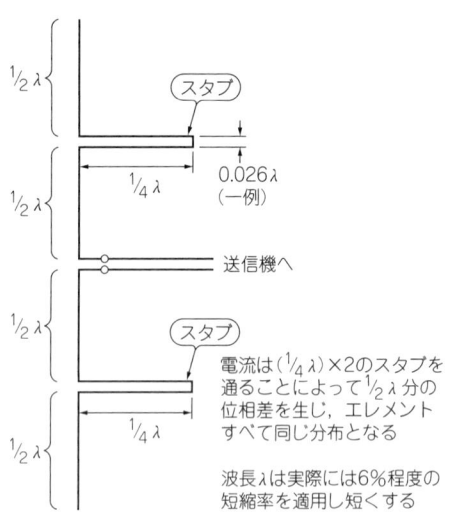

図4-18 位相差給電ダイポールを縦に並べる（コリニア・アンテナ）

　さて，図4-17と同じような半波長ダイポールの配列で，駆動のしかたを変えたものを図4-18に紹介します．この場合の給電は4本の半波長ダイポールの中間点に平衡給電するものですが，各ダイポール間にスタブと呼ばれるフェーズ・ラインが設けられ，電流がこれを通過する間に位相がちょうど半波長分ずれて，前後のエレメントに同じ電流分布が得られるように機能させたものです．この考え方は，接地型の不平衡アンテナやグラウンド・プレーン・アンテナについても応用できます．このような駆動のしかたを「コリニア」と呼んでおり，アンテナ・メーカー各社からも多くの商品が提案されています．

　コリニア・アンテナの水平面指向性は無指向性の円ですが，垂直面内の指向性パターンは鋭くなり利得が向上します．例えば，相対利得にして，2エレメントで1.8 dB，3エレメントで2.7 dB，4エレメントで3.6 dB，……といったデータが紹介されています．

　コリニア・アンテナのスタブ部分は，図4-18に示すようにエレメントの境目に往復1/2λの「わき道」として構成されますが，構造的には図4-19(a)に示すように，竹や塩ビ・パイプのような非金属のポールにエレメントを沿わせ，組み付けた腕木にスタブの導線を沿わせて保持する方法と，同図(b)のように弾力性のある導線を円状に加工してエレメントを囲む方法とがあります．後者は波長の短いUHF帯の「ホイップ・アンテナ」などに向いています．

4-9　ヘリカル・アンテナ

　ヘリカル・アンテナは，前二者とはかなり性格が異なりますが，おもしろい特性を持ったアンテナで，ある状態ではグラウンド・プレーンになり，またある状態では「エンド・ファイア・ヘリカル・アンテナ」と呼ばれるF/Bの大きいビーム・アンテナに変身します．

　ヘリカル・アンテナのいくつかの変身状態から2例を図4-20に示します．図の(a)は「微小ヘリカル・

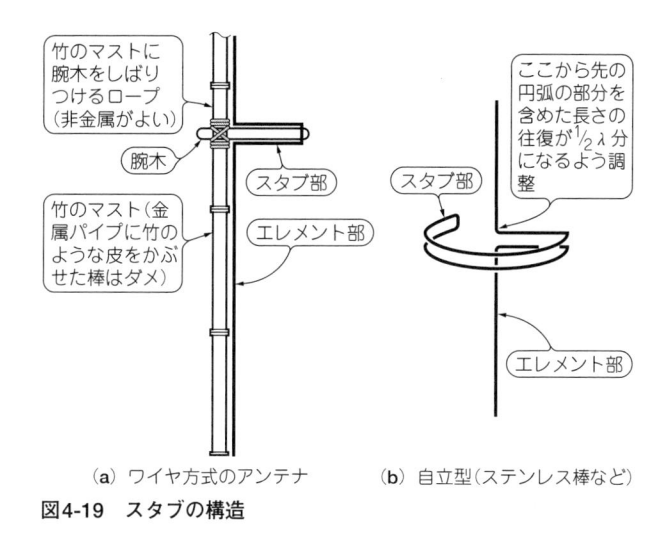

(a) ワイヤ方式のアンテナ　(b) 自立型（ステンレス棒など）

図4-19　スタブの構造

アンテナ」，(b)は「**エンド・ファイア・ヘリカル・アンテナ**」と呼ばれます．

このほかにも，例えば，らせんの円周長が波長 λ の整数倍でピッチ（コイルの巻線間隔）が $1/2\lambda$ というような，スケールの大きい「**ブロードサイド・ヘリカル・アンテナ**」がありますが，アマチュア用のアンテナとしては一般的でないので説明は割愛します．

ところで，いろいろ文献を見て勉強された諸氏にとっては，「オヤ？ 何か足りないぞ」と思われるかもしれません．「**ヘリカル・ホイップ**」という名前で紹介されているものです．

ホルマル線約1波長分を，コイルのスペース巻きのように釣り竿に巻いて行き，先端になるほど密着巻きにしてモービル用のホイップ・アンテナとして使うものです．

そもそもヘリカル(helical)というのは，「らせん状の」という意味で即「コイル」といってもよく，このヘリカル・ホイップ・アンテナは「全身ローディング・コイルのアンテナ」とも考えられます．釣り竿のように径が少しずつ細くなるボビンに，徐々にピッチ（巻線間隔）を狭めながら巻いていくので，コイルと呼ぶよりは垂直エレメントを短くするためにローディング・コイルを兼ねて，ぎゅっと短くおし縮めたものというふうに考えるのが自然です．

そんなわけで，ヘリカルという名前が付いていても図4-20には加えませんでした．

図4-20に話を戻し，(a)の微小ヘリカル・アンテナについてひとことで説明しておくと，らせん部分を引き伸ばしたときの線の長さが波長に対して，とても短い構造のものです．したがって，直感的にも想像できますが，通常の半波長ダイポールのグラウンド・プレーン版で，放射エレメントを極端に短くしたものと似ています．

水平面内の放射パターンは円であり，垂直面内の放射パターンは横に寝た「8の字」特性となります．このらせん部のピッチ角をゼロ，すなわち密着巻にしたときの偏波は直線で水平，ピッチ角を $\pi/2\lambda$ すなわち直線状に引き伸ばしたときの偏波は直線で垂直と説明されます．

さて，本題のエンド・ファイア・ヘリカル・アンテナですが，図4-20(b)の放射特性でもわかるように

4-9　ヘリカル・アンテナ

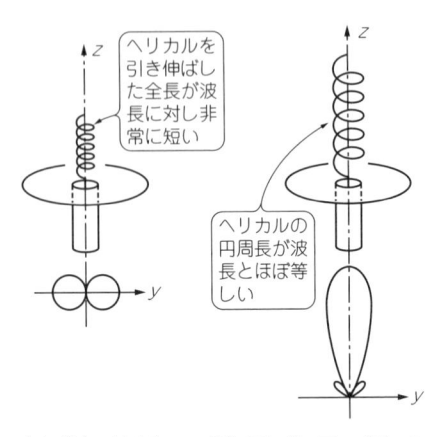

(a) 微小ヘリカル・アンテナ　**(b) エンド・ファイア・ヘリカル・アンテナ**

図4-20　ヘリカル・アンテナのいろいろ

ヘリカル（らせん）の円周長を$C=\pi D$、ヘリカル1巻きの長さをLとすると、LとCとは同じように思われるが、らせんは平面でなく、巻き上げのピッチ角があるのでLのほうがCより若干長い（右図参照）

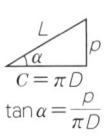

$$C=3/4\lambda\sim4/3\lambda \quad p\approx1/5\lambda \quad \alpha=\tan^{-1}\frac{p}{\pi D}\ 11°\sim15° \quad n>3$$

上記のように選べば良好なF/Bが得られ利得も11〜15dB程度、帯域も広い．
放射抵抗は、ほぼ純抵抗で約100〜180Ω．ただし、偏波は円偏波．
同じnでも反射板の径やCやαによって、利得やビーム角が違ってくる

図4-21　エンド・ファイア・ヘリカル・アンテナの諸条件

放射のパターンがグラウンド・プレーンとはまったく異なります．(a)も(b)も似たような構造なのにこんなに放射の状況が変わるのは興味あることです．しかし、このような特徴のある放射をするためには特定の条件がそろっていなければなりません．それを**図4-21**に示します．

図に説明したとおり、らせんの軸方向に放射が得られるので、「**軸モード放射のヘリカル・アンテナ**」とも呼ばれます．

円偏波は、らせんの巻方向によって「左旋」、「右旋」と偏波の回転方向が逆になります．回転方向が逆どうしの円偏波のアンテナを対面させても送受信することはできません．

円偏波のアンテナどうしで送受信するためには、ボルトとナットの関係のように回転方向が一致している必要があります．

ひとこと補足しますと、このアンテナの導体径は$0.01\lambda\sim0.02\lambda$くらいが適当であるとの報告があります．

4-10　定インピーダンス・アンテナ

「定インピーダンス」の説明に入る前に「アンテナの**放射抵抗**」と「空中線**インピーダンス**」との使い分けについて、ひとこと説明しておきます．

いままでは、給電点のインピーダンスが整合されていて損失のない理想的なアンテナを想定して、アンテナの入力インピーダンスをすべて「放射抵抗」と表現してきました．

本来、「給電点インピーダンス」とか「入力インピーダンス」というときには、$Z=R+jX$というリアクタンス含みの表現に立ち戻らなければなりませんが、定インピーダンス・アンテナを解説したほとんどの資料が「放射抵抗」でなく「インピーダンス」を使って解説しており、いままでの説明にこだわって「放射抵抗」を使い続けるには違和感があるので「慣れ」にしたがってインピーダンスを使うことにします．

前置きが長くなりましたが「**定インピーダンス・アンテナ**」は，周波数によって入力インピーダンスが変化しないようなアンテナをいいます．定インピーダンス・アンテナにはいろいろな理論による裏付けがありますが，これに入り込むと抜けられなくなりそうなので，名前だけ紹介して具体的なアンテナの話に移りたいと思います．

その理論で取り上げられるアンテナとは，「**自己補対アンテナ**」とか「**自己相似アンテナ**」などと呼ばれるものです．このほかにも「**対数周期アンテナ**」といったものがあります．

では，具体的な定インピーダンス・アンテナについて説明しましょう．

4-11　バイコニカル・アンテナとディスコーン・アンテナ

まず，図4-22でグラウンド・プレーン・アンテナのインピーダンスから復習します．

この図は図4-2の(d)と同じものですが，ラジアルの角度によってインピーダンスが変化する状況を説明したものです．このようにアンテナのインピーダンスはラジエタやラジアルが構成する角度によっていろいろな値をとります．

図4-23に代表的な定インピーダンス・アンテナを示します．図4-23(a)は「**バイコニカル・アンテナ**」と呼ばれるアンテナで，またの名を「**無限長双円すいアンテナ**」と呼びます．文字どおり円すい(コーン)が二つ(バイ)あるダイポール・アンテナです．図中で示したように給電点のインピーダンスはコーンの角度(θ)によって決まります．

さきほど「自己相似アンテナ」という名前を紹介しました．アンテナの寸法を一様に拡大したり縮小したりしても，形が相似であれば自分自身に相似であるということで自己相似と呼ぶのですが，バイコニカル・アンテナはその代表的な事例で，入力インピーダンスは周波数に無関係に一定となります．

「**無限長双円すいアンテナ**」がオリジナルですが，有限長であっても定インピーダンスの性質は変わりません．アンテナのインピーダンスが一定である範囲は，円すいの最大寸法が低い周波数(波長の上限)を決め，円すいの頂点の「小ささ」が上限の周波数(波長の下限)を決めます．垂直のバイコニカル・アンテ

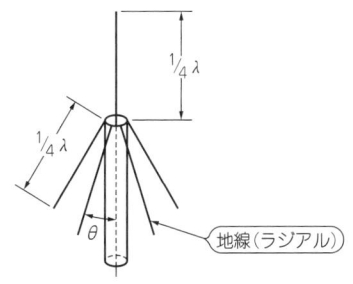

θ が90°のときインピーダンスは21Ω．
θ が30〜38°の中で50Ωが得られる．
真下に倒したときは70Ω程度となる．

図4-22　ラジアルの角度とインピーダンス

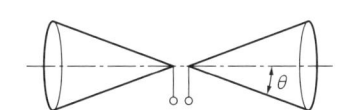

別名「無限長双円すいアンテナ」で，もともと無限に長いことが必要であるが，有限長で切ってもある範囲で一定のインピーダンスを示す．
その場合，最大寸法が定インピーダンスを満たす周波数の下限を決め，給電部の寸法が上限を決める．インピーダンスは下式で与えられる．

$$Z \approx 120 \log_e \cot \frac{\theta}{2} \,[\Omega]$$

(a) バイコニカル・アンテナ(Biconical Antenna)

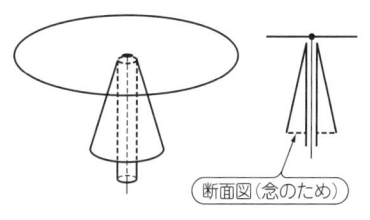

接地アンテナ同様，インピーダンスは左記の半分となる．

$$Z \approx 60 \log_e \cot \frac{\theta}{2} \,[\Omega]$$

(b) ディスコーン・アンテナ(Discone Antenna)

図4-23　コーンの角度とインピーダンス

ナは，打ち上げ角も比較的低く相対利得は4 dB弱が得られます．

図4-23(b)は「ディスコーン・アンテナ」と呼ばれるアンテナで，図4-23(a)と比べればわかるように，インピーダンスの式の形は同じで，大きさのみ半分になっています．

この関係は，ダイポール・アンテナを垂直の接地型にしたものと同じです．どうしてそうなるのかを図4-24で考えてみます．

図の(a)はおなじみの半波長ダイポールです．これに対応するグラウンド・プレーンが(b)になります．(a)をバイコニカルに変形したものが(c)で，(b)について同様の変形をしたものが(d)です．

グラウンド・プレーンの接地側導体はディスク（= Disc = 円板）と呼ばれ，円すい部はコーン（= cone）と呼ばれますから，(d)は接地側導体のディスクの上に放射エレメントであるコーンが乗っている形です．断面図にあるように，ディスクとコーンの先端に給電するには，(d)の形にこだわらず，(e)のようにコーンの中を通った同軸ケーブルから給電するようにしても同じことです．これが図4-23(b)と同じディスコーン・アンテナです．

ディスコーン・アンテナは，ディスクの部分もコーンの部分も導体の板を加工するのでなく，複数の導線を使って図4-25に示すように作ることも可能です．むしろこのほうが，風圧の面や材料費の面から普及しています．同図(b)は給電点の構造例です．同軸ケーブルの内部導体がロクロ首のように長く描かれていますが，実際にはディスクとコーンとを絶縁部を介してぎゅっと押しつけて固定します．

複数の導線を使ったこのような構造は，バイコニカル・アンテナやディスコーン・アンテナについても同様に適用できます．「破れ傘」とか「木枯らし紋次郎」などとニックネームで呼ぶ向きもあるようです．

4-12 対数周期アンテナ

バイコニカル・アンテナと並んで代表的な定インピーダンス・アンテナに「対数周期アンテナ」があります．英語では対数がlogarithm（ロガリズム），周期がperiod（ペリオッド）ですから，対数周期アンテナのことを「ログペリオディック・アンテナ」と呼びます．縮めて「ログペリ」といいます．

図4-26に対数周期アンテナの構造と寸法などのデータを示しました．τ（タウ）は対数周期比と呼ばれます．このアンテナの入力インピーダンスは，

$$\frac{1}{2} \log_e \frac{1}{\tau}$$

を周期として対数周期的に変化します．τは1より小さいので，1に近いほど，すなわち隣り合ったエレメントの長さの比が1に近いほど，いいかえるとエレメントが密集しているほど周期は小さく（きめ細かく）なります．しかし，変化するとはいっても，もともと変化分は小さいので，入力インピーダンスは周波数に無関係に一定であるといえます．

図4-26からも感じられますが，ログペリ・アンテナの設計には，なじみのない設計式がズラっと出てくるので，設計式に基づいて自作するのはそう簡単ではありません．したがって，種類はそう多くありませんが，メーカー製の商品から選択するのが無難といえます．

カタログに紹介されているログペリ・アンテナは，図4-26に示したようなジグザグのエレメントでは

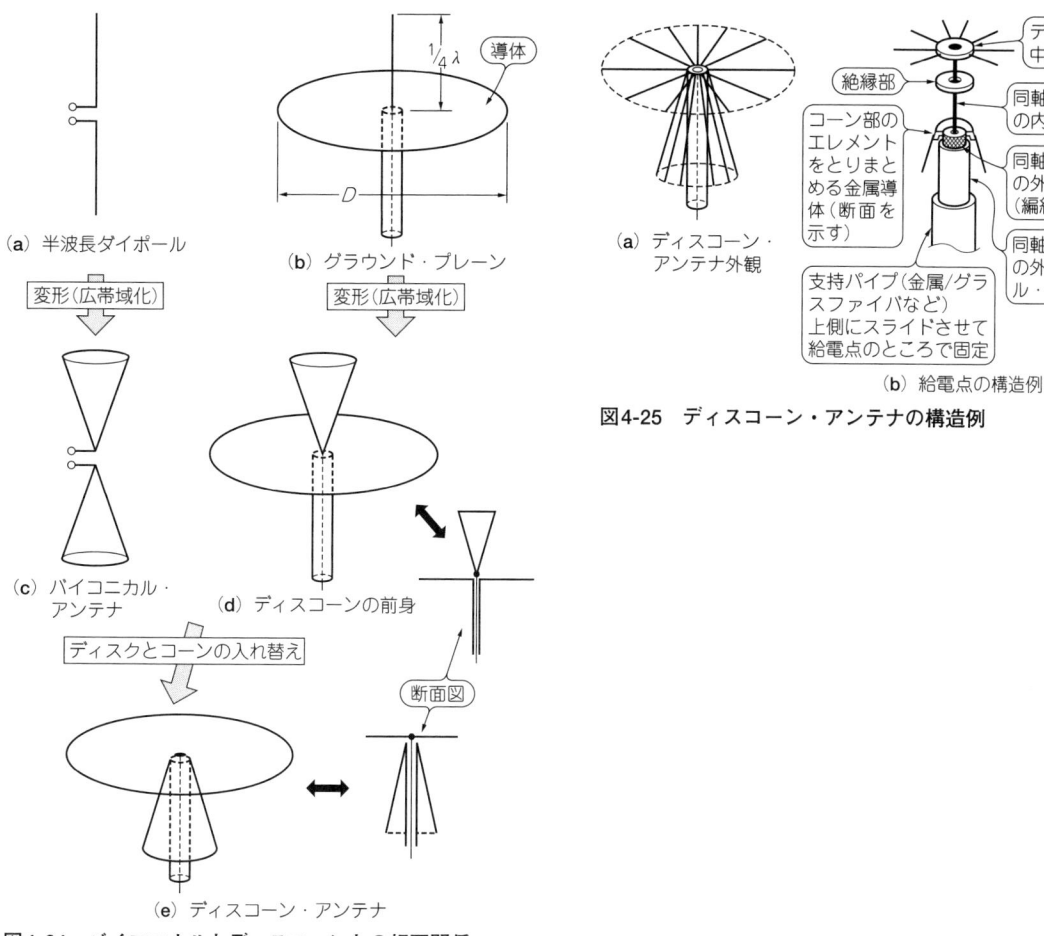

(a) 半波長ダイポール
(b) グラウンド・プレーン
(c) バイコニカル・アンテナ
(d) ディスコーンの前身
(e) ディスコーン・アンテナ

図4-24 バイコニカルとディスコーンとの相互関係

(a) ディスコーン・アンテナ外観
(b) 給電点の構造例

図4-25 ディスコーン・アンテナの構造例

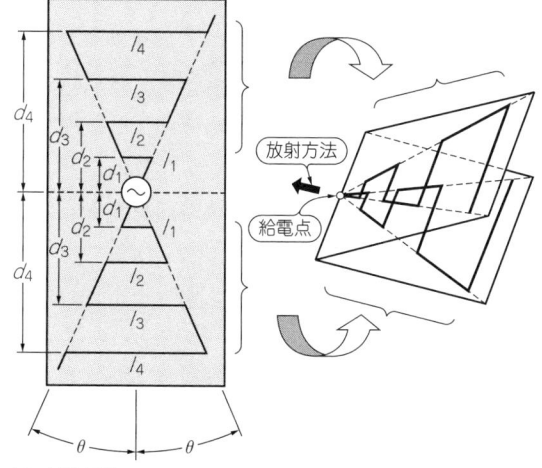

(a) 対数周期アンテナの展開図
(b) 実際の構造

図4-26 対数周期アンテナ (Log・periodic Antenna)

(a)に示す「展開図」は,中央で折り曲げて(b)のような構造にすることを示すため,平板にエレメントを貼り付けたような姿で描いてある.周波数に無関係に定インピーダンスとなる理論的な根拠が「自己補対」であるが,上半分を180°回転すると下半分にちょうど重なり「自己補対」になっている.定量的には以下のようになっている.

$$\sqrt{\tau} = \frac{l_1}{l_2} = \frac{l_2}{l_3} = \cdots\cdots = \frac{l_{n-1}}{l_n}$$ （τを対数周期比という）

$$\therefore (\sqrt{\tau})^{n-1} = \frac{l_1}{l_n}$$

$$\therefore l_n = l_1 \cdot \left(\frac{1}{\tau}\right)^{\frac{n-1}{2}}$$

$$\tan\theta = \frac{1}{2} \cdot \frac{l_n}{d_n}$$

$$\frac{l_n}{l_{n-1}} = \frac{d_n}{d_{n-1}}$$

$$\therefore d_n = d_1 \cdot \left(\frac{1}{\tau}\right)^{\frac{n-1}{2}}$$

このアンテナの入力インピーダンスは,対数周期的に$(1/2)\cdot\log_\varepsilon(1/\tau)$の周期で変化するが,その変化分は小さく周波数にほとんど無関係に一定である.

もっとも長いエレメントは,使用最大波長の1/4より若干長めとする.

最大放射方向は,図示したように給電点が直面している方向である.

4-12 対数周期アンテナ

表4-2 各社の現行カタログから拾ったログペリ・アンテナの主要元

メーカー	モデル	周波数帯	エレメント数	利 得	F/B	ブーム長
クリエート・デザイン	CLP430R	4.2 ～ 28	14	6 ～ 10	8 ～ 15	15
	CLP630	6.3 ～ 30	13	6 ～ 11	8 ～ 15	10.9
	CLP930	10 ～ 30	10	10	15	9.3
	CLP931	13 ～ 30	10	12	15	7.6
	CLP5130-1	50 ～ 1300	21	10 ～ 12	15	2.0
	CLP5130-2	105 ～ 1300	17	11 ～ 13	15	1.4
	CLP5130-1X	50 ～ 500	15 × 2	10 ～ 12	15	1.9
	CLP3100	30 ～ 1000	27	10 ～ 12	15	4.7
日高電機	LT-606	50 ～ 500	13	6 ～ 7	15	2.7
北辰産業	LP-1300	100 ～ 1300		6 ～ 10		1.5

ログペリ・アンテナがどのようなものかを知るために，おもなポイントをまとめた．各社のアンテナ総合カタログからできるだけ忠実にコピーした．
周波数帯は[MHz]，利得は[dBi]と思われる．F/Bは[dB]，ブーム長は[m]．
北辰の周波数帯は，TXは144/430/1200MHz帯と注記してある．

なく，エレメントを豪快に並べた「魚の骨」状の堂々としたものばかりです．

定インピーダンスという切り口でログペリ・アンテナを紹介しましたが，多くの特徴があります．定インピーダンスですから広帯域であるのは当然として，単一指向性，高利得，高F/B，などなどです．

どのような特性かを実感していただくために，各社から出されている総合カタログからログペリの部分を抽出して表4-2にまとめてみました．

アマチュア無線の使用区別だけから見ると，周波数帯が広いということがそんなに魅力のあるものではありませんが，帯域が連続したVHFやUHFのテレビ，エアバンド，諸官庁の業務用無線などさまざまな用途に，これ一つのアンテナでカバーできるのが大きな魅力です．

さらに業務用の分野としては，無線装置を校正する機関などで，測定システムの一部として使われているのも特筆ものです．

4-13 狐の刺股（さすまた）

「さすまた」とは，また穏やかではない言葉ですね．

広辞苑によると刺股とか指叉と書き，狼藉者（ろうぜきもの）を召し捕るのに用いた，とあります．

学校やコンビニが変質者や強盗に襲われたとき，悪者を捕まえるのに便利な「Y字もどき」の形状をした「つかまえ道具」のことですが，さて「狐の刺股」がなんでアマチュア無線と関係あるのでしょうか．

ハム仲間で，「フォックス・ハンティング（＝狐狩り）」という遊びがあることはよくご存じのことと思います．人知れず送信状態にした発信源を，受信機とアンテナを駆使して発見する所要時間を競うものです．

実はここで紹介するアンテナは，その「つかまえ道具」として抜群の能力を発揮するアンテナで，形も刺股そっくりなのです．よって「狐の刺股」と題しました．

紹介するアンテナは，「アドコック・アンテナ」と呼ばれるもので，図の「配線」でもわかるように，二本のダイポールの出力を互いに「逆並列」し，平衡を不平衡に変換してゼネラル・カバレージ受信機で受信しようというものです．「逆並列」といえばピンとわかると思いますが，スタックでなく逆極性で並列接続するものです．

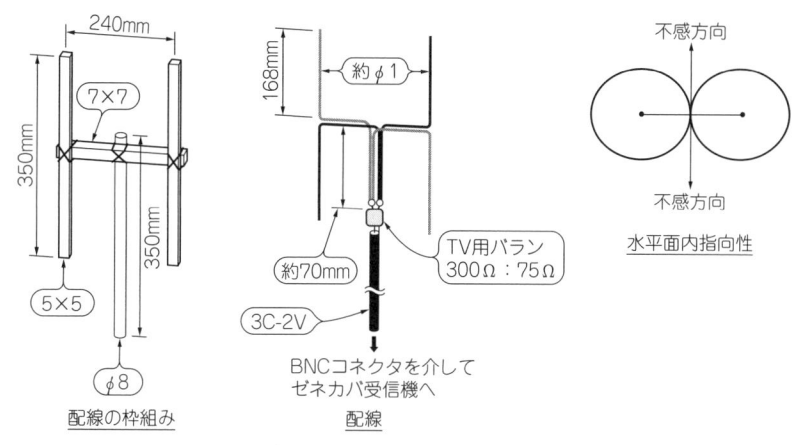

図4-27 アドコック・アンテナの構造

　自作もきわめて簡単で,「配線の枠組み」に示したように工作用の材料を組み合わせて支持の骨組みを作り,これに「配線」のように電線をテープや糸で取り付けるだけです.図の例は430MHz帯を想定していますが,このまま144MHz帯にも使えます.ただし,電波の偏波は垂直です.

　「水平面内指向性」で示したように,このアンテナの指向性は「8の字」ですが,使い方は受信しながらもっとも感じなくなる方向を追い求めるのです.8の字の「不感方向=受信不能の谷」は前後2か所にありますが,この範囲は非常に狭いので,すばらしい精度で方向が特定できます.

　使用上のコツが二つあります.一つは「キツネ」が近くにいると電界が強いので,いくら範囲が狭く検出できるといっても,強すぎる電界に対して受信機が飽和気味になり不感方向が探しにくくなることです.したがって,キツネが近いときは,しっかりした減衰器(アッテネータ)で入力を弱めた上で方向を調べる必要があることです.

　もう一つは,前後に不感方向が現れるので,キツネを真横から見ていると思われる場所に移動して方向を再チェックすることです.

　キツネは移動前に予測した線上と移動後に予測した線上の交点に間違いなく存在します.

4-14　ループ・アンテナによる方向探知

　ここでは,ループ・アンテナを使用した方向探知の方法を2種類紹介します.

● 方向探知①「ベリニ・トシ・アンテナ」

　ループ・アンテナに「8の字」特性の指向性があることは良く知られています.

　電波の到来方向を調べるには,このループ・アンテナを,「ウチワ」の柄を垂直に持って回転するように,ループ・アンテナをゆっくり回転させて出力を観察することによって行います.

　「ウチワ」の柄を垂直に持つように,ということは,電界が垂直偏波の場合のことを意味します.

(a)に示すように二つのループ・アンテナを互いに直交させ，それぞれの端子から取り出した電流をコイルに流すようにしたもの．

ただし，そのコイルは二つのコイルに分割されていて，コイルの中間点の空間には，電流に比例した磁界が発生する構造である．

当然，二つのコイルによる磁界は直交している．両コイルの中間の空間は，モータの界磁（かいじ）のように構成されているので，その中間に「さぐりコイル」を位置させ，この角度を変えることによって，どちらのコイルからの磁界を捉えるかが連続的に変えられる．

結局，ひとつのループ・アンテナを垂直軸を中心に回転させたと等価な結果が得られる．

(b)は外観図で，例えばループ，保持軸ともそれぞれ1mといった大きさのものである．

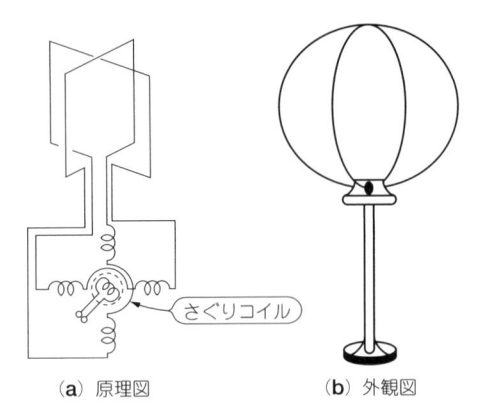

(a) 原理図　　(b) 外観図

図4-28　ベリニ・トシ・アンテナ

　まず，ループ・アンテナを二つ使って，アンテナを回転させた場合と同じような効果が得られる方法を紹介します．

　図4-28の(a)がその原理図で，図中にも解説したように，二つのアンテナ出力のどちらが大きいかを検出するように，「さぐりコイル」を挿入して回転させるものです．

　「さぐりコイル」は小さなものなので，小さな歯車つきのモータで遠隔操作が可能です．

　この機構は「ゴニオメータ」とも呼ばれ，アンテナ自体を回転できなかったり，アンテナが大型であったりした場合に用いられます．

　ループは全周がほぼ波長になるよう選ばれ，ローバンドの場合は適当に巻き数を増やして構成します．方向探知が目的なのでインピーダンスについてはさほど厳格にする必要はありません．

　図4-28の(b)が装置としての外観図です．

　ループ・アンテナは円状になっていますが，第3章で紹介した「中短波帯の試験用ループ」のように銅や真ちゅうのパイプの中に巻き線をおさめる，「静電シールド」方式で保持してあります．考案者の，ベリニ(Bellini)さんとトシ(Tosi)さんの名前をとって，ベリニ・トシ・アンテナ(Bellini-Tosi Antenna)と呼ばれます．

　ループ・アンテナは先述のように8の字特性なので，信号が強く感じるところが2箇所，まったく感じないところが2箇所ありますが，ベリニ・トシ・アンテナも同様です．

　しかし，信号の強い状態の角度の範囲はひじょうに幅が広いので，前節の「狐の刺股」のところで紹介した「アドコック・アンテナ」のように，信号を感じない角度の位置を利用するとすばらしい検出性能が得られます．

● 方向探知②「単一方向決定方式アンテナ」

　次は，ループ・アンテナと垂直アンテナとを組み合わせて方向探知に利用する事例です．

　この方法によると，ループ・アンテナの水平面内の指向性が前後両方向に8の字特性であったものが，どちらか一方のみに強い指向性が現れるという特長が見られます．

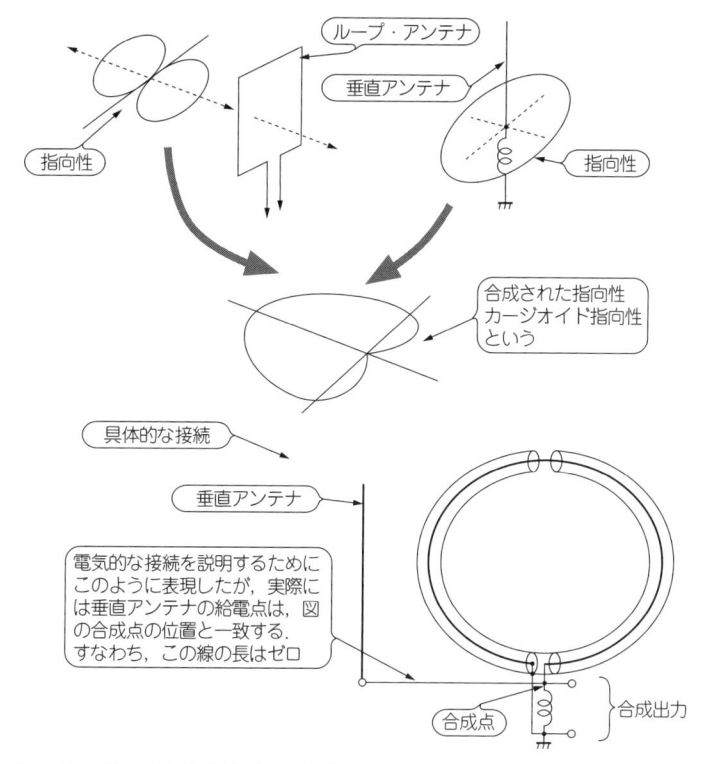

図4-29 単一方向決定方式アンテナ

　図4-29に示すように，強く感じる方向が一方向のみ，感じなくなる方向が反対側の一方向のみという指向特性になり，電波が前後のどちらから来ているのかを即断できるというメリットが出てきます．

　原理はいたって簡単です．

　図4-29に示したようにループ・アンテナの指向性と垂直アンテナの指向性とを合成する（重ね合わせる）と，両アンテナの指向性は片側では強調合成され，反対側では相殺されて感じにくくなるのです．

　合成されてできる新しい指向性はハート型をしており，「カージオイド指向性」と呼ばれます．ただし，図4-29に示したような感度ゼロとなるような理想的な特性は得にくく，この特性を利用するには多少無理もあります．

　また，このようなカージオイド特性を広い周波数帯域で作ることもそう簡単ではありません．

　しかし，特定の周波数で，あらかじめ調整して持っておくのも悪くないと思われます．

　電波の発生源を突き止めるのは，ゲームとしてのフォックス・ハンティングだけで必要とするのではありません．

　アマチュア無線家でない，心ないアンカバーの存在を特定して当局に報告し，お空をクリアにするのも電波を利用するものの勤めでもあることを承知しておきましょう．

4-14　ループ・アンテナによる方向探知

4-15 スーパー・ターンスタイル・アンテナ

図4-30(a)と(b)とは垂直偏波の基本ですから,あらためて説明不要でしょう.図(c)がこのコラムの本題です.

TVの放送塔から出る無指向性の水平偏波はどうやって作るのかを考えます.結論からいうと「ターンスタイル・アンテナ(＝Turnstile antenna)」を使うことです.「スタイル」という言葉が入っているので誤解を招きそうですが,英語のスペリングを見てもわかるように,「ターンスタイル」で一語です.コンサイスの辞書によると「ターンスタイル」とは,「人だけ通れて牛馬が通れないように,また,劇場や駅の入り口に1人ずつ人を通すために設ける"回転木戸"あるいは"回り木戸"」と説明されています.

経験者は「ああ,あれか」と思い出すと思いますが,「十字型」の回転式ゲートで,人が入って「通せんぼ」している木のアームをおなかで押すと,ギッコンと木戸が回転して通れるようになるものです.すき間には人ひとりしか入れず,次の人も同じ動作でゲートを通る仕組みになっています.チケットの確認や入場者のカウントに利用されます.構造の説明にこだわりましたが,この構造こそが「ターンスタイル・

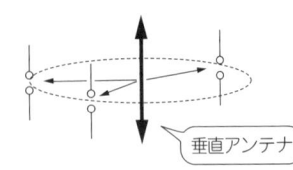

(a) 垂直偏波とダイポール
垂直アンテナから出る電波は垂直偏波で,無指向性の垂直ダイポールにより問題なく受信が可能である.

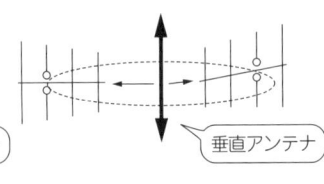

(b) 垂直偏波と八木アンテナ
垂直ダイポールの代わりに垂直八木アンテナを使用するときは,ラジエータを垂直にし,ディレクタを送信アンテナのほうに向ける.

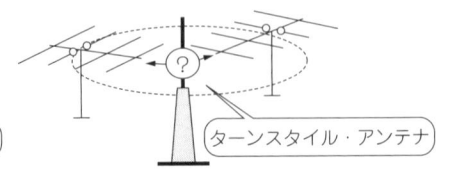

(c) 水平偏波と八木アンテナ
TV用の水平八木アンテナは,ディレクタを放送塔のほうに向けて受信する.放送塔からは無指向性の水平偏波の電波が出ていることになる.垂直偏波の無指向性よりはややこしそうだ.

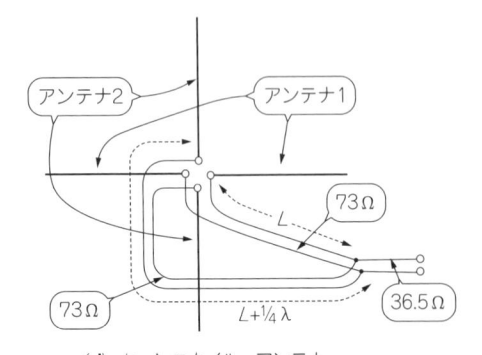

(d) ターンスタイル・アンテナ
図は平面図として見て頂きたい.2組のダイポール・アンテナを,直交して配置し,その給電に,1/4λの位相差を持たせると水平面指向性が,ほぼ「円形」すなわち「無指向性」となる.垂直面内の指向性を増すには,これを1/2λの間隔で多段に積み上げる.

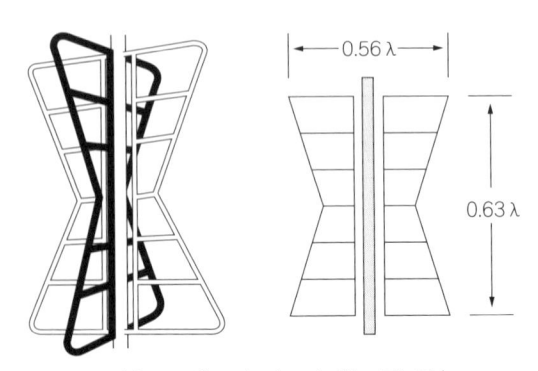

(e) スーパー・ターンスタイル・アンテナ
ターンスタイル・アンテナの周波数特性を広帯域化したもの.ひとつのユニットが上記のような形状と寸法になっている.さらに多段に積み重ねて構成される.こうもりの翼に似ているので「Bat-wing antenna」とも呼ばれる.

図4-30 ターンスタイル・アンテナの構造

アンテナ」です.

　図(d)に示すように，2個のダイポール・アンテナを十字型に配置し，一方のアンテナへの給電をもう一方のそれと$1/4\lambda$の位相差をもたすことによってほぼ円形の水平面指向性を得るものです．理論的にはヘルツ・ダブレットという非常に小さいアンテナ素子から放射される電界の式をたて，これを十字型に組み合わせたときの式を解析すると，もとのアンテナとある角度を持った方向の電界も，もとのアンテナ素子と同じ電界強度である，という結果が導き出され，指向性が円形であることがわかります．

　実際にはヘルツ・ダブレットではなく$1/2\lambda$アンテナを交差させたものなので，完全な円形指向性ではなく，多少イビツになりますがほぼ無指向性となります．

　難解なので数式を示して解説することは遠慮します．「ターンスタイル・アンテナ」をさらに広帯域化したものが「スーパー・ターンスタイル・アンテナ」で，形状から「Bat-wing antenna」とも呼ばれます．

4-16　全方向無指向性の電界強度測定アンテナ

　「比吸収率(＝Specific Absorption Rate)」という言葉をご存じでしょうか．
　「携帯電話などから放射される電磁波が人間の頭部に吸収される度合い」を定量化した言葉で，日本は

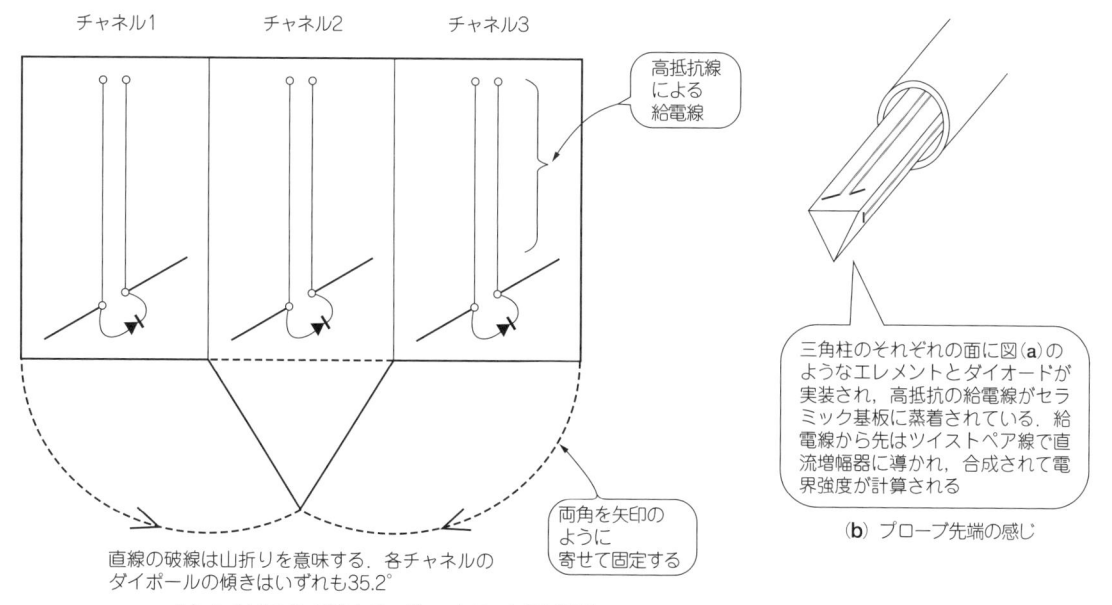

(a) わかりにくい構造をペーパー・クラフト風に展開

直線の破線は山折りを意味する．各チャネルのダイポールの傾きはいずれも35.2°

両角を矢印のように寄せて固定する

高抵抗線による給電線

(b) プローブ先端の感じ

三角柱のそれぞれの面に図(a)のようなエレメントとダイオードが実装され，高抵抗の給電線がセラミック基板に蒸着されている．給電線から先はツイストペア線で直流増幅器に導かれ，合成されて電界強度が計算される

ある電界中にダイポールが置かれると，起電力が発生する．そのダイポールの給電点に検波用のダイオードを入れると，ダイオードの自乗特性によって，電界強度の自乗に比例した検波電圧が得られる．
この電圧を直流増幅し，演算して電界強度を表示するなどの機能を持たせた電界強度計がある．
しかし，単にひと組のダイポールとダイオードの組み合わせだけでは，電界の偏波の状況によってダイポールの向きによる検波電圧のちがいが大きく，都度最大方向を探すなど，操作上不自由である．
ここで述べる方式によると水平面，垂直面に関係なく，全方向無指向性になる．

図4-31　近傍電界強度計の展開図と鳥瞰図

もちろん，欧米でも測定法や限度値まで含めた法規制がなされています．電波の出るものはアマチュア無線器から無線LANに至るまで基本的にすべて対象です．

その規格とは，日本では(社)電波産業会(＝ARIB)の規格STD-56や，米国のIEEE-Std 1528などですが，限度値のちがいはあっても，世界中ほぼ共通のものです．

規格で示されている装置に「近傍電界強度計」があります．この装置は電波の放射源の近傍の電界が数mm単位で測定できるよう，極めて小さいダイポールを備えたアンテナ・プローブと，その出力を処理する直流増幅器や演算装置を持った電界強度計です．構造がやや複雑なので，それぞれ図4-31に構造を理解してもらうための「展開図」と「鳥瞰図」を示しました．

近傍電界強度計の大きさは，ダイポールの全長が数mm，高抵抗(数100 kΩ)の蒸着給電線の長さが約10cm，プローブ先端の三角柱がおさまるガラス管の外径が7mmといった「小ささ」ですが，あえて図中に寸法を書き込まなかったのは，3個のダイポールによる検波部の組み合わせ方が，「微小プローブ」に限らず，もっと大きなアンテナ・ユニットにも応用できるからです．つまりこのコラムで紹介したかったのは「微小」の部分ではなく「無指向性」の部分だったからです．

「各チャネルのダイポールの傾きを35.2°にすることがポイントで，これによってx軸，y軸，z軸のどの軸に対してもエコひいきなしに合成成分が取り出せる」ことが重要な性質です．ダイポールを適当な大きさにし，給電部の蒸着の代わりに抵抗器をじゅずつなぎにして直流増幅器に渡すようにすれば「遠傍(?)」に近い無指向性の電界強度計が作れるので参考にして頂きたいと思います．

なお，演算部分で若干の工夫が必要になることもありますが，調べる電波が無変調であればまったく問題なく活用できます(「生体と電磁波」CQ出版社 吉本 猛夫著が参考になる)．

第5章

給電線の基本的な性質

　ここからは，アンテナにとって不可欠な給電線について考えます．

　通常，アンテナは広い家なら庭の一角に，アパートならベランダの一端に，車ならトランクリッドやルーフサイドに設置されます．いずれにせよ送信機からすぐアンテナというケースはまれで，送信機とアンテナ間の距離を伝送路で結んでやらなければなりません．その伝送路は非常に重要な働きをするので，ホームセンターで売られている電灯線の延長コードを使うというわけにはいきません．風雨にさらされるので，耐候性に優れていなければならないことはもちろんですが，高周波を伝送させるので，損失の少ない材質を選ぶなど高周波特性が優れていなければなりません．

　また，高周波を伝送させるためには，構造や寸法の面である条件を満足する必要があります．それらを理解するために，まず給電線の中で何が起こっているのかを，例によって理屈っぽいところから解きほぐしてみることにします．

5-1 給電線には電波と同様のメカニズムで高周波エネルギーが走っている

　図5-1(a)は，第1章の図1-12と同じものです．この図の結論は電界ベクトル**E**と磁界ベクトル**H**の直角の方向に（**E**を右90°回転した方向に**H**があるときその回転で右ネジが進む方向に）エネルギー**S**（ポインチング・ベクトル）が進むというものです．

　このことを意識しながら図5-1(b)を考えてみます．

　図の2本の線は無限に長い平衡給電線です．「無限に長い」という言葉に何か引っかかりを感じますが，ここでは聞き流して先へ進みましょう．スイッチを2→3→2→1というようにすばやく切り替えるとこの給電線の入力端の電圧は，まずスイッチ3の状態で，上が(−)，下が(+)になり，電界**E**が上向きになって磁界**H**が紙面に対してこちら向きになります．そして，エネルギーは右方向へと進み，図(b)の「スイッチが"3"の状態であった少し前の状態」と書いてあるところまで進みます．そしてスイッチが"1"の位置まで来ると，図(b)の「スイッチが"1"になった最新の状態」と書いてあるところに示した向きになります．スイッチが"3"の位置にできたエネルギーの進む方向もスイッチが"1"の位置にできたエネルギーの進む方向もともに「右向け右！」で給電線の先へ先へと進むことがわかります．

　図5-2は，この状態をもう少し立体的に観察したものです．今度はスイッチを入れた瞬間のみを解析し

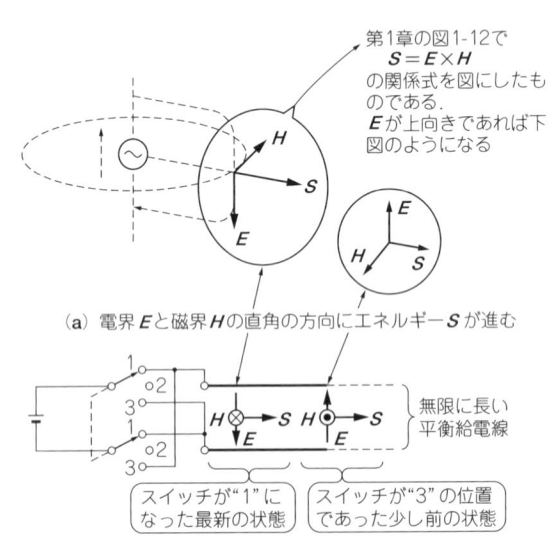

(a) 電界**E**と磁界**H**の直角の方向にエネルギー**S**が進む

第1章の図1-12で**S**=**E**×**H**の関係式を図にしたものである．**E**が上向きであれば下図のようになる

スイッチが"1"になった最新の状態　　スイッチが"3"の位置であった少し前の状態

無限に長い平衡給電線

Eは電界，**H**は磁界，**S**は進行するエネルギーを表し，特に**S**はポインチング・ベクトルと呼ばれる．（図1-12参照）
⊗は磁界が向こう向きになっていることを表し，⊙は磁界がこちら向きになっていることを表している．
スイッチが"3"の状態から"1"の状態になるわずかの間にエネルギーは右へ右へと進み，給電線の位置によって電界が上向きであったり下向きであったりする

(b) スイッチを3-2-1…と切り替えたときの電磁界の変化

図5-1　無限長の平衡給電線に極性の変化する電圧を加える

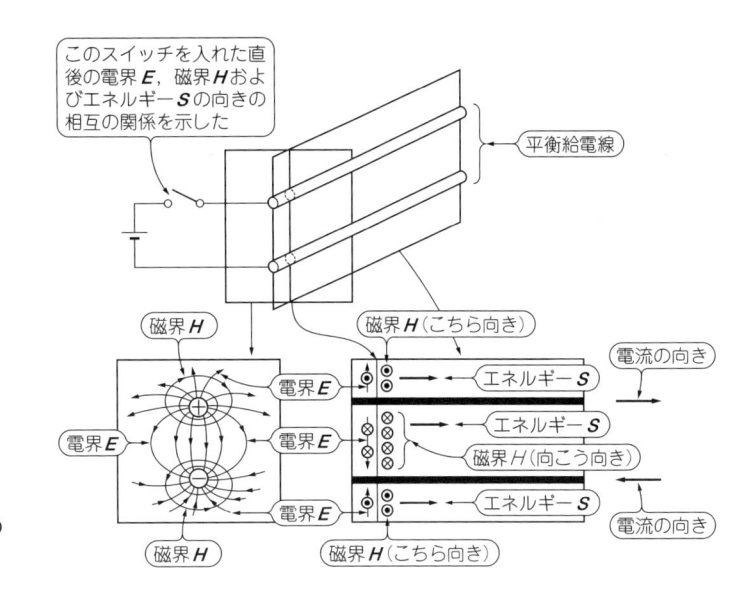

図5-2
平衡給電線に電圧をかけた直後の
電界,磁界,エネルギーの方向

ています.

上の図はスイッチを入れた直後の平衡給電線を斜めの方向から立体的に見た状態を表しています.この立体図を二つの平面によって観察したものを下の図に示します.

左の図は二本の平衡給電線の断面のみが見えるような平面で観察したもので,電気力線が上から下へ弧を描いて延びています.いったん上を向いていた電気力線も向きを変えて最終的には下の電線に収まっています.線の周囲には磁界が矢印で示した方向にできています.右の図は二本の給電線の中心を含むような平面で,左の断面図にあるような電界と磁界の方向を横から見た状態で記入したものです.

図に矢印で示したように,上の線からは電気力線が出て行き,下の線には電気力線が入って行きます.

磁界についていえば,二本の線の内側はすべて紙面に対し向こう向き,外側はすべて紙面に対しこちら向きになっています.これに図5-1のようなエネルギーの向きをあてはめてみると,どの位置についても,紙面に対し右側に進むことがわかります.

すなわち平衡給電線に電圧が加えられれば,ただちにその給電線の末端に向かってエネルギーが進むのです.

図5-3は,いまと同じような方法で,同軸型の給電線ではどうなるかを観察したものです.

この場合にもエネルギーは給電線(同軸ケーブル)の末端に向かって進むことがわかります.

図5-2の場合にも,図5-3の場合にも,流れる電流の向きを記入してありますが,この向きとエネルギーが走る向きとは別物であることに注意してください.

この節では,平衡型であれ同軸型であれ,給電線の送電端子に電圧を加えると,その電圧が瞬時にプラスとマイナスが入れ替わっても,また交流であっても,そのエネルギーは給電線の末端めがけて進む,という結論になります.

いいかえると,送信機に給電線をつないだところからすでに送信電力のエネルギーはアンテナめざして

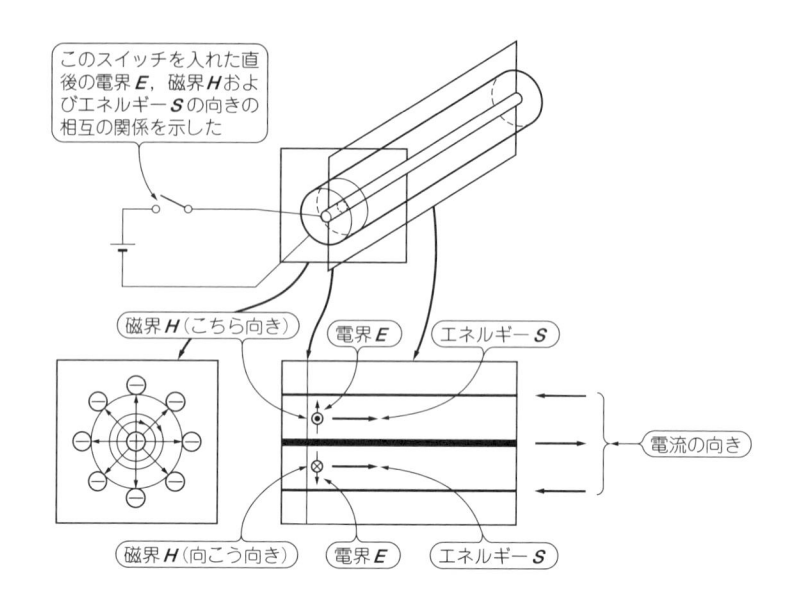

図5-3
同軸給電線に電圧をかけた直後の
電界，磁界，エネルギーの方向

（図中ラベル）
- このスイッチを入れた直後の電界 E，磁界 H およびエネルギー S の向きの相互の関係を示した
- 磁界 H（こちら向き）
- 電界 E
- エネルギー S
- 電流の向き
- 磁界 H（向こう向き）
- 電界 E
- エネルギー S

先へ先へと進んでいるのであって，本節のテーマのように「給電線には電波と同様のメカニズムで高周波エネルギーが走っている」ということなのです．給電線は「線」というよりもはや「アンテナの一部」なのです．

5-2 給電線の基本的な特性

前節に出てきた「無限に長い」という言葉の意味を理解するためにも，このあと出てくる「**反射**」や「**定在波**」を理解するためにも，はじめに給電線の基本的な特性をまとめておきます．

まず，**図5-4**(a)は，対象とする給電線の姿を示したものです．図では平衡2線式給電線の場合を示していますが，そのまま同軸ケーブルの解説にも拡張できます．図(b)はその等価回路を示します．

給電線は長い電線ですから当然インダクタンス(L)分があり，線材の抵抗(R)分があります．単位長さあたりのインピーダンスは $Z = R + j\omega L$ です．

また，2線間には当然容量(C)分があり，支持物の漏れ抵抗分もあります．漏れ抵抗分を表現するのに，Rを使わずコンダクタンス(G)を使ったのは単位長さあたりのアドミタンスとして，$Y = G + j\omega C$ と表現すると式の展開上都合がよいからです．等価回路に使われた L，R，C，G はいずれも「単位長さあたり＝1mにつき」というところが特徴です．

この等価回路に示されたような L や C を分布定数といい，これらが渾然一体となってできている回路を「分布定数回路」と呼んでいます．

分布定数回路に対し，電子部品であるコイルやコンデンサで構成された回路を「集中定数回路」と呼びます．集中定数回路では電圧や電流は時間のみの関数ですが，給電線のような分布定数回路では，電圧，電流は線路上の位置と時間との両方の関数になります．

(a) 平衡2線式給電線

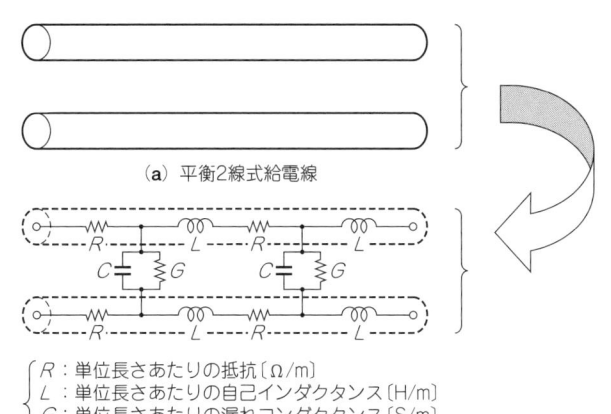

(b) その等価回路

R：単位長さあたりの抵抗〔Ω/m〕
L：単位長さあたりの自己インダクタンス〔H/m〕
G：単位長さあたりの漏れコンダクタンス〔S/m〕
C：単位長さあたりの容量〔F/m〕

(c) 特性インピーダンスと伝搬定数

理解を助けるため無損失線路($R=0$, $G=0$)を考える．無限長線路では，送電端子から見たインピーダンスは

$$Z_0 = \sqrt{\frac{L}{C}}$$

となり，これを線路の特性インピーダンスという．送電端子から遠ざかるにつれて減衰や位相がどのようになるかを示すものが伝搬定数で，無損失線路では減衰がゼロであり，位相速度は

$$\frac{dx}{dt} = \frac{1}{\sqrt{LC}}$$

となる．位相速度は自由空間の場合光速と同じである．すなわち電圧，電流の波は減衰せず，光速で伝搬する．

図5-4 平衡型給電線の分布常数による解析

集中定数が時間の関数という意味は，たとえばLやCの定義式が，それぞれ

$$e = -L \cdot \frac{dI}{dt}, \quad i = C \cdot \frac{de}{dt}$$

というように時間が介在していることから理解できます．

図5-4(b) のような**給電線**の等価回路で，送端から距離x進んだところの電圧や電流の状態を知るには，詳しく解説はしませんが，以下のような難しい式から始まります．

$$v - \left(v - \frac{\partial v}{\partial x} dx\right) = (Rdx)i + (Ldx)\frac{\partial i}{\partial t}, \quad i - \left(i + \frac{\partial i}{\partial x} dx\right) = (Gdx)v + (Cdx)\frac{\partial v}{\partial t}$$

これを整理するとつぎの二つの式にまとまり，これを「基礎方程式」と呼んでいます．

$$-\frac{dV}{dx} = (R + j\omega L)I, \quad -\frac{dI}{dx} = (G + j\omega C)V$$

この式を解けばケーブルの基本特性「**特性インピーダンス**」と「**伝搬定数**」が得られます．
特性インピーダンスはさておいて，**伝搬定数**とは，送端から距離x進んだところでどのくらい減衰するか，着目した電圧と電流の組み合わせ(エネルギー)がどのように進んでいるかを示すものです．

上記の基礎方程式を解くのに指数関数を使う方法や双曲線関数を使う方法などがありますが，ここでも数学が目的ではありませんので，アマチュアらしく割り切りをし，**図5-4(c)** に示すように$R=0$, $G=0$(無損失)と仮定すると図中に示すような結果となります．

この場合，伝搬定数は損失がないので「**位相速度**」のみとなります．繰り返しますと，dx/dtはxという位置にあるVとIとの組み合わせ(**ポインチングベクトル**というエネルギー)が終端に向かって進むスピードということになります．

実際の給電線の，構造と特性インピーダンスとの関係を**図5-5**と**図5-6**に示しました．

図5-5では2線間の絶縁物を空気とし，**図5-6**では同軸ケーブルに充填される絶縁物の比誘電率を計算式に盛り込みました．この絶縁物の比誘電率は，同軸ケーブルの長さに関連して重要な役割を果たしますが，

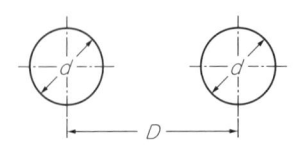

$Z_O = 277 \log_{10} \dfrac{2D}{d}$ [Ω]

D：平行2線の給電線間の距離[m]
d：線径[m]
（絶縁材は空気とする）

図5-5 平衡給電線の特性インピーダンス

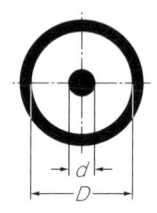

$Z_O = \dfrac{138}{\sqrt{\varepsilon_s}} \log_{10} \dfrac{D}{d}$ [Ω]

D：同軸外側内径[m]
d：同軸芯線外形[m]
ε_s：充填絶縁物の比誘電率
（ポリエチレンでは2.3）

図5-6 同軸ケーブルの特性インピーダンス

のちほど触れます．

　ちょっとだけ注意を喚起しておきますと，図5-6に見るように特性インピーダンスは同軸外側内径と芯線外径との比で決まるものですから，この値は50Ω系と75Ω系とで異なります．このことはコネクタについてもいえることで，専用に作られているコネクタではピンの外径も異なり，意識せずに両系統のコネクタを混用すると，接触部のオスメスの径の不一致が起こり，ピンが細くて接触不良が起こったりピンが太くて壊れたりすることを頭に入れておいてください．

5-3　「反射」と「定在波」

　いままで述べたように，無限長の給電線では電波のエネルギーは末端（無限長の末端とは？）めがけて先へ先へと進みますが，これが有限長だったらどうなるでしょうか．

　結論からいいますと，多くの場合エネルギーが末端めがけて進むだけでなく，末端から反射されて逆方向に進む，つまり戻ってくるものが出てきます．

　図5-7に身の回りで実感できる反射についてたとえ話を示しました．

　図5-7の(a)ではロープの一端を壁に固定して反対側を手に持ち，ゆるやかに引っ張っている状態を示します．(b)では1回だけ手を上下してロープをゆさぶります．すると(c)に示したように，ゆさぶられた変化が波のような姿になって壁に向かって進行します．ところがこの波が壁にあたると(d)のように，あたった順にはね返り，ロープを逆方向に進んで手もとの方向に戻ってきます．(e)のようにもし壁が粘土のように柔らかければ波の動きが吸収されて反射は起こらず，すーっと抜けていく感じになります．

　図5-8は給電線について見たものですが，図5-7と似たようなことがいえます．

　図は送信機から有限長の平衡給電線を通してアンテナにエネルギーを供給（給電）する姿を示したものですが，同軸ケーブルの場合も考え方は同じです．

　送信機からはエネルギーが進行波となってアンテナに向かって進みます．これに対し，終端されているアンテナが給電線の特性とマッチしていないときには，図に示したようなエネルギーの一部が反射波とな

(a) ロープの一端を固定して手でゆるやかに引っ張る

(b) 手もとで1回だけ上下に振る

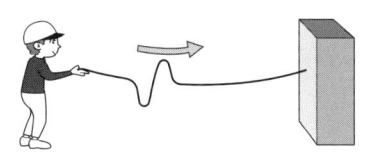

(c) 波が前方に伝搬していく

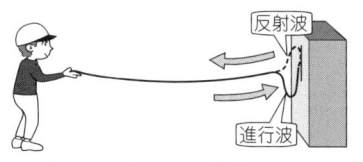

(d) 堅い壁にあたった波は，はね返ってくる

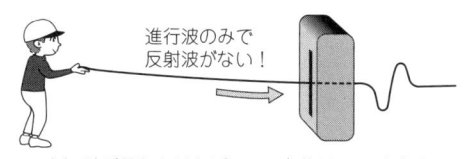

(e) 壁が柔らかければスーっと抜けていく感じ

図5-7 反射が起こることの例え

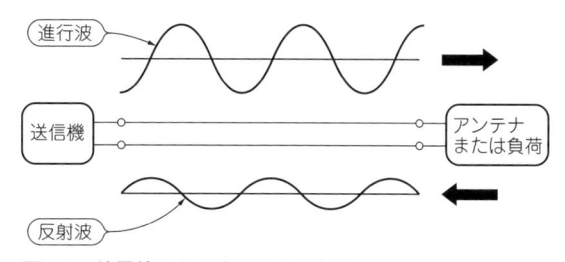

図5-8 給電線の上の進行波と反射波

って送信機側に逆送されてきます．ことわっておきますが，図だけをみると，進行波は給電線の上側の線を進み，反射波は給電線の下側の線を逆流しているように見えますが，**図5-2**や**図5-3**に示したようにエネルギーの進行は電流の向きとは関係なく給電線全体をまとまって進むので，誤解しないようにしてください．

多くの場合，なにがしかの反射波は存在するものです．しかし，給電線の特性とアンテナの特性がマッチするときには（アンテナの給電点インピーダンスが給電線の特性インピーダンスと一致しているときには），有限長であっても図のような反射波は発生しません．

反射が起こる事例を**図5-9**で考えてみます．

図では特性インピーダンス $Z_0 = 50\,\Omega$ の有限長の給電線に $300\,\Omega$ の負荷をつなぎ，つないだところの電圧 V_l や電流 I_l がどのようになるか，反射波の発生に的を絞って調べたものです．

図に示された五つの関係式の意味は容易にわかると思います．

5-3 「反射」と「定在波」 93

負荷が特性インピーダンスと等しい50Ωならば、V_lもI_lもそれぞれV_f、I_fに等しい。たとえば負荷が300Ωとすると、反射が起こり、以下のような関係式が成り立つ.

$\dfrac{V_f}{I_f} = 50\,\Omega$ …送電端の電圧, 電流の比は特性インピーダンスである.

$V_l = V_f + V_r$ …負荷にかかる電圧は, 進行波と反射波の和である.

$I_l = I_f - I_r$ …負荷に流れる電流は進行波と反射波の差である.

$\dfrac{V_r}{I_r} = 50\,\Omega$ …反射波の電圧, 電流の比も特性インピーダンスである.

$\dfrac{V_l}{I_l} = 300\,\Omega$ …負荷を300Ωとしたのでオームの法則にしたがった.

以上を連立させて解くと,

$V_l = V_f + \dfrac{5}{7} V_f = \dfrac{12}{7} V_f$

$I_l = I_f - \dfrac{5}{7} I_f = \dfrac{2}{7} I_f$

→ $\varGamma = \dfrac{V_r}{V_f} = \dfrac{5}{7}$（これを反射係数という）

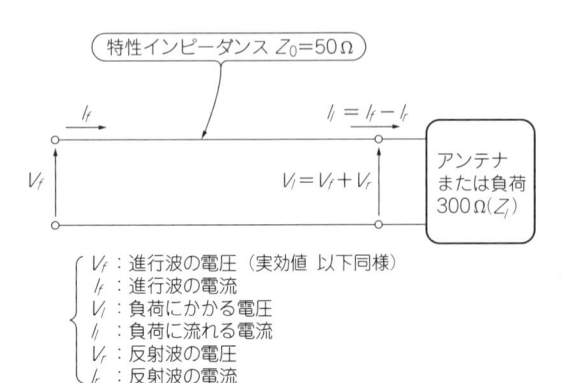

図5-9 給電線の上の進行波と反射波

V_f：進行波の電圧（実効値 以下同様）
I_f：進行波の電流
V_l：負荷にかかる電圧
I_l：負荷に流れる電流
V_r：反射波の電圧
I_r：反射波の電流

　もし進行波が, $V_l = Z_0 = 50\,\Omega$で終端されれば, その電流値のまま負荷に消費されるので反射波が発生する余地はないのですが, 突然300Ωで終端されれば, そこに進行波の電流とは異なる電流が発生し, 進行波の電圧とは異なる電圧が発生することになります.

　この進行波とは異なる電流, 電圧が何なのか, そのツジツマをあわせてくれるのが「反射波」ということになるのです. この例では, 図中に示したように進行波（$V_f \times I_f$）の51%である（5/7）$V_f \times$ （5/7）I_fの電力が反射されていることがわかります.

　この反射は300Ωの代わりに短絡（= 0Ω）の場合や, 開放（= ∞Ω）の場合にも当然強烈に発生します.

　ここで給電線の反射とは切っても切れない「定在波」の話をします.

　はじめに定在波という言葉の一般的な意味から始めます.

　三省堂の「物理小事典」によると,「振動の振幅が空間の場所によって周期的に定まり, 振動が伝搬してないように見える波」とあります. さらに,「互いに逆向きに進む二つの進行波が干渉して生ずる. 例えば右向きの$y_1 = a \sin(\omega t - kx)$と左向きの$y_2 = a \sin(\omega t + kx)$とを重ね合わせると, $y = y_1 + y_2 = 2a \cos kx \sin \omega t$となり, 位置$x$と時間$t$との関数が分離されて定在波ができる」とあります. 例として「両端を固定した弦の横振動, 棒や気柱の縦振動では, 一方向に進んだ波が反射されて前の波に重なり定在波を作る」とあります.

　この説明は電波というよりは機械的な振動を意識して書かれたもののようですが, 給電線の反射に当てはめてみても非常に良く理解できる説明だと思います.

　図5-9でも述べたように, 給電線につながるアンテナ（あるいは負荷）が特性インピーダンスと同じときには反射はありませんが, 多くの場合, 完全に同じということはないので何らかの反射があります. 反射波は進行波と逆向きに進み, 進行波との間で和になったり差になったりして独特の波形を作り出します.

　負荷Z_lと特性インピーダンスZ_0との関係によってどのような形になるのかを**図5-10**に示します. この図でもわかりますが, 負荷が短絡された状態のときと開放されたときの状態が極端な姿になっています.

　定在波は電圧に対しても電流に対しても定義されますが, 相互関係は知られているので, 通常電圧を対

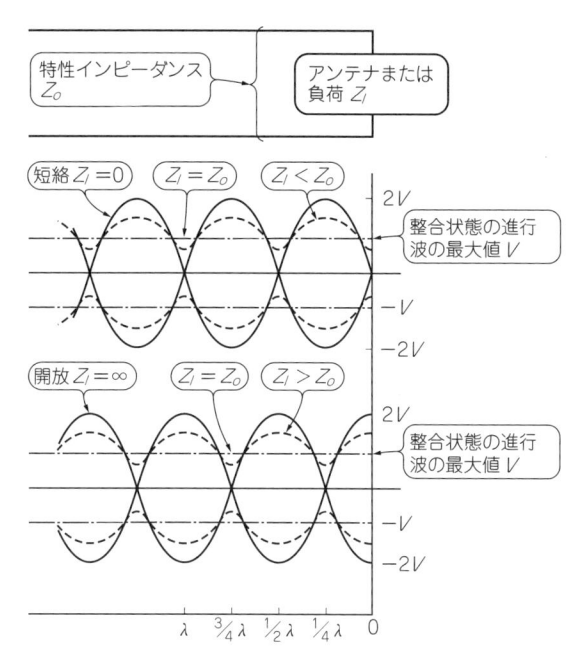

図5-10 給電線の上の進行波と反射波

象とします．そして給電線上の最大電圧と最小電圧の比Sを電圧定在波比と呼んでいます．この比のことを「SWR (*Standing Wave Ratio*)」と呼び，電圧に対する*SWR*を「VSWR」とも呼びます．図5-10の「整合状態の進行波の最大値」は波になっていないので定在波はできてなく，最大値＝最小値でもあります．したがって*SWR*＝1ということになります．

*SWR*の値は整合状態の良さを表すものですからアマチュアにとっては，アンテナの設置上非常に重要なものとなります．通常*SWR*＝1.5以下ならば良い整合状態であるといわれているので，アンテナのエレメントの長さや角度，地上高などをくりかえし調整して給電線の特性インピーダンスに合わせ込むことが重要な作業となります．

給電線をつないで間接的にアンテナの給電点での整合をとる方法についてはのちほど触れます．

5-4 同軸ケーブルの性質

特定の長さの給電線はおもしろい特徴を持ち，利用価値の高いものです．これから給電線の長さを扱う話題に入る前に，給電線の長さには「二つの顔」があることを知っておく必要があります．

波長と周波数との関係はよく知られているように，以下の式によって計算されます．

$$\lambda = \frac{300}{f\,[\mathrm{MHz}]}\,[\mathrm{m}]$$

また，自由空間を伝わる電波の速度は光速と等しいこともよく知られています．

一方，**図5-4**では，給電線を走る電波の（位相）速度は，

$$\frac{dx}{dt} = \frac{1}{\sqrt{LC}}$$

で，自由空間では光速と同じと説明しました．このCは単位長さあたりの容量で，コンデンサの容量の定義式から，誘電率 $\varepsilon = \varepsilon_0 \cdot \varepsilon_S$ に比例します．ε_S は比誘電率で空気の場合はほぼ1ですが，同軸ケーブルの線間を埋めるポリエチレンでは2.3という値になります．この結果，同軸ケーブルを走る電波の速度は，

光速 $\times 1/\sqrt{2.3} \fallingdotseq$ 光速 $\times 0.67$ となります．

したがって，ポリエチレンで充填されている同軸ケーブルの物理的な長さ λ は，

$$\lambda = \frac{300}{f} \times 0.67 \fallingdotseq \frac{200}{f\,[\mathrm{MHz}]}\,[\mathrm{m}]$$

で求めることになります．以下の説明で出てくる「長さ」はこれをベースに考えます．

給電線の長さに「二つの顔」があるといったのはこのことで，同軸ケーブルではモノサシで測った長さでなく，この λ の長さで考えるようにします．

「オープン・ワイヤ」の場合は上記の0.67に相当する係数が0.98程度，テレビ用の「リボン・フィーダ」

	このような条件がそろった場合		結　果
1	$R_l = Z_o$　　（lの値に関係なく）		$Z_{in} = Z_o$
2	$l = (\lambda/2) \times n$　　$n = 1, 2, 3, \cdots$		$Z_{in} = R_l$
3	$l = (\lambda/4) \times m$ ($R_l \neq Z_o$) $m = 1, 3, 5, \cdots$ $n = 1, 2, 3, \cdots$	$R_l = Z_o/n$	$Z_{in} = nZ_o$
		$R_l = nZ_o$	$Z_{in} = Z_o/n$
4	$l = (\lambda/4) \times m$　$m = 1, 3, 5, \cdots$	$R_l = 0$	$Z_{in} \to \infty$
5	$l = (\lambda/2) \times n$　$n = 1, 2, 3, \cdots$	$R_l = \infty$	
6	$l = (\lambda/4) \times m$　$m = 1, 3, 5, \cdots$	$R_l = \infty$	$Z_{in} \to 0\,\Omega$
7	$l = (\lambda/2) \times n$　$n = 1, 2, 3, \cdots$	$R_l = 0$	
8	$l < \lambda/4$	$R_l = 0$	
9	$\lambda/4 < l < \lambda/2$	$R_l = \infty$	
10	$\lambda/4 < l < \lambda/2$	$R_l = 0$	
11	$l < \lambda/4$	$R_l = \infty$	

注）この表の中の λ は短縮率のかかったものである

図5-11 同軸ケーブルの長さ，負荷に対する特性

の場合は，0.82〜0.88程度といわれています．

図5-11は同軸ケーブルの長さや，先端が短絡されているか開放であるかによって特性がどのように変化するかを示したものです．図中のλはすべて上記のλのことです．

もともと同軸ケーブルをはじめとする給電線の長さと特性を論じるときには，「スミス・チャート」や「イミタンス・チャート」と呼ばれる円形のグラフ用紙を使って図上解析するのが今日風であり，計測器もそれを意識して準備されているのが実情ですが，チャートの理解から始めるとそれなりに時間がかかることもあって，ここでは手っ取り早く図5-11をひもとくことにしました．

スミス・チャートについては第11章で扱います．

図5-11には，同軸ケーブルを使いこなす上での非常に重要な「常識」がたくさん含まれています．順次簡潔に解説しますと，

項目1は，「**負荷に特性インピーダンスと等しい抵抗をつなげば，ケーブルの長さがいくらであっても入力端のインピーダンスは特性インピーダンスに等しい**」というものです．

これが同軸ケーブルを使いこなす上でもっとも重要な性質です．

通常同軸ケーブルの長さを意識しながらアンテナを設置するようなことはしません．そのためには，アンテナの給電点のインピーダンスを，念を入れてケーブルの特性インピーダンスにあわせ込みさえすればよいのです．

項目2は，「$1/2\lambda$の長さのケーブルあるいはその整数倍の長さのケーブルの等価入力インピーダンスは**負荷抵抗と同じである**」というものです．これも項目1と同じくらい重要です．

そもそもアンテナというものは，庭のすみやベランダの端にあることが多く，手が届かないことはザラです．そのようなときに$1/2\lambda$長のケーブルを介して入力インピーダンスを調べれば，その位置にあるアンテナの給電点インピーダンスを手もとで読みとることができる上，アンテナに人体が近づかないためその影響を排除できるというメリットもあるので「常時座右（？）ケーブル」ともいえます．イメージを図5-12に示しました．

再び図5-11に戻って，項目3には$1/4\lambda$長のケーブルの使い道が示されています．

（a）自作したダイポールの給電点のインピーダンスを知りたい　　（b）$1/2\lambda$ケーブルを使えば地上で測定できる

図5-12　$1/2\lambda$ケーブルの便利な活用イメージ

5-4　同軸ケーブルの性質

この場合には，負荷のインピーダンスが変換されて入力に現れるので，比較的短波長の分野でインピーダンス変換に使われます．「1/4 λ 変成器(Quarter-Wave Transformer)」と呼ばれ，この方法でマッチングをとることを「Qマッチ」といいます．1/4 λ の奇数倍の長さでもOKです(偶数倍を含めると，1/2 λ も含めることになるので奇数倍でなければならない)．

　1/2 λ 長や 1/4 λ 長のケーブルを作る方法は調整や測定にかかわる重要な第一歩なので，次回詳しく取り上げることにしますが，実は直後に出てくる項目6と項目7の性質を利用しているのです．

　項目4～7は負荷を短絡($R=0$)するか開放($R=\infty$)するかによって 1/2 λ 長あるいは 1/4 λ 長のケーブルの入力端に現れる等価回路がどうなるかを示すものです．

　等価回路は，並列もしくは直列の共振回路として現れます．つまりその周波数で共振している状態が入力端に現れるのです．

　項目8～11は，ケーブルの長さがちょうど 1/2 λ や 1/4 λ ではなく，それらの間になる中途半端な長さの場合です．この場合こそ先ほど述べた「スミスチャート」などの出番となるのですが，結論だけいえば，ケーブルの長さと短絡か開放かの組み合わせによって等価的にCやLを作ることができるといえます．

　このような 1/2 λ 以下の給電線を「スタブ」と呼んでいます．

　(注) スタブは，第4章の図4-4(c)にも出てきました．

5-5 補足

　平衡2線式や同軸ケーブルを中心に説明してきましたが，いくつか補足します．

　同軸ケーブルの特性インピーダンスは，そもそも50Ωは通信系，75ΩはAV系として定着し，規格化も進んでしまった経過があるので，誰も疑うことなく使っているのが実情ですが，50Ωと75Ωだけではあ

表5-1　同軸ケーブルの代表的な諸元

名　称	インピーダンス	減衰量(dB)	外形(mm)
1.5C-2V	75 Ω	143	2.9
3C-2V	75 Ω	70	5.8
5C-2V	75 Ω	47	7.5
7C-2V	75 Ω	36	10.2
10C-2V	75 Ω	29	13.4
1.5D-2V	50 Ω	155	2.9
3D-2V	50 Ω	77	5.5
5D-2V	50 Ω	46	7.5
8D-2V	50 Ω	30	11.5
10D-2V	50 Ω	24	13.7
RG-58A/u	50 Ω	81	5.0
RG-8A/u	52 Ω	35	10.3
RG-11A/u	75 Ω	36	10.3

同軸ケーブルには非常に多くの種類，型番がある．
上表はよく知られているものに限った．
インピーダンスの主流は50Ω，75Ωであるが25Ωや100Ωもある．
減衰量は30MHz，kmあたりのdBである．

りません．52，53，73，……などと中途半端(？)な特性インピーダンスを公称したケーブルもありますし，25Ωとか100Ωといったものもあります．

　使用するコネクタとの寸法的な相性があるので，使用前に十分下調べをして購入する必要があります．

　同軸ケーブルの絶縁物はポリエチレンであるかのごとき印象を持たれた向きもあるかと思いますが，(高価で高性能の)テフロンもあることを承知しておいてください．

　また，外被がかたく曲げにくい「**セミリジッド・ケーブル**」なども用意されています．

　ほんの一例になりますが，代表的な同軸ケーブルを**表5-1**に示します．

　平衡2線式の給電線には，200Ωや300Ωがあります．

　短波の送信所には平衡2線の「**電信柱**」も見られます．余談ですが，電力用の電線を支える柱は「電柱」であって「電信柱」とは呼ばないでください．

　主としてマイクロ波帯に使われる給電線に「**導波管**」があります．

　また，これにつながるアンテナとして「**電磁ホーン**(**Electromagnetic horn**)」があります．「**電磁ラッパ**」とか「**ホーン・アンテナ**」とも呼ばれますが，ここでは名前の紹介だけにとどめます．

第6章

給電線関連の技術

　本章の目標ゴールは，給電点のインピーダンスを正しく知って，給電線の特性インピーダンスと整合をとり，定在波比を限りなく「1」に近づけること，そしてその結果，送信する電力を効率よくアンテナにのせて質の良い電波を発射できるようになることです．

　そのためには「測定と調整」が不可欠ですが，アマチュア無線家にとっては，もっとも達成感を味わえる分野だと思います．しかし，いきなり「測定と調整」を扱ったのでは，なぜそうするのかといった理屈をそのつど説明しなければならないので，いままでくどいほど理屈をコネてきたわけです．

　本章以降は「測定と調整」を柱に話題を展開しますが，いきなり測定器を購入して使うのではアマチュアの「コケン」に関わるので，できる限りアマチュアらしさを活かしたアプローチをしてみたいと思います．皮切りは「バラン」にします．

6-1 平衡と不平衡との変換（広帯域バラン）

測定に先立ってどうしても理解を深めておきたいことがあります．平衡と不平衡との変換についてです．このテーマは，内容的に非常に奥の深いものがあるうえ，測定には欠かせない知識でもあります．

3-7節でも「バラン」という言葉を連発しましたが，ここではそのバランを種類や原理の面から掘り下げます．

写真6-1に示すのは，代表的なメーカー製バランです．1.7～40 MHzをカバーする広帯域で50Ωの1：1バランで，耐入力1.2 kWという仕様になっています．各社とも似たような性能がカタログに記載されています．

1：1というのは，50Ωの不平衡と50Ωの平衡とが変換できるという意味です．

写真6-2に示すのは，あるメーカー製のバランを分解したものです．このバランを調べて構造をまとめたものが図6-1です．φ10×60 mmのフェライト・コアに3本のエナメル線(φ1.3)が密着して巻かれており，それぞれ回路図のように結線されています．複数のコイルの巻方向は重要な意味を持つので，図のようにコイルの同じ立場の位置（たとえば巻始め）に，小さな黒丸を付けて特定することにしてあります．

これだけではピンと来ないでしょうから，ピンと来るように書き直したものが**図6-2**です．

まず両図の回路は同じものであることをしっかりと認識してください．

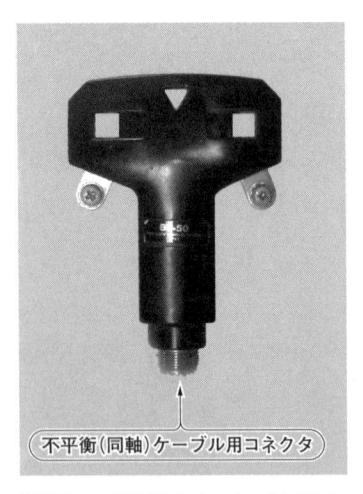

写真6-1　代表的なメーカー製バラン
（不平衡(同軸)ケーブル用コネクタ）

写真6-2　メーカー製バランの内部の一例

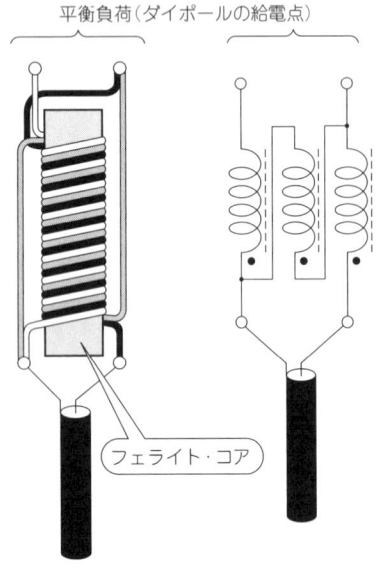

図6-1　あるメーカー製のダイポール・キットのバラン
φ10×60mmのフェライト・コアに，1.3mm径のエナメル線を8回巻いている．
（実物は写真6-2参照）

平衡負荷（ダイポールの給電点）
フェライト・コア

図6-2で不平衡電源からの電圧は，上二つのコイルに分割されてかかり，一番下のコイルには分割されたのと同じ電圧が誘起され，結局下二つのコイルの電圧が加え合わされて平衡負荷にかかるという仕組みです．下二つのコイルのつなぎ目は不平衡電源のグラウンドですから，負荷には中点が接地された平衡電圧がかかっていることになります．

図からもわかるようにこのバランは，対称的な二つの電源を作り出すトランスで，「**強制バラン**」と呼ばれます．

このバランが使用できる下限周波数は巻線のインダクタンスが大きいほど低くできるのですが，巻数を増やすと隣の巻線との間の容量的な結合が増えるので，巻数よりも比透磁率の大きなコアを使用することが勧められます．

3巻線が一つのコアに巻かれたトランスですから，コアをリング状の「**トロイダル・コア**」にすると磁路の磁気抵抗が小さくなり，より大きなインダクタンスが得られるうえに，外部に磁束を出さず，また外部の磁束からの影響を受けないというメリットがあります．

したがって，かなり昔（？）からトロイダル・コアを利用したHF帯用のバランが紹介されています．

図6-3に示すのは，『アンテナと測定器の作り方』（CQ出版社，1988年）に紹介されたトロイダル・コアによるバランを要約したものです．電線が比較的細い場合は，図のようにあらかじめ撚り合わせて1本の線のように扱うことで線間の均等性が得られることと，作業性が向上するという特長があります．

バランは，1：1ばかりではありません．その代表的なものにテレビで多用されてきた1：4バランがあります．**写真6-3**に市販の「**めがねバラン**」の内部を示します．

その結線の状態を**図6-4**に示します．テレビなので，75Ωの同軸ケーブルと300Ωの平衡フィーダとの間の変換に使われますが，300Ωの入力端子をもったテレビや，アンテナから直接300Ωで給電するような商品が「化石」状態（？）となった今日では，バランの説明に引っ張り出されるだけかもしれません．「テレビで多用されてきた」と，過去形にしたのはそのような意味からです．

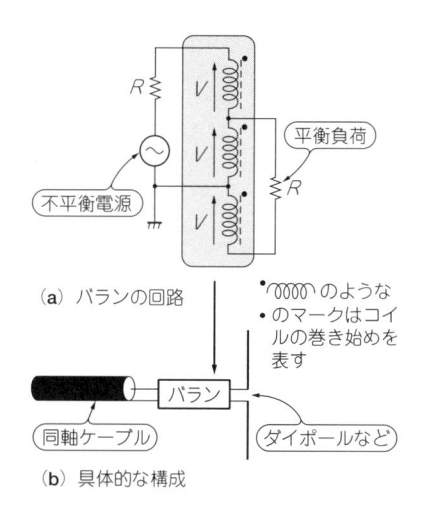

図6-2 代表的なバラン（BALUN）の構成

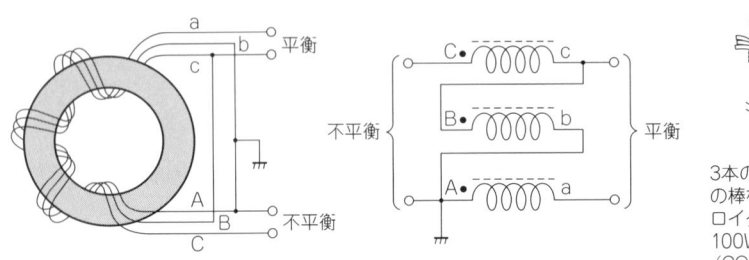

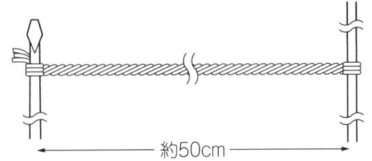

(a) 線の巻き方　　(b) 各コイルの接続

3本のφ0.5エナメル線を上記のようにドライバーの棒などに巻き付けて70回ほどよじり，それをトロイダル・コアFT-82-72に7回巻く．1.9～28MHz，100W程度OKと紹介されている．
(CQ出版社『アンテナと測定器の作り方（1988）』p.64)

(c) 実際の工作例

図6-3　トロイダル・コアによる広帯域バラン

写真6-3　テレビ用めがねバラン

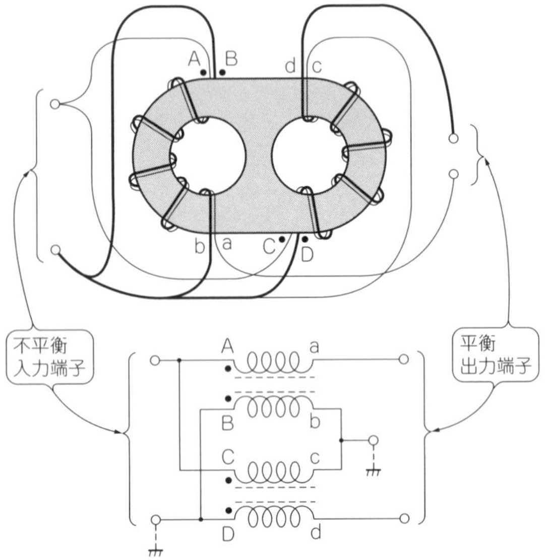

(a) バランの回路

・のマークはコイルの巻き方向を表す

(b) 具体的な構成

図6-5　もう一つの代表的なバラン(BALUN)

1：4バランと呼ばれるもので，テレビ用に75Ω不平衡を300Ω平衡型のフィーダに変換するもの．その形状からめがね型バランと呼ばれる．
φ0.3の二本ひと組の絶縁導線をそれぞれ5回巻きして作っている．
（実物は写真6-3参照）

図6-4　1：4バランの事例

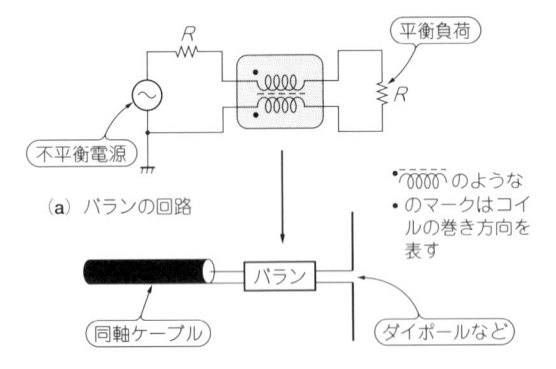

さきほどから「強制バラン」中心に話を進めてきましたが，図6-5に示すようなバランもあります．図6-5に見るように，バランと呼ばれる部分は，電流の行きと帰りで互いに磁界を打ち消し，その結果これを通過する電力には（チョーク）コイルが入っていないことと等価に機能しますが，往復の電流を一体と考えて眺めると，あたかも（チョーク）コイルが入っていてバランの入力側と出力側とが切り離された形になります．

そもそも平衡型のダイポールを不平衡型である同軸ケーブルで直接駆動すると，同軸ケーブルの外側導体に電流分布の波形が乗ることが問題なのですが，エレメントと外側導体との間に等価的に（チョーク）コイルがあれば，そこで電流分布が断ち切られることになるのを利用したものです．このようなバランは機能的に「アイソレーション・トランス」ですが，「フロート・バラン」とか「**ソータ・バラン**」と呼ばれています．

八木アンテナのようにエレメントやブームをすべて金属で構成する場合には，これらがアース電位となるので，同軸ケーブルの外側導体をブームに接続するなどして強制バランを使用するとぐあいが良く，逆Vダイポールのように非対称であったりアース電位が定まらない場合には，ソータ・バランの使用が好ましいでしょう．

なお，**図6-5**と同様の回路を電源機器の回路図で見かけた人もあるかと思いますが，同相ノイズの除去フィルタとして挿入してあるもので，理屈は同じです．

パソコンの信号ケーブルをクランプして固定するノイズ・フィルタも，考え方としては同じ仲間です．

6-2 平衡と不平衡との変換（そのほかのバラン）

前節では，基本的に広帯域のバランについて述べてきました．

特定の周波数で平衡と不平衡とを変換するのであれば，まだまだテクニックがあります．

図6-6に示すのは，コイルとコンデンサを組み合わせた「**LCブリッジ・バラン**」と呼ばれるバランで，インピーダンス・マッチングを行わせることもできます．

図6-6(b)になぜそうなるのかを解析してありますが，(a)のような回路を(b)のような4端子回路網に書き直したところがミソです．回路網の解析については『CQ出版社：トランジスタ技術Special No.86』（初心者のための電子工学入門）p.75に参考になるものがありますので，それを活用するのが手っ取り早いで

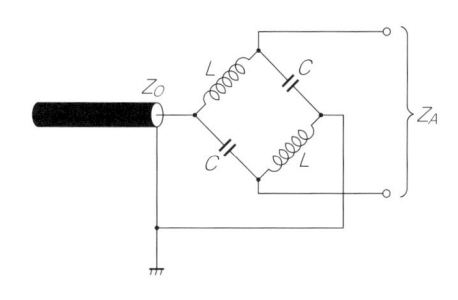

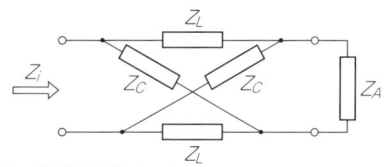

Fパラメータで数式を展開すると，

$$Z_i = \frac{Z_A(Z_L+Z_C)+2Z_L \cdot Z_C}{2Z_A+(Z_L+Z_C)}$$

となり，$Z_L = j\omega L$

$$Z_C = \frac{1}{j\omega C} = -j \cdot \frac{1}{\omega C}$$

を代入して共振の条件をあてはめると，

$$Z_i = \frac{1}{Z_A} \cdot \left(\frac{L}{C}\right)$$

が得られる．
$$\therefore Z_O \cdot Z_A = L/C$$

LとCのリアクタンスが等しく，L/C比が$Z_O \times Z_A$と等しいとき，平衡・不平衡の変換が行われる．LとCのリアクタンスが等しいということは，その周波数で共振していることである．このバランは，インピーダンス・マッチングも可能である

(a) LCブリッジ・バラン

左記の回路を，リアクタンスで表現し，4端子回路網として書き直したものが上記である．Z_iは同軸ケーブルで給電される端子を，負荷のほうに向かって見たインピーダンスである．この値がZ_Oと等しくなるように数式を展開する．
（『初心者のため電子工学入門』CQ出版社 p.75参照）

(b) 解析

図6-6 LCブリッジ・バラン

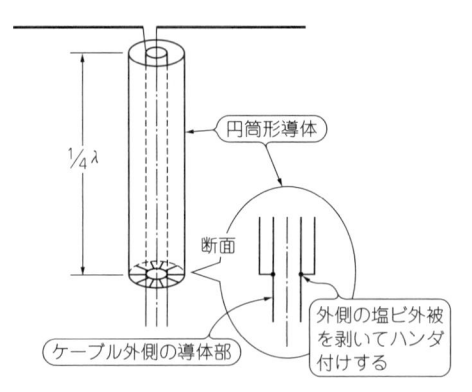

図6-7 シュペルトップ(Spertopf＝阻止套管)

図中注記:
- 円筒形導体
- 1/4 λ
- 断面
- ケーブル外側の導体部
- 外側の塩ビ外被を剥いてハンダ付けする
- 一端を短絡した1/4λのケーブルの反対側から見たインピーダンスが∞になることを利用して,ケーブルの外側導体に電流が流れないようにする.主としてVHF帯以上で使われるが,周波数の幅は狭い.

しょう.

平衡条件が得られるのは,

$Z_L = Z_C$

ですから,とりもなおさずLとCとがその周波数で共振していることになります.

したがって,その周波数で共振するLとCの組み合わせの中から,

$Z_O \cdot Z_A = L/C$

を満たすようなLとCを求めれば,平衡・不平衡の変換が行われ,なおかつ負荷と同軸ケーブルの特性インピーダンスとのマッチングが達成されるというものです.

図6-7に示すのは「**シュペルトップ(＝Spertopf)**」と呼ばれるユニークなバランです.Sperrenというドイツ語には封鎖するとか阻止するという意味があり,Topfは壺とか鍋という意味があります.日本語では阻止套管(ソシトウカン)と呼ばれていますが,なんともむずかしい術語です(套という字はオーバーコートを意味する「外套(ガイトウ)」の套です).

ソータ・バランのところでも述べましたが,平衡型のダイポールを不平衡型である同軸ケーブルで直接駆動すると,同軸ケーブルの外側導体に電流分布の波形が乗ることが問題でしたから,そこを高周波的に切り離すとよいわけです.

図5-11(第5章)の項目4を思い起こすと,1/4λのケーブルの先端を短絡しておくと反対側から見たインピーダンスが∞になります.そこで給電用同軸ケーブルの塩ビ外被の外側をすっぽり覆うような1/4λ長の導体の筒を用意し,エレメントに近い側をオープンにし,反対側(エレメントから遠い側)をもともとの給電用同軸ケーブルの外側導体に(塩ビ外被を剥いて)ハンダ付けします.円筒形導体は,もともとの給電用同軸ケーブルの外側導体が心線となるようなあらたな同軸ケーブルを構成したことになります.長さが1/4λですからエレメントの側から見るとインピーダンスは∞になっています.そうすると給電用同軸の外側導体につながっているエレメントからの(本来なら同軸の外側導体に流れようとする)漏洩電流が,道

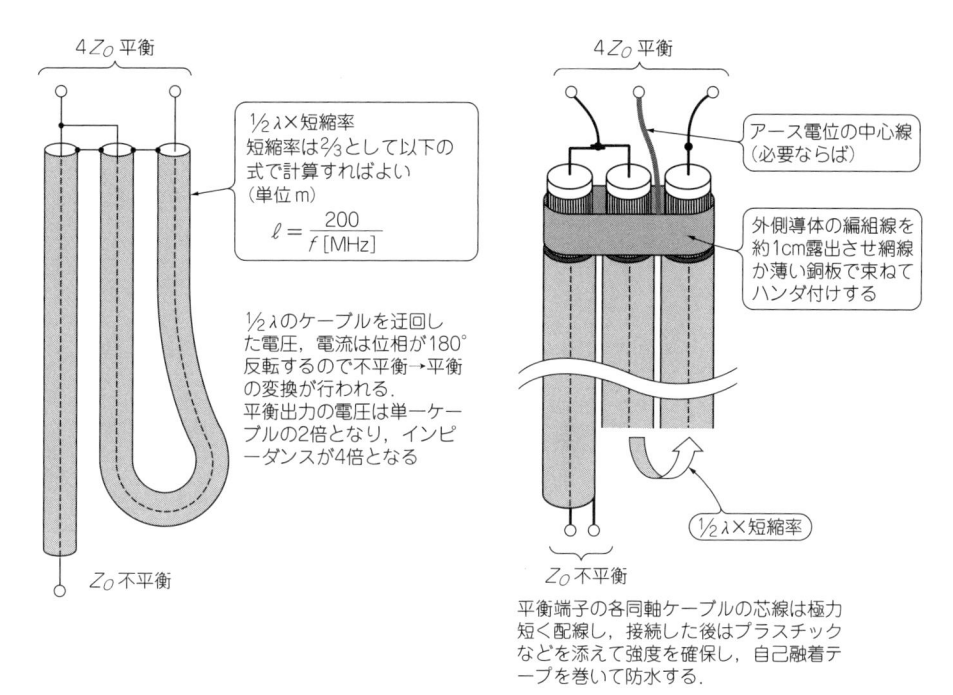

（a）基本的な構成　　（b）工作の実例

図6-8　Uバラン（$1/2\lambda$迂回型4：1バラン）

を断ち切られるために流れなくなるというものです．

　$1/4\lambda$の円筒形導体の作り方ですが，他の同軸ケーブルから切り取った外側導体の編組線を使うと工作が簡単です．あらかじめ$1/4\lambda$長より長めに切り取った同軸ケーブルの塩ビ外被を，カッター・ナイフなどで縦に切り開き，外側導体の編組線をゆるむ方向にしごくと，もとの塩ビ外被の外径よりも太い編組線の筒を取り外すことができます（もとの編組線よりも太めの筒にしなければならず，しかも「ハンダしろ」も必要なので$1/4\lambda$より長めに切り取っておく必要がある）．

　これを本来の給電用同軸ケーブルの塩ビ外被にかぶせてピッタリするようにしごき，ハンダしろ分だけ余裕を見て$1/4\lambda$長になるよう切ります．あとは**図6-7**にしたがってハンダ付けすれば，シュペルトップができあがります．

　念を入れるならば，編組線を2重にするとか，薄い銅の板をまるめて$1/4\lambda$筒に仕上げます．

　ことわっておきますが，ここで使われているλは電気的な長さですから短縮率を$2/3$とすると，$\lambda = 200/f$［MHz］を使います（第5章 5-4参照）．

　正確に仕上げるならば測定器に頼るのが万全ですが，このあと述べようとしている$1/2\lambda$長のケーブルの作り方を参考にするとよいでしょう．

　シュペルトップはその形状から「**バズーカ**」とも呼ばれます．主としてVHF以上で使われますが，周波数の幅は狭いようです．

　図6-8には同軸ケーブルを加工して作る「Uバラン」とか「$1/2\lambda$迂回型4：1バラン」と呼ばれるバランを

6-2　平衡と不平衡との変換（そのほかのバラン）　　**107**

示しました．

　$1/2\lambda$ケーブルを迂回した電圧，電流は位相が180°反転するので不平衡・平衡の変換がなされます．平衡出力端子間の電圧は最初のケーブル出力の2倍となるので，平衡出力側のインピーダンスは最初のケーブルのそれの4倍になります．

　$1/2\lambda$ケーブルの長さはさほどクリチカルではないようです．

　$1/2\lambda$部のケーブルは波長によっては結構長くなるので，最初のケーブルにそわせるか，3回程度リング状に巻いてコンパクト化します．

　シュペルトップの$1/4\lambda$についても同様ですが，ここでも$1/2\lambda$長のケーブルの作り方を知っておく必要があります．後ほどその方法を説明します．

6-3　バラン（補足）

　いろいろなバランを眺めてきましたが，共通にいえる注意事項を補足しておきます．

　まず，バランを使ったから平衡度は万全であると考えるのは早計です．

　バランそのものの平衡度や周波数特性がよいことは必須で，磁性材料の選択や線の巻き方に万全を期すことが重要です．資料も多いのでさらに研究を期待します．

　しかし，使い方にも注意が必要です．

　バランは通常，平衡型の二つのエレメントの給電点に入れて不平衡の同軸ケーブルによる伝送に変換する機能を果たさせるわけですが，もとの平衡型のエレメントにとっては，同軸ケーブルはもはや関係のない「異物体」です．同軸ケーブルがアンテナのどちらかのエレメントに異常接近すると，もともとのバランスをくずすことになるので好ましくありません．

　特にロング・ワイヤでアンテナを組んだときは，周囲の状況によっても平衡の度合いが変わるので数値的に表現するのはむずかしいのですが，バランを経由した同軸ケーブルの張り方も，できる限りもとのアンテナの平衡をくずさない（と思われる）経路をたどるように心がけてください．

　メーカー製のバランでは気を使う必要はないのですが，自作する場合には特に重要な二つのことに注意してください．

　一つは強度です．特に電線のつなぎ目の強さが重要で，もっとも外力のかかるエレメントの保持方法は強度のあるプラスチック板の穴でいったん受け止め，それから固定されたコイルなどに配線するという配慮が必要です．コアなどもあらかじめプラスチックの板の上に取り付け，配線に力の負担をかけないようにします．

　もう一つの重要なことは，耐水性，耐候性です．

　アンテナの給電点は，雨にも負けず風にも負けないものでなければなりません．しかも暑さ寒さに耐えなければなりません．プラスチックのケースも活用したいところですが，随時「**自己融着テープ**」を活用します（図6-8(**b**)の中にも書いた）．

　自己融着テープとは，雨水がかかっても内部に水がしみ込まないようにするテープで，文字どおり自分

のテープが溶け合ってゴムでくるんだような状態になり，水の浸入を防止するものです．「エフコテープ」（古河電工）とか「ブチルゴムテープ」（日東シンコー）などの商品名で市販されています．

巻き方は，古河電工の取扱説明書によれば，テープ幅が約1mm狭くなる程度に引っ張りながら，また，日東シンコーの取扱説明書によれば，テープを2～2.5倍に引っ張りながら半幅ずつ重なるように巻き付けます．その結果，テープ全体がゴムで覆われたように融けて一体化し，耐水性が生まれるものです．自己融着テープを巻いたら，その上から通常のビニル・テープで仕上げをします．

自己融着テープはバランの加工だけでなく，コネクタ部分の耐水性を確保するのに必須のテープです（水道管のつなぎ目の水漏れ防止にも効果がある）．

お役目の終わった自己融着テープは，ゴムのように強烈にくっつき合っているので，カッター・ナイフなどで切り裂いてばらします．

バランの作り方は，多くのOMさんたちがいろいろ苦労されて記事にも書かれています．

6-4 ディップ・メータ（＝Dip Meter）

前節にも$1/2\lambda$長，$1/4\lambda$長の同軸ケーブルを使うシーンが何度か出てきました．

ここからは$1/2\lambda$長や$1/4\lambda$長のケーブルを作る手順を紹介します．

特に$1/2\lambda$のケーブルは常に手もとに置いて，離れた場所のインピーダンスを手もとで測定できるようスタンバイさせておくと便利です．

ここで紹介する方法は，「ディップ・メータ」を使う方法です．

ですからまずディップ・メータから解説することにします．

写真6-4に示すのは，代表的なディップ・メータの外観です．発振器を内蔵していてその周波数がデジタルで表示されます．変調がかけられるので，単独で信号発生器として使用することができます．周波数がデジタルで表示できると信号発生器以外にも，たとえばLやCの測定にも活用できるのでたいへん便利な測定器の一つです．

この装置の最大の目的は共振回路の共振周波数を測定することにあるとも言えます．

ということは，アンテナの共振周波数や，これから述べる$1/2\lambda$長の同軸ケーブルを作る最強の味方ということであり，アマチュアとしては最初にそろえておきたい測定器といっても過言ではありません．

とはいっても市販されているディップ・メータはそれなりに高価とおっしゃる向きもあると思いますので，**図6-9**に自作する場合の参考になるように基本的なディップ・メータの回路を示しました．元来ディップ・メータは真空管を使って作られていたので「**グリッド・ディップ・メータ**」と呼ばれるのが通例でしたが，FETが使われ出してから「**ディップ・メータ**」などという呼び名が通用するようになってきています．いずれにせよ，**図6-9**はその両者の回路を示したものです．

「やや古」の部品も使われていますが，OM諸氏の成果紹介の意味もあるので，理解してください．

使われているバリコンの容量は，一般的な中波の受信機に使われるものと同じです．

これらと**写真6-4**のディップ・メータとの違いは，周波数表示がないことです．

写真6-4　FETによるデジタル式ディップ・メータ

　しかし，アマチュア魂を発揮すればこんなことは克服できます．
　少し工作を追加しなければなりませんが，周波数カウンタはキットとしても容易に入手可能です．また，少し面倒ですが「**ゼネラル・カバレージ受信機**」を活用する方法もあります．
　バリコンのツマミを，目盛のあるバーニア・ダイヤルなどにしておいて，あらかじめ各目盛と，ゼネラル・カバレージ受信機の受信周波数との相関図を作っておくことです．
　ゼネラル・カバレージ受信機は，このような目的のためだけでなく，交信をワッチする（聴く）目的で手もとに置いておくのも悪くありません．略して「**ゼネカバ受信機**」ともいいます．
　この受信機は正確さを期するため，周波数がデジタル表示されているものをお勧めします．
　市販のディップ・メータはコイルを取り替えていろいろな周波数に対応できるようになっていますが，目的の周波数がはっきりしていたらモノバンド，すなわち一つの「ボビン」だけ用意して，その周波数帯に限ったものに仕上げると楽です．ディップ・メータの使い方ですが，共振回路があると，そのコイル近

(a) 真空管によるグリッド・ディップ・メータ

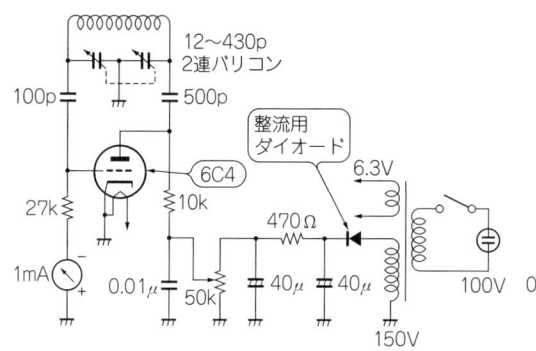

グリッド・ディップ・メータの原型のような回路．
6C4の代わりに6CW4や6AK5の3極接続も使われる．
コイルにより400kHz～200MHz程度が得られる．

(b) FETによるゲート・ディップ・メータ

CQ出版社『アンテナと測定器の作り方（1981年）』から．
(by JH1SBE) スイッチを入れた後，2kΩの可変抵抗で
メータの振れを最小にし，半固定抵抗でメータのゼロ
ポイントを合わせ込む．
製作事例では2～25MHz程度が報告されている．

図6-9　自作ディップ・メータの参考回路

くにディップ・メータのコイルを近づけ，周波数を静かに変化させ，メータの針がピクンと下がるところを探します．針がディップするときその周波数で共振しているということになります．

ディップ（＝dip）というのは，針が急に下がるという意味です．

これはメータの発振勢力が共振回路に吸収されて回路に負荷がかかり，メータ回路の電流が急減することを利用したものです．

余談ですが，コンピュータ・ショップなどで出入り口に万引き防止用のゲートが設けられているところがあります．その方式も一通りではありませんが，商品の箱にバー・コードなどのラベルを貼り付け，お買いあげ時にその上から「ありがとうございました」という銀紙を貼られることがあるでしょう．購入して自宅に持ち帰った後で，丁寧にその銀紙をはがしてディップ・メータを近づけると，ある周波数でピクンと来ます．

実はそのラベルの裏側にらせん状のコイルと絶縁紙を1枚介して四角いアルミの板がつながっており，共振回路を構成しています．詳しくは言えませんが，このシステムも一種のディップ・メータを構成しているといえるのです．

ディップ・メータの代わりに，送信機の出力を（減衰器などで）小さくして使えないか，というアイディアもありますが，ディップするという機能がないことと，周波数範囲が比較的狭く，ダイポールの共振周波数を広い範囲から絞り込んでいくのには適しません．

もしアンテナが市販のメーカー品であるような場合には，ディップ・メータの出番を省略して，このような送信機の出力と「SWR計」とを使っていきなり詳細調整に入ることも可能ですが，いまはディップ・メータを使ってもっと未完成のアンテナから調整を仕上げていくことを考えて紹介しました．

6-5 $1/2\lambda$長,$1/4\lambda$長の同軸ケーブルを作る

バランの解説にあたって,$1/2\lambda$や$1/4\lambda$のケーブルを利用することを何度も述べてきましたが,ディップ・メータを使ってこれらを作ることができます.

図5-11の項目7を振り返ってみると,$1/2\lambda$の整数倍長の同軸ケーブルは先端が短絡されていると,入力端では等価的にその周波数でLとCとの直列共振回路になっていることがわかります.

先述のようにディップ・メータの最大の目的は共振回路の共振周波数の測定にありましたから,入力端でほんの少しの「ループ」を作ってやれば,このループが直列共振回路に直列に入ることになり,ディップ・メータでこのループの共振周波数を求めれば,同軸ケーブルがその周波数に対してちょうど$1/2\lambda$の整数倍の長さであることになります.

ちょっと注意することがあります.それはこのような測定で何とおりか共振点が得られることです.それらのうちのもっとも周波数の低いものが,このケーブルの$1/2\lambda$長に相当する周波数です.入力端に設ける小さなループはケーブル本来のLに較べて十分小さいものである必要があります.もし全体のLが影響を受けるようであれば,正しい周波数が得られません.

先端に設ける小ループの実例を**写真6-5**に示します.

ディップ・メータに反応する限り,このループは小さければ小さいほどより正確な周波数が得られます.反対側の短絡のしかたは簡単で,外側の編組線を芯線に覆い被せるだけで十分です.測定するときはできる限り同軸ケーブル全体を長〜く横たえて,トグロをまかないようにしたほうがベターです.

ディップ・メータで測定する場合にディップ・メータのコイルが,ケーブルのループに近すぎるとディップ点が明確にわからないことがあります.その場合はディップ・メータを心持ち遠ざけるとディップ点が狭い範囲でスポットとして求められるので知っておくと便利です.

このようにして,ケーブルが目的の周波数よりも低い周波数で共振するときは,その低い周波数の$1/2\lambda$長になっていることになり,ケーブルをもう少し切りつめなければならないことがわかります.

しかし,もし高い周波数で共振したら,ケーブルは目的の周波数の$1/2\lambda$長より短いということになる

写真6-5 ケーブル先端の小ループ

ので，残念ながらそのケーブルは多目的の$1/2\lambda$長ケーブルにすることを諦め，$1/4\lambda$長ケーブル用に転用することをお勧めします．

　目的のバンドが複数あるときは，いろいろ転用のしかたがあるので研究してください．

　さて，$1/2\lambda$長の2倍の長さのケーブルは，ディップ・メータ側でその半分の周波数で共振することになりますから，ケーブルに余裕があればこの方法で，半分の周波数で$1/2\lambda$長を求めておき，その長さを半分にすれば，本来の目的の周波数に対する$1/2\lambda$長が得られます．

　こうすると測定のために設けた小ループによる長さの誤差が半分になるので，より正確な$1/2\lambda$長が得られることになります．

　3倍，4倍のケーブルがあれば同様のことが得られます．もうおわかりでしょうが，この方法で$1/4\lambda$長を求めることができます．

第7章

アンテナ系の測定と調整

　第6章では「測定と調整」の準備として「バラン」と「$1/2\lambda$長の同軸ケーブルの自作」を取り上げました．

　その過程で，購入・自作を問わず「ディップ・メータ」を準備しておくようにお勧めしました．ここまでは測定と調整のためのお膳立ての段階でしたが，本章では「測定と調整」の「本番」を展開したいと思います．

　まえがきにも述べたように，小型高性能のトランシーバが手ごろなお値段で手に入る昨今ですが，技術的に手を加える余地がないほどLSI化されていて，無線技士としていじれるところはアンテナしかないといっても過言ではありません．この章を参考にしてアンテナのチューンアップを楽しんでください．

7-1 アンテナは真っ先に周波数を合わせること

アンテナ系を調整して送受信機の状態を万全にするためには，すでに準備した$1/2\lambda$長のケーブルやディップ・メータが必要であることはもちろん，アンテナのインピーダンスを測定する「**インピーダンス・ブリッジ**」，反射の程度を調べる「**SWRメータ**」，実際の電波の強さを調べる「**電界強度測定器**」，電波の広がりの質を調べる「**占有周波数帯幅測定器**」，実際の出力を確認するための「**高周波電力計**」，その他大勢，データを把握するために欲しいツールがたくさんあります．もちろん手作りでもOKです．

これらについては順次重要なものから解説していきますが，今回はアンテナを設置するために真っ先に知っておきたいことに絞り込んで解説します．

市販されているアンテナで，給電用のコネクタまでガッチリできあがっているアンテナは，給電端のインピーダンスも50Ωに調整されていて，ほとんどいじりようがないように思われます．しかし，このようなときでも，エレメントの途中に長さを調節するネジが付いていたり，若干角度を変えられるようになっていて調整の余地が残っているものもあります．そのようなアンテナのインピーダンスを測定すると，わずかながらリアクタンス分(L分やC分)があったり，抵抗分が50Ωでなかったりします．

また，設置する地上高や建物との距離によって，仮に調節されて出荷されたとしても，そのときのデータからずれているものもあります．

ましてやエレメントを自作したり，設置を庭木の一部に頼ったりしていると，まず間違いなく，アンテナのインピーダンスが純抵抗の50Ωではないというのが常識です．

アンテナを純抵抗の50Ωにするためには順序があって，インピーダンスの抵抗分が何Ωであろうと，まずそのリアクタンス分をゼロにする作業から始めることになります．

リアクタンス分ゼロの状態とは共振状態のことです．

アンテナの共振周波数を，送受信周波数と一致するように長さを調節することです．

本節のテーマは，「**真っ先に周波数を合わせること**」ですが，これがズバリすべての始まりです．使用するツールはディップ・メータです．

図7-1はディップ・メータの取扱説明書に紹介された，一般的なアンテナの共振周波数の測定方法です．

(a) HFダイポール

(b) 50MHzダイポール

(c) 144MHzダイポール

事例は，ダイポールについてであるがロング・ワイヤや接地系アンテナについてもほぼ同様である．
接地系アンテナはエレメント長$1/4\lambda$で共振．
(a)，(b)，(c)の各右の図は，Yマッチ，Tマッチ，ガンマ・マッチのように，ダイポールではあるが給電方法のため，エレメントが一本につながっているものの場合を示す

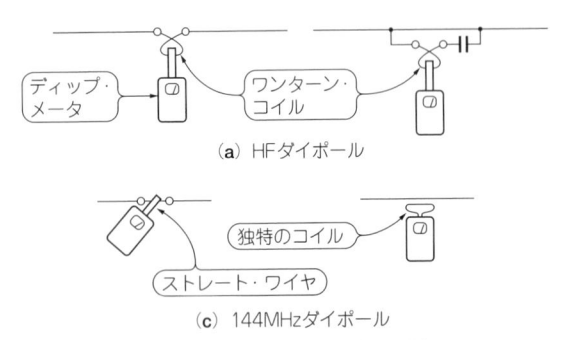

図7-1 一般的なアンテナの共振周波数の測定

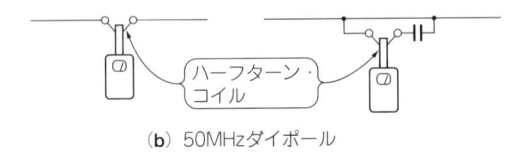

見てのとおり周波数別にディップ・メータとの結合コイルの巻数を変えて測定しています．(a)，(b)，(c)とも左側に示したものが中央に給電点をもつダイポールの測定方法で，右側に示したものは，Yマッチ，Tマッチ，ガンマ・マッチなど，ダイポールとはいえ給電方法が異なり，1本のエレメントの中央に給電するようにしたものの測定方法を示したものです(ダイポールをつなぎ合わせた1本のエレメントという意味)．

測定用の結合コイルはできる限り巻数を少なくすることが重要です．ディップ・メータに付属している結合用コイルにこだわらず，適宜形を変えて結合しやすいものに改良することをお勧めします(周波数さえ明確にわかればコイルの形を問わない)．

こうして周波数さえ合わせ込めれば，抵抗分が50Ωから少々はずれていても，実用上気にするレベルではない場合が多いものです．

反射やSWRについては，図5-9や図5-10で取り上げましたが，あらためてSWRを数式的に整理すると図7-2のようになります．

5-3節でもSWRが1.5程度であれば整合状態としては良好であると書きました．SWRが1.5という状態を図7-2から探ってみると，負荷Z_AΩが特性インピーダンスZ_0(50Ω)の1.5倍(75Ω)や$1/1.5$倍(33Ω)に相当することがわかります．負荷の値が75Ω〜33Ωとこんなにバラついていても，まあ良好といえるSWRが得られるわけですから，共振周波数の調整さえ決まれば半分できたようなものと思ってもよろしいかと思います．

ところで実際問題として，共振周波数を図7-1のように測定するのはけっこうやっかいです．

アンテナの給電点が脚立を使えば手の届くところにあればよいのですが，おそらくもう少し高いところに位置させたいものです．

給電点を滑車を使ってロープでつるしておき，共振周波数を測るときは給電点を下方にたるませ，脚立の上で背伸びしてでも，できるだけ高い位置で測定し，測り終わったら上方につり上げるというような方法が現実的です．もし給電点が手の届かないところから動かせないときには，図7-3のような方法もあり

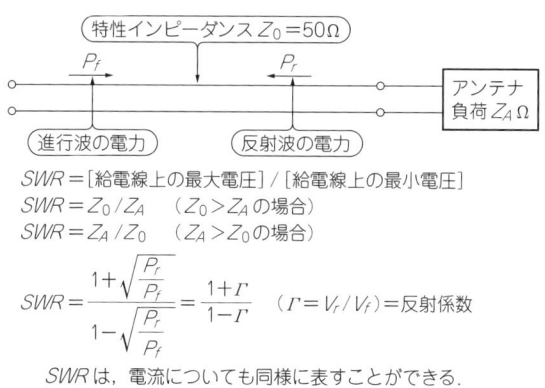

$SWR=$[給電線上の最大電圧]／[給電線上の最小電圧]
$SWR=Z_0/Z_A$ ($Z_0>Z_A$の場合)
$SWR=Z_A/Z_0$ ($Z_A>Z_0$の場合)

$$SWR=\frac{1+\sqrt{\frac{P_r}{P_f}}}{1-\sqrt{\frac{P_r}{P_f}}}=\frac{1+\Gamma}{1-\Gamma} \quad (\Gamma=V_r/V_f)=反射係数$$

SWRは，電流についても同様に表すことができる．
電圧についてのSWRをVSWRともいう．
反射係数は図5-9でも紹介した

図7-2　SWRの定義式

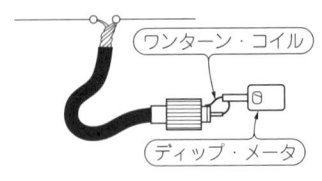

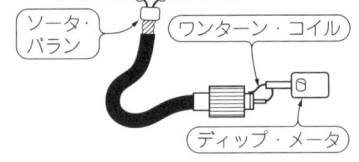

(a) 直接同軸ケーブルをつなぐ　　(b) バランを介する

図7-3　ケーブルを介するアンテナの共振周波数の測定

ます.

　図7-3(a)はディップ・メータの取扱説明書にも例示されている方法を引用したものですが，同軸ケーブルの長さを$1/2\lambda$長に選ぶことも推奨されています.

　さて，共振周波数が測定できたとして，目的の周波数に対してずれているときには，張られているダイポールをいったん降ろし，長さを調節した後また同じ測定を繰り返すようなねばり強い作業をしなければなりません.

　その場合は，カット＆トライでやるのでなく，実際の長さと実測した周波数との「積」を求めておき，この値を目的の周波数で割って求めた長さに切りつめるのが手っとり早いと思われます.「切りつめる」という表現をとりましたが，切りつめすぎたときにまた少し長くできるようエレメントなりワイヤを折り返しておくと，のちのち便利です.

　そのためにも最初の長さは目的の周波数の$1/2\lambda$より若干長めのダイポールにしておく必要があります.ただしこれは，エレメントがロング・ワイヤのような電線の場合です.

　以上がディップ・メータによるダイポール長の共振周波数の調節方法です.

　もし，インピーダンス・メータやインピーダンス・ブリッジのようなインピーダンスが測定できるツールがあれば，図7-3に示すように$1/2\lambda$長の同軸ケーブルを使って，「結合コイル＋ディップ・メータ」の代わりに，いきなりインピーダンス・メータを使ったほうが賢明です.つぎの節ではこれらのツールによる調整を扱います.

7-2　アンテナ・インピーダンスの測定

　アンテナに限らず，インピーダンスを測定する装置の多くは，よく知られたブリッジの方式をとっています.したがって，アンテナ・インピーダンスを測定する装置は，「**アンテナ・インピーダンス・メータ**」であったり「**アンテナ・インピーダンス・ブリッジ**」であったり，またその周波数から「**RFブリッジ**」であったりしますが，多くの場合は同義語です.

　自作であれ購入であれ「ディップ・メータ」の次にそろえておきたい装置は「インピーダンス・メータ」か「SWRメータ」です.

　「インピーダンス・メータ」には大きく二つの方式があり，一つは，$Z = R + jX$というインピーダンスの抵抗分Rとリアクタンス分Xとをそれぞれ独立に測定できるもの，もう一つは，インピーダンスの絶対値$|Z| = \sqrt{R^2 + X^2}$のようにリアクタンス含みの値を測定するものです.

(a) の図の説明:

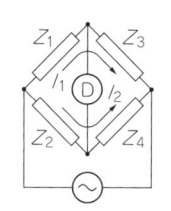

検出電流がゼロのときは
$\begin{cases} Z_1 I_1 = Z_2 I_2 \\ Z_3 I_1 = Z_4 I_2 \end{cases}$
$\therefore Z_1 Z_4 = Z_2 Z_3$
これがブリッジ回路の平衡条件である

記号Dは検出回路の意味

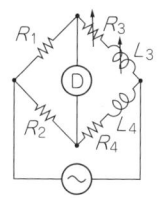

(b) の図の説明:

平衡条件は(a)によって
$R_1(R_4 + j\omega L_4)$
$= R_2(R_3 + j\omega L_3)$
実数部と虚数部をそれぞれ比較して
$\begin{cases} R_1 R_4 = R_2 R_3 \\ R_1 L_4 = R_2 L_3 \end{cases}$
$\begin{cases} \therefore R_4 = \dfrac{R_2}{R_1} \cdot R_3 \\ L_4 = \dfrac{R_2}{R_1} \cdot L_3 \end{cases}$

(a) ブリッジの平衡条件　　(b) $R + j\omega L$ の場合

図7-4　RFブリッジの基本形

まずそもそもRFブリッジとはどのような動作原理なのか復習してみます．

直流では「ホイートストン・ブリッジ」なるものが有名ですが，形と原理はこれと同様です．「ホイートストン・ブリッジ」はもともとクリスティという人の発明だそうですが，ホイートストン氏（Sir Charles Wheatstone，1802〜1875 英）の改良によって実用化されたようです．

図7-4(a)がその平衡条件を表す式を誘導したものです．

図のDマークは電流の検出をする装置を表し，基本的にこの電流がゼロまたは限りなく小さくなるように各辺のインピーダンスを調節するものです．通常は検波器で整流し必要であれば直流増幅器によって増幅し，できるだけ小さな電流も検出できるようにします．

検波器に使われるダイオードは，わずかな直流電圧でも整流できるように，順方向電圧の規格値が小さいものが望まれ，ショットキー・バリア・ダイオードなどが選ばれます．

ゲルマニウム・ダイオードもこの目的には捨てがたいものがあり，名ダイオードとして名をはせた「1N60」とその一族も手に入る限りよい選択です（小信号用の定番シリコン・ダイオード「1S1588」は不向き）．

$1/2 \lambda$ よりやや長めのアンテナを等価的に $R_4 + j\omega L_4$ と表現したとき，可変抵抗 R_4 と可変インダクタンス L_4 を用いて抵抗分とインダクタンス分をそれぞれ独立に求めるようにしたものが**図7-4**(b)です．

$R_1 = R_2$ とすれば可変抵抗と可変インダクタンスの値そのものが，アンテナの等価成分として求められるというものです．

理屈はそうですが，このように可変インダクタンスを用意するのは実際にはけっこう大変です．しかし，可変インダクタンスを複数のタップを持ったコイルで作り，それをスイッチで切り替えながら電流の最小点を探すことは可能なので，アマチュア魂でチャレンジしてみてはいかがでしょうか．

ブリッジの周波数特性を少しでも良くしようと思えば，可変抵抗に金属皮膜のタイプを使うとか，スイッ

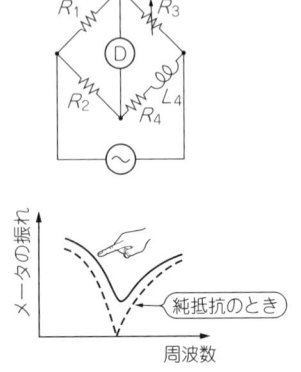

平衡条件は
$R_1(R_4 + j\omega L_4) = R_2 R_3$
実数部と虚数部をそれぞれ比較して
$\begin{cases} R_1 R_4 = R_2 R_3 \\ \omega R_1 L_4 = ? \end{cases}$
ブリッジの一辺だけリアクタンスが含まれると検出回路電流はゼロにならないが、左図のように傾向がつかめるのでこれをもとに細かく調整することが可能だ

図7-5 ブリッジで純抵抗でないものを測定する

平衡条件は
$$R_1 \cdot \left(R_4 + \frac{1}{j\omega C_4}\right) = R_2 \cdot \frac{1}{\frac{1}{R_3} + j\omega C_3}$$

$$\therefore \left(\frac{1}{R_3} + j\omega C_3\right) \cdot \left(R_4 + \frac{1}{j\omega C_4}\right) = \frac{R_2}{R_1}$$

$$\left(\frac{R_4}{R_3} + \frac{C_3}{C_4}\right) + j\left(\omega C_3 R_4 - \frac{1}{\omega C_4 R_3}\right) = \frac{R_2}{R_1}$$

$$\therefore \frac{R_4}{R_3} + \frac{C_3}{C_4} = \frac{R_2}{R_1} \quad \omega = \frac{1}{\sqrt{R_3 R_4 C_3 C_4}}$$

このブリッジは、平衡が得られたとき周波数も測定できるという特徴がある.
もし、R_4 と C_4 とを未知辺として、他のパラメータで検出電流をゼロに追い込むことができれば、以下の式から R_4 と C_4 とを求めることができる.

$$R_4 = \frac{R_2 R_3}{R_1(1 + \omega^2 R_3^2 C_3^2)}$$

$$C_4 = \frac{R_1}{R_2}\left(C_3 + \frac{1}{\omega^2 R_3^2 C_3}\right)$$

もし、この容量を延長コイルによって打ち消し、共振させようとすれば、そのときの L の値は、次式で得られる

$$L = \frac{1}{\omega^2 C_4} = \frac{R_2}{R_1}\left(\frac{R_3^2 C_3}{\omega^2 C_3^2 R_3^2 + 1}\right)$$

図7-6 周波数ブリッジ

チも極力小さなものにまとめて浮遊容量を減らすなどの工夫が必要です.

図7-5は、ブリッジの一辺を可変抵抗にして図7-4(b)のようなアンテナの等価成分を求めようというものです. 当然のことですが、図7-4(a)のような平衡条件を求めてもインダクタンス分を独立に検出することはできませんが、周波数に対してメータ電流が最小になる点は得られます. アンテナが共振の長さに対して長めなのか短めなのかがわかれば、このあと徐々に長さを調節することにより、だんだん鋭い電流最小点が得られることになるので、この方法も緊張感あふれるアンテナ調節ということがいえそうです.

また、前節に述べたようなディップ・メータを使う方法で、あらかじめアンテナの共振周波数を目的の周波数に調節しておけば、$L_4 = 0$ ですからこのようなブリッジでまったく問題なく抵抗分が測定可能です.

実は、ひと昔前のアンテナ・インピーダンス・ブリッジは基本的にこの種の回路で活用されてきた経過があります.

周波数の上限にはおのずと制約がありますが、自作インピーダンス・ブリッジとしても手頃なものかと思われます.

さて、図7-6に示したようなブリッジもあります.

このブリッジの特徴は、平衡が得られたときに周波数も測定できるというもので「**周波数ブリッジ**」と呼ばれます.

図7-7は、図7-5と同じようにリアクタンス分を独立して求められるものではありませんが、従来から定番的に活用されているアンテナ・インピーダンス・ブリッジを代表する2種類の装置の回路構成です. 図7-7(a)のほうは図7-5と同じ考え方ですが、図7-7(b)は加えるRF信号源の代わりに非常に広帯域にま

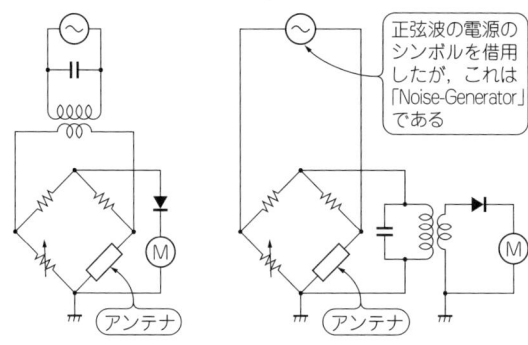

(a) 特定周波数を加える　検出は単なる検波整流器

(b) 広域のノイズを加える　検出は特定周波数のみを検波整流する

正弦波の電源のシンボルを借用したが、これは「Noise-Generator」である

アンテナは，あらかじめリアクタンス分を取り除き，特定周波数に共振させておくことを前提にする．

回路に使用したシンボルは，機能を表現するために詳細部を省略してある．例えば，(a)の共振回路ではインピーダンスの整合については無視しており，(b)の共振回路についても，周波数選択性の検波回路であることをシンボリックに描いたものである．検波した後の高周波除去用のコンデンサも省略した

図7-7　アンテナ・インピーダンスのブリッジによる測定

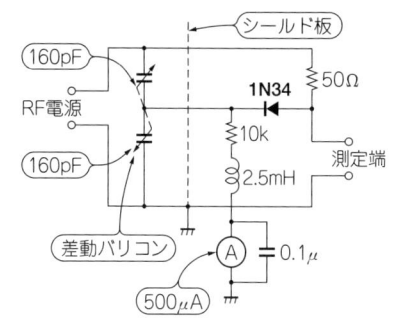

図7-8　昔ながらの定番インピーダンス・ブリッジ

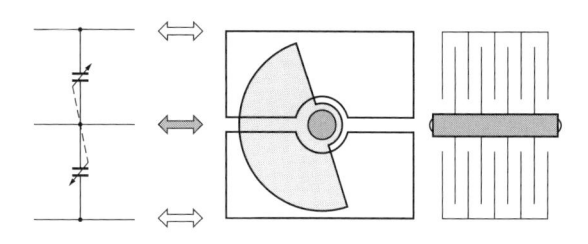

二つのバリコンは，ローター部（回転部）が共通になっており，一方の容量が増えれば他方の容量は同じだけ減る構造になっている

図7-9　差動バリコンの構造

たがる雑音源が使われており，検出器として目的の周波数に合わせた受信機が使われるところが異なります．目的と効果は似たり寄ったりです．

　雑音はノイズと訳されていますが，物理学や電気の世界では「音」とは限らず，ランダムに広帯域にわたって発生する「信号とはいえない信号」です．信号ではないのにオシロスコープで見るとモヤモヤっとした振幅があり，スピーカに入力すると「ザー」という音が聞こえたり，テレビのアンテナに入力すると雪が降ったように画面がザラついたり，と通常では信号の妨げになることばかりの嫌われ者です．この雑音信号をブリッジの電源に使うと，あらゆる周波数がブリッジに供給されるので，ホイートストン・ブリッジのときのように検出器によって「ゼロ点」を検出することができません．

　したがって，検出器には目的の周波数成分のみを取り出してその「ゼロ点」を監視することになるのです．

　図7-7ではどちらの回路も，可変辺に可変抵抗を使っていますが，高周波特性のよいものが望まれます．**図7-7**(a)の実例として**図7-8**に，OMさんたちが愛用した定番インピーダンス・ブリッジを紹介します．このブリッジの可変辺には差動バリコンが使われています．

　差動バリコンは，**図7-9**に示すような，二つのバリコンで構成されており，一方のバリコンの容量ともう一方のバリコンの容量とがちょうど差し引きされるような仕組みになっています．可変抵抗の材質や精度をこの構造で克服しているともいえます．

7-2　アンテナ・インピーダンスの測定　**121**

正面
図7-10に回路図を示す

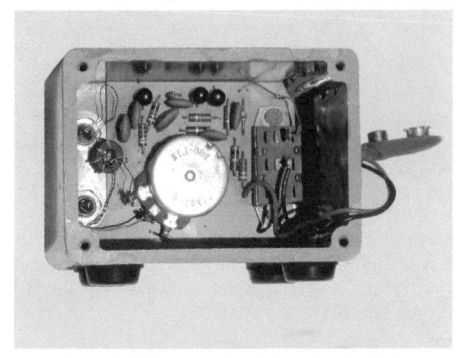

背面

内部
ノイズ・ブリッジ部は左端のリング状コアの部分であって大部分はノイズ・アンプである中央のVRがバランス調節器

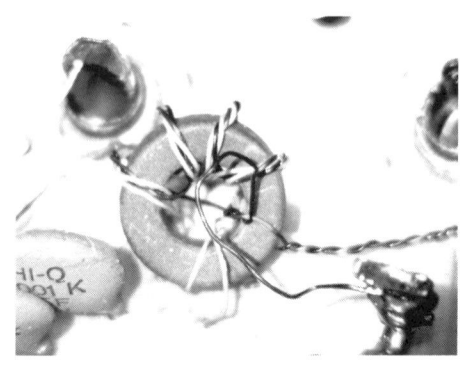

ブリッジ部分を拡大したもの
巻線はすべて撚り合わせた上でリング状のコアに巻いてある

写真7-1　omega-t社のノイズ・ブリッジ

　図7-7(b)に属するブリッジで，比較的有名なブランドである「omega-t社」のものを写真7-1に紹介します．写真は，それぞれ正面，背面，内部，およびブリッジ部を示したものです．外観の割には内部が貧弱な感じもしますが，その内部を調べたものが図7-10です．雑音源はツェナー・ダイオードになっており，回路のほとんどが雑音の増幅器になっています．この回路は原理的に非常にわかりやすい回路なので，自作する場合にも参考になるのではないでしょうか．
　次にアマチュアの世界では定評のあるインピーダンス・メータを紹介します．
　写真7-2がその一つで筆者も愛用しているものです．これは抵抗分とリアクタンス分がそれぞれ独立に測定できるもので，RF電源として写真6-4で紹介したディップ・メータを結合して使用します．周波数範囲は1.5〜150 MHzとなっており，±5%の確度が得られるスグレものです．動作原理を理解していただくためにあえて回路図も紹介しました．図7-11がそれで，検出回路の後段にFETによる差動増幅器をおいて感度をあげています．内部の構造は，安定度や確度を向上させるためにかなりの試行錯誤によって改良を加えたあとがうかがわれ，簡単に回路図どおりに作れば性能が出せるといった安易なものではなさそうです．

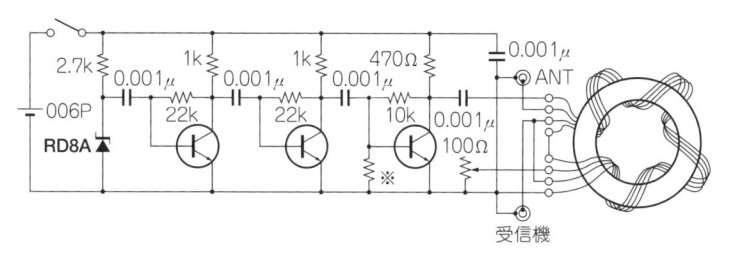

1. トランジスタは，いずれもR2N3563202と表記してあったが，通常の小信号シリコン・トランジスタで置き換え可能である
2. ※の抵抗はシステム全体の安定化のための調整抵抗と思われる
3. ブリッジを構成するコアは[T-37-10]，コイルは φ0.26（＃30）を図のように4回巻きしてあるが，4本の線はすべて撚り合わせて1本のようにまとめている
4. 上記コメントは[omega-t]社のデータによるものではなく，筆者が現物を分解して調べた結果に基づくものである

(a) 回路図

(b) ブリッジ部のコイルと接続のようす

(c) 等価ブリッジ回路

図7-10 omega-t社のアンテナ・ノイズ・ブリッジ

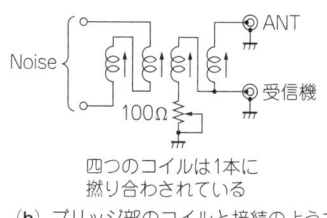

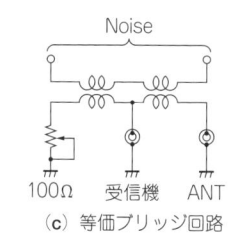

写真7-2 デリカ社のインピーダンス・メータ

図7-11 アンテナ・インピーダンス・メータ回路事例　　　　　　　　　（DELICA社）

　いろいろなインピーダンス・メータを見てきましたが，**図7-12**に差動ブリッジを利用したインピーダンス・メータを紹介します．これも見てのとおりであらためて説明はいらないと思います．
　何度も述べたようにインピーダンスの測定には，リアクタンス分が独立で測定できるものもありますが，基本はやはり「**まず共振ありき**」からスタートするのが正攻法だと思われます．

7-2 アンテナ・インピーダンスの測定

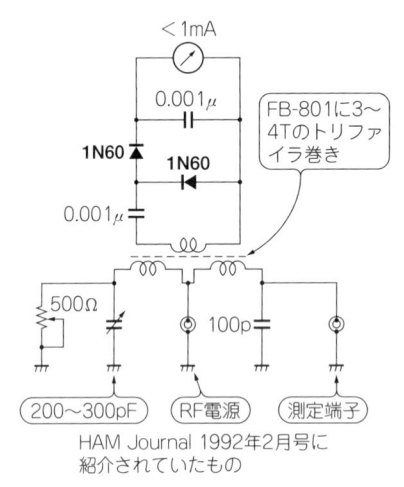

図7-12 差動ブリッジによるインピーダンス・メータ

　UHF以上のアンテナの設置にあたっては，できる限りプロ用の機材を借用して，これによる測定に基づいた設置をお勧めします．

　SWRを監視しながらねばり強くマッチングをとる方法も捨てたものではないことを付け加えておきます．

7-3　マッチング方法

　くどいようですがアンテナの調整順序を復習すると，「共振周波数の測定」→「エレメントの長さの調整」→「インピーダンスの測定」という順序になり，次は「インピーダンス合わせ(＝マッチング，整合)」になります．

　電池のような直流にも整合の考え方はあり，「電源(電池)から最大電力を取り出せるのは，負荷が電源の内部抵抗と等しいときである」というよく知られた定理があります．

　上記のような作業で，「エレメントの長さの調整」が終わったらアンテナの給電点インピーダンスは抵抗分のみになっていますから，この抵抗値を同軸ケーブルや平衡給電線などの特性インピーダンスと合わせる(一致させる)ことがマッチングということになります．

　もし抵抗分だけでなくリアクタンス分が残っていたら，さらにエレメントの長さを再調整するかそのリアクタンス分を打ち消すような「逆リアクタンス」を入れてとにかく抵抗分のみにしてしまいます．「逆リアクタンス」という言葉を使いましたが，アンテナがL性ならコンデンサを，C性ならコイルを付け加えてリアクタンス分を打ち消し合わせることです．

　その結果残った抵抗分について，給電側の特性インピーダンスと一致させる方法を示したものが図7-13と図7-14です．

　図7-13はアンテナの給電の際に，エレメントが抵抗分のみになっているという前提で，そのエレメントのどの部分が特性インピーダンスと等しいかということに着目して給電する方法と考えればよろしいで

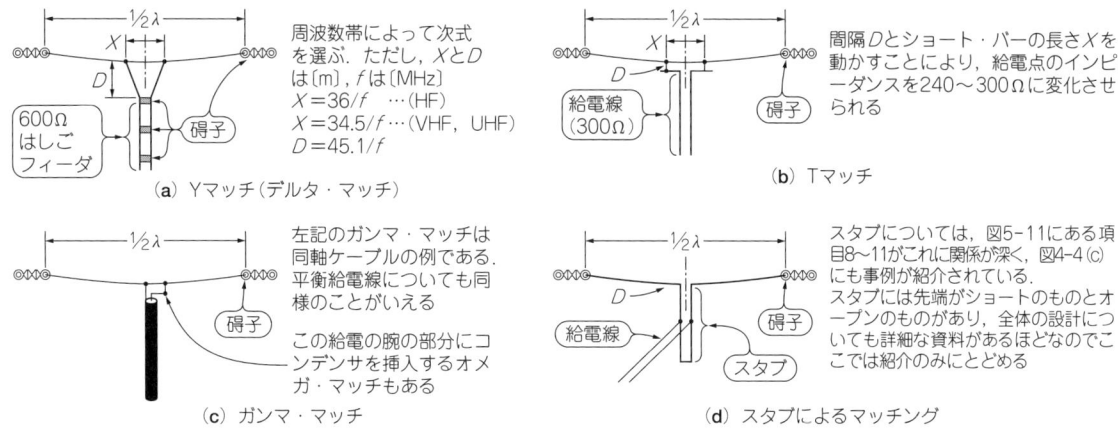

図7-13 いろいろなマッチングによる給電

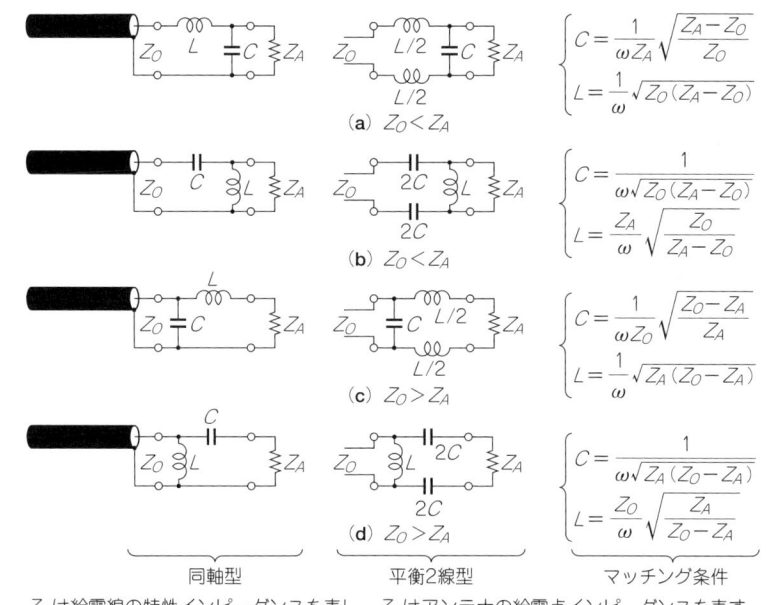

(a) Yマッチ（デルタ・マッチ）
周波数帯によって次式を選ぶ．ただし，XとDは[m]，fは[MHz]
$X = 36/f$ …（HF）
$X = 34.5/f$ …（VHF, UHF）
$D = 45.1/f$

(b) Tマッチ
間隔Dとショート・バーの長さXを動かすことにより，給電点のインピーダンスを240～300Ωに変化させられる

(c) ガンマ・マッチ
左記のガンマ・マッチは同軸ケーブルの例である．平衡給電線についても同様のことがいえる
この給電の腕の部分にコンデンサを挿入するオメガ・マッチもある

(d) スタブによるマッチング
スタブについては，図5-11にある項目8～11がこれに関係が深く，図4-4(c)にも事例が紹介されている．
スタブには先端がショートのものとオープンのものがあり，全体の設計についても詳細な資料があるほどなのでここでは紹介のみにとどめる

(a) $Z_O < Z_A$
$$\begin{cases} C = \dfrac{1}{\omega Z_A}\sqrt{\dfrac{Z_A - Z_O}{Z_O}} \\ L = \dfrac{1}{\omega}\sqrt{Z_O(Z_A - Z_O)} \end{cases}$$

(b) $Z_O < Z_A$
$$\begin{cases} C = \dfrac{1}{\omega\sqrt{Z_O(Z_A - Z_O)}} \\ L = \dfrac{Z_A}{\omega}\sqrt{\dfrac{Z_O}{Z_A - Z_O}} \end{cases}$$

(c) $Z_O > Z_A$
$$\begin{cases} C = \dfrac{1}{\omega Z_O}\sqrt{\dfrac{Z_O - Z_A}{Z_A}} \\ L = \dfrac{1}{\omega}\sqrt{Z_A(Z_O - Z_A)} \end{cases}$$

(d) $Z_O > Z_A$
$$\begin{cases} C = \dfrac{1}{\omega\sqrt{Z_A(Z_O - Z_A)}} \\ L = \dfrac{Z_O}{\omega}\sqrt{\dfrac{Z_A}{Z_O - Z_A}} \end{cases}$$

同軸型　　平衡2線型　　マッチング条件

Z_Oは給電線の特性インピーダンスを表し，Z_Aはアンテナの給電点インピーダンスを表す

図7-14 集中定数インピーダンス整合回路

しょう．

　見てのとおりいろいろな（古典的な？）名前が付いていて貫禄十分なものばかりです．

　これらはかなり古くからのアマチュア用の文献に紹介されており，製作データも報告されているのであわせてお読みになることをお勧めします．**図7-13**が立体的なマッチングであるのに対し，**図7-14**はコイルとコンデンサの，いわゆる集中定数部品を使った整合回路です．

　インピーダンスがきちんと測定されれば，このような集中定数インピーダンス整合回路を使うのも結構手軽なものです．

7-4 蛇足（測定器自作の勧め）

前章からしきりに測定器の自作を口走ってきました．
「測定器の自作」というと，たいへんむずかしいことと思われるにちがいありません．
メーカーすなわちプロの世界には，立派な測定器がそろっています．
プロ相手の測定器メーカーのカタログは見るからに立派なもので，たとえばアジレント社のカタログは，500ページを超え，厚さ3cm近くある巨大な印刷物です．CQ ham radio誌の2冊分です．
アマチュアの世界ではこのような測定器を使用できる機会は少なく，その代わり必要に迫られて簡易型の測定器を自作しなければならない場合がしばしばあります．
しかし，自作した測定器が立派なカタログに掲載されている測定器より劣っていると決めつけてはいけません．それどころか優っていることすらあるのです．
例えば，高周波増幅回路をチューニングしながら出力レベルを最大にしようとするとき，オシロスコープやレベル・メータがあるとたしかに便利ですが，数回巻のコイルにダイオードの検波器を付け，ラジオ用のメータを振らせれば非接触型の「簡易電界強度計」ができあがります．高周波回路のチューニングなら，前より良くなったか悪くなったかがわかれば十分です．0.5 dB刻みのデジタル値を読み取る必要はありませんし，結果を印刷する必要もなく，ましてやGP-IBポートを使って他の場所にデータ転送する必要もありません．
プロ用の測定器はこのようなところにコストがかかっていて高価なのです．
逆に自作機がコンパクトにまとまっていれば，大型測定器の金属ケースの影響も受けることがなく，むしろ利点すらあるといえます．
限られた用途にしか使わず，使用頻度も無線機のそれの$1/10$以下なのに，アマチュア無線機のハイエンド・クラスよりも高価なプロ用測定器を購入するのはもったいない話です．
目的に応じてその都度作ればよいのです．
自作して常時スタンバイしておきたい測定器にもいろいろあり，最近はそれに適したキットも出回っています．
発振器，周波数カウンタ，（高周波が測定できる）電圧計，インダクタンス・メータ，キャパシタンス・メータなど，いずれも手軽にキットとして入手可能です．
では，アンテナ系でそろえておきたい測定器（あるいは手作り簡易測定器）にはどんなものがあるでしょうか．
その筆頭は何といっても「ディップ・メータ」でしょう．前にも述べましたが，その次は「インピーダンス・メータ」か「SWRメータ」でしょう．
ディップ・メータとインピーダンス・メータは前章と本章でサワリだけ触れましたが，SWRメータやそのほかのツールについても機会を捉えて学習していただきたいと思います．

第8章

SWRの測定と整備

　第7章では，アンテナを設置して使えるようにする基本的な手順をまとめました．

　アンテナの調整がひととおり完成しても，実際に調整が万全であるか，日常の交信時に，調整したとおりに電波が出ているかを見るためには「SWRメータ」を使って，定在波を監視することになります．

　はじめからSWRメータを使いこなして(長さ調整を含む)アンテナの調整そのものを進めることも可能です．本章は，そのSWRを主題にします．

　ところで，前章の締めくくりに「測定器自作の勧め」を提案しましたが，SWRメータとその関連測定器については，多くのOMさんたちから，すばらしい測定器の開発記事がレポートされています．機会があれば，ぜひオリジナルの文献に触れてみるようお勧めします．

8-1 SWRの測定（その1）

　定在波は，第5章でも紹介したように，送信機から出た電力が，給電線の末端で，アンテナとのマッチングが完全でない場合に反射波が発生し，進行波と重なり，給電線上で合成されて，位置によって値が大きかったり小さかったりするような，「定在」の波が居座る状態をいいます（図5-7～図5-10）．

　反射があるということは，送信機から出る電力がすべてアンテナに乗らず，一部が送信機側に戻ってきていることを意味し，極端な場合には，アンテナと給電線との接続が切れていたり，給電点でショートしていたりすることもあります．

　反射や定在波に関する定義式は，図7-2で紹介しましたが，通常SWRが1.5以下であればまあよい整合状態であるといわれています．

　自分の送信機から，質のよい電波が出ているかどうかを監視するためにも，また給電線とアンテナとの接続状態を監視するためにも，SWRの常時観測がのぞまれます．

　第7章 7-4にも，そろえておきたい測定器の順番として「ディップ・メータ」，その次に「インピーダンス・メータ」か「SWRメータ」と述べましたが，運用が始まったら「SWRメータ」は常時接続すべき不可欠の機器といえます．

　初めに，同軸ケーブル用のSWR計について二とおりの方法を紹介します．

　図8-1(a)は，同軸ケーブルの中にSWRの引き出し線を芯線に沿わせて埋め込み，この線から方向性を持った電力を引き出す原理を示したものです．

埋め込んだ引き出し線は，同軸ケーブルの芯線との間に容量結合と誘導結合があり，両者が打ち消し合

(a) 原理

(b) CM型SWRメータ（CQ出版社『アンテナハンドブック（1971年版）』より）

(c) (b)の長さを半分にしたもの

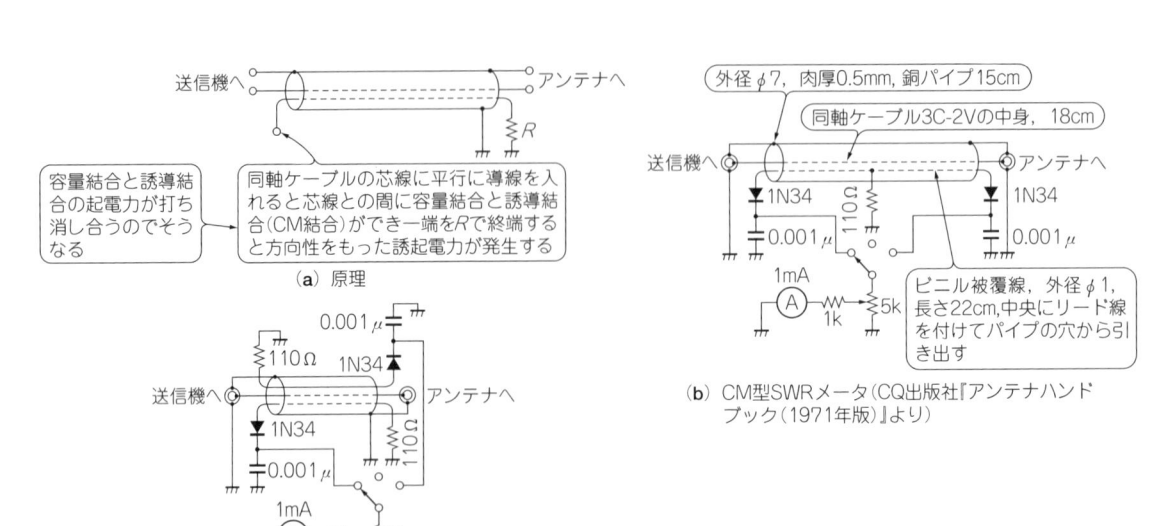

図8-1　CM型SWR計（原理，実例，変形）

う形で，方向性を持った誘起電力が発生するものです．このような結合を「**CM結合**」といいます．

　いささか昔の資料からの紹介になりますが，**図8-1**(b)は，この方式で具体的なSWR計を構成したものです．同軸ケーブルの外側導体の代わりに銅のパイプを使っていますが，理屈は同じことです．長さの目安は，HF帯(3.5～21 MHz)で10～15 cm，VHF帯(28～144 MHz)で10 cm以下を提案しています．特性インピーダンスが50Ωのときは抵抗値として110Ωを，75Ωのときは70Ωにするとあります．

　示されているスイッチの位置は，進行波の電圧を検出する状態になっており，スイッチを逆のポジションに倒すと，反射波が検出されるようになっています．

　給電用同軸ケーブルの特性インピーダンスと同じ抵抗値の「ダミー抵抗器」を，アンテナの代わりに接続し，スイッチを進行波側(図の位置)にして，可変抵抗器を調節してメータの振れを最大にした後，スイッチを反射波側に倒して，メータの指示ができるだけ振れなくなることを確認します．ゼロに近づけるためには，図の110Ωを再調整します．

　ダミー抵抗器は，周波数と電力の両面から厳選する必要がありますが，次章で解説します．

　このSWR計で重要なことは，CM結合部の左右の対称性です．ダイオードの特性や構造も重要です．対称性を念入りに調整すれば，ゼロへの追い込みにも効果があります．

　このSWR計を校正するには，アンテナ端子に「**電力計**」を入れ，SWR計のメータと電力計の指示値との対応表を作ることによって行います．念のため複数の周波数で校正します．

　電力計についても次章で詳しく扱います．**図8-1**(b)の構造はいささか複雑で，自作からは縁遠いと感じる人もあろうかと思います．

　そんなときは以下に述べるような楽しい実験を試みるのもよいでしょう．

　手順を**図8-2**に示します．

　まず給電用の同軸ケーブルと同じケーブルを約20 cm用意します．(a)に示すようにこのケーブルの塩

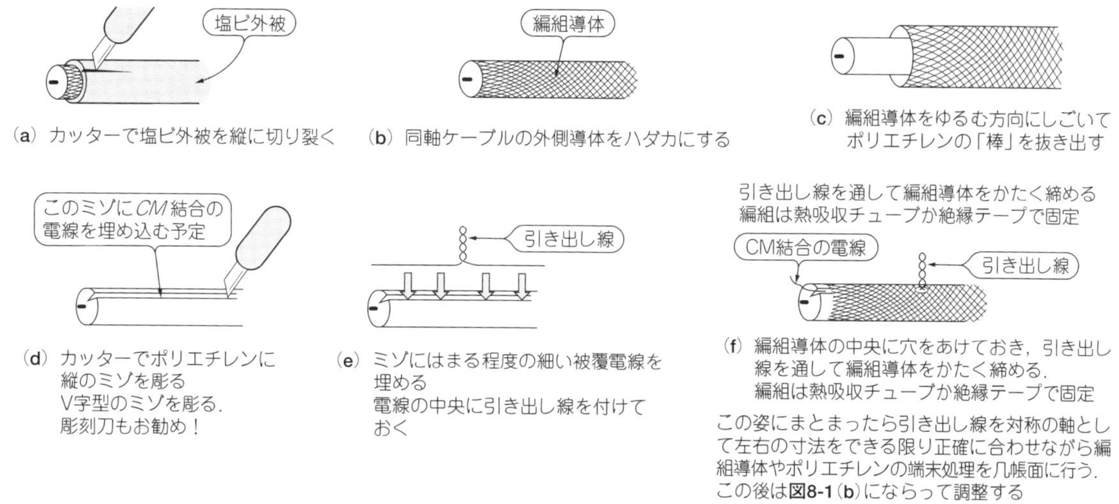

図8-2 同軸ケーブルでSWRメータに挑戦する

化ビニル外被をカッター・ナイフで縦に切り裂き，編組線（＝網線）を露出させます（**b**）.

10D-2Vのような立派なケーブルはこのような加工がたいへんなので，もう少し小規模のケーブルにしかお勧めできないのが残念です．

次に図（**c**）のように，外側導体である編組線をゆるむ方向にしごいて，中のポリエチレン部がユルユルになってスッポと抜けるようにします．

そして図（**d**）のようにポリエチレンの側面に，方向性結合用の引出線を埋め込むためのミゾを彫り込みます．（**e**）のようにこの電線を埋め込んだ後，さきほどの編組線を，中央部に穴をあけてかぶせ，かぶせ終わったら編組線をガチガチに締め上げて同軸状態に復帰させます．ここから先は図8-1（**b**）にしたがって調整します．

8-2　SWRの測定（その2）

同軸ケーブルを用いた図8-1の方法から説明しましたが，構造上もっと確実でシンプルなものを図8-3に紹介します．同様の製作記事は非常に多く見ることができます．

見ておわかりのように「**マイクロ・ストリップライン**」を使ったところが特徴です．

図8-3（**a**）に示したように，全体が両面基板でできており，紙面の向こう側はすべてグラウンドになっています．材料がプリント基板ですから，このような「**パターン**」を作るには，化学的な工程である「**エッチング**」を必要としますが，パターンが直線なので，プラスチック用のカッター・ナイフやヤスリを器用に使いこなせば，作れないこともありません．しかし削りすぎにご注意です．

マイクロ・ストリップラインは，電線にしかなじみのない人にとっては，なんとも奇妙な構造の回路で

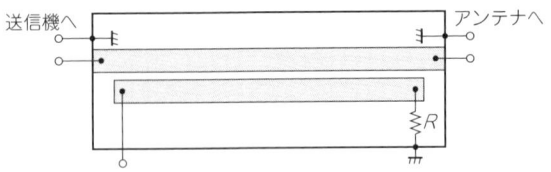

（**a**）マイクロ・ストリップラインによる方向性結合

マイクロ・ストリップラインについては図8-4参照．この図は同軸ケーブルの芯線に平行に導線を入れた方向性結合器と同じ原理，同じ機能である．
基板の裏側（紙面の向こう側）はすべてグラウンドとして扱う

SWR計の自作に関する参考資料は非常に多い．例えば次のようなものがある．
CQ出版社：『アマチュアのV・UHF技術』（山藤滋氏，JH1BRY）
　ガラス・エポキシ基板のマイクロ・ストリップラインによるもので250～700MHz帯用．1.2GHz帯や2.3GHz帯の可能性も示唆している．
CQ出版社：『ハム局アクセサリー製作集』（加藤章氏，JA3NHK）
　ガラス・エポキシ基板で，パターン幅が2.65mm，長さは26.5mm×2である．
FCZ研究所からは「寺子屋シリーズキット」と題して販売もされている

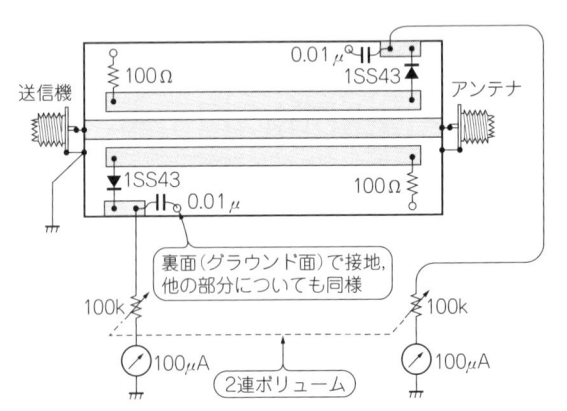

（**b**）マイクロ・ストリップラインによるSWR計の設計事例

CQ出版社『アンテナと測定器の作り方』（山村英穂氏，JF1DMQ）から紹介した．
マイクロ・ストリップラインは紙エポキシで，線幅：3mm，すき間：1mm，方向性結合部の長さは80mmとしてある．
50～430MHzで使用可能なシンプルなSWR計である．
メータは一つのタイプでもOK

図8-3　マイクロ・ストリップ・ラインによるSWR計の設計事例

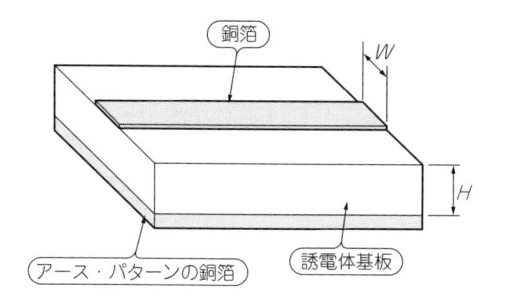

$$Z_O = \frac{377}{\frac{W}{H} \cdot \sqrt{\varepsilon_r} \cdot \left[1 + (1.735 \cdot \varepsilon_r^{-0.0724}) \cdot \left(\frac{W}{H}\right)^{-0.836}\right]}$$

$\varepsilon_r=4.2$の紙エポキシで上式を計算すると，
$H=1.6mm, W=3mm$で$Z_O=51\Omega$となる．
$\varepsilon_r=4.8$のガラス・エポキシでは，
$H=1.6mm, W=2.8mm$でちょうど$Z_O=50\Omega$となる

図8-4 マイクロ・ストリップラインのインピーダンス

す．そのような人のために，いささか「釈迦に説法」ですが，マイクロ・ストリップラインの原理と特性について，ミニ解説を試みます．

図8-4はもっとも簡単なマイクロ・ストリップラインの構造を示します．基板は「紙エポキシ」とか「ガラス・エポキシ」の両面基板ですが，この下面はすべてアース・パターンの銅箔で，上面は幅Wの銅箔のラインになっています．

第3章で，大地にモノポール・アンテナを建てると，鏡像によって大地側にもエレメントがある，縦型のダイポールと等価な電界分布をすることをおさらいしましたが，このマイクロ・ストリップラインも同様な電界分布になります．

したがって，このラインは，幅W，間隔$2H$の平行2線式給電線のようなものと考えることができます．

平行2線式に似ているといいましたが，わざわざ平行2線式を持ち出すまでもなく，誘電体基板の内部には，電気力線が走るので，その中を高周波のエネルギー（ポインチング・ベクトル）が走るといえばもうピンとくると思います．

そして，パターンが等幅の直線であるときには，給電線として，特性インピーダンスが定義されることになります．幅Wと誘電体の厚さHとが決まれば，図8-4に示した計算式によって求められます．W/Hと誘電体の比誘電率ε_rとをパラメータとして，特性インピーダンスを求めるチャートを図8-5として紹介します．

再び図8-3に戻って(b)の説明を見ますと，厚さ1.6mmの紙エポキシの基板に対してパターン幅3mmは図8-4にも計算したように51Ωとなるので，この構造であれば50Ωの同軸ケーブルと等価であるといえます．

ここまでくれば，あとは図8-1の同軸ケーブルの事例からすべて類推できるでしょう．

注意すべきことを補足しますと，進行波を検出する回路と，反射波を検出する回路が，対称性の面で

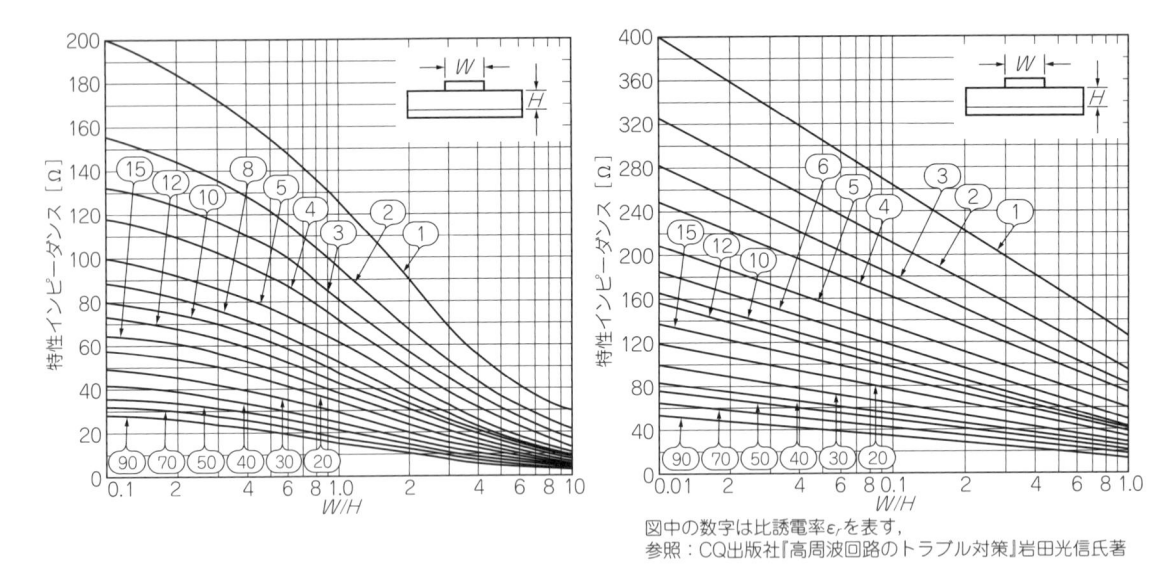

図8-5 マイクロ・ストリップラインによる特性インピーダンス
二つの図は，縦軸も横軸も同じ物理量なので，本来ひとつの図にまとめられる性質のものですが，あえて両者を区別する題名をつけるならば，左図は「ストリップライン線路が広い場合」，右図は「ストリップライン線路が狭い場合」となります．両図は0.1～1.0の間でオーバーラップしているが，その部分のデータの若干の食い違いは，W/Hが大きい場合と小さい場合の近似計算式の相違によるものと割り切ってもよい

図中の数字は比誘電率ε_rを表す．
参照：CQ出版社『高周波回路のトラブル対策』岩田光信氏著

「ウリふたつ」であること．使用するダイオードの整流立ち上がり特性が，小信号用シリコン・ダイオードのような「V_F」の大きいものでなく，ショットキー・バリア・ダイオードのように，鋭いことです．いっそのこと，懐かしいゲルマニウム・ダイオード(1N60など)もお勧めです．もちろん回路が二つある方式の場合は，ダイオードの特性も，ウリふたつにそろっている必要があります．

さらに，使用する抵抗器の高周波特性ができるだけ高い周波数に対応できることも必要ですし，実装(基板への取り付け)もリード線は極力短くすることが必要です．

なお，同図に付記してあるように，多くのOM諸氏が挑戦されているテーマなので参考にすることをお勧めします．

8-3 SWRの測定（その3）

8-1と8-2で，もっとも一般的な同軸ケーブル系(不平衡系)のSWR計について，二とおりの方法を紹介しました．しかし，世の中すべて同軸というわけではありませんので，ここで平行2線式給電線のSWRを取り上げます．

平行2線式のSWR測定も原理的には同軸系のそれと同じなのですが，回路を構成するのは，不平衡でないだけにやっかいです．

図8-6にクラシックな，定番「ツイン・ランプ」を示します．目で確認できるのでわかりやすい試験法ですが，SWRを測定する装置というよりは，SWRの状態を見ながら，アンテナの調整をするためのツール

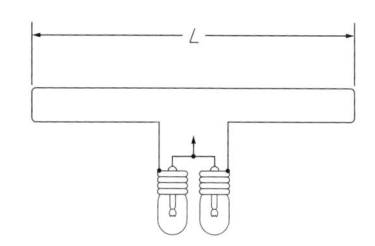

結合器のループは，例えばTVのフィーダを使用する．
Lは送信機の出力や周波数により異なる．
周波数が高いか出力が大きければ，10〜15cm．
周波数が低いか出力が小さければ，数十cmとする．
要するにランプが十分明るい範囲で短くする．
ランプはできる限り消費電力が小さく，そろったものを
使用する．
ランプの接続点の両側は対称にすること

(a) ツイン・ランプの構造

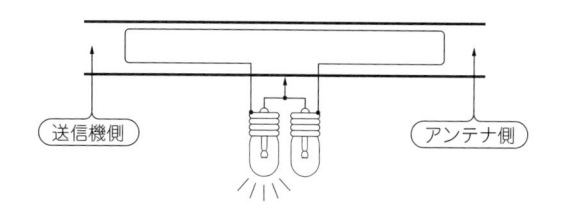

結合ループをテープなどでフィーダに貼り付ける．
*SWR*が1に近ければ送信機側のランプが光り，アンテナ側のランプは光らない．
同じ明るさであれば*SWR*は最悪状態．
ツイン・ランプは電力を消費するので調整が終わったらはずしておく

(b) ツイン・ランプの使い方

図8-6 ツイン・ランプ

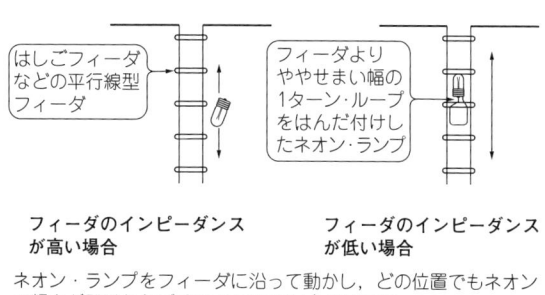

ネオン・ランプをフィーダに沿って動かし，どの位置でもネオンの輝きが同じならば*SWR*は1に近いと判定する

(a) ネオン・ランプの輝きで*SWR*が1に近いかどうか判定する

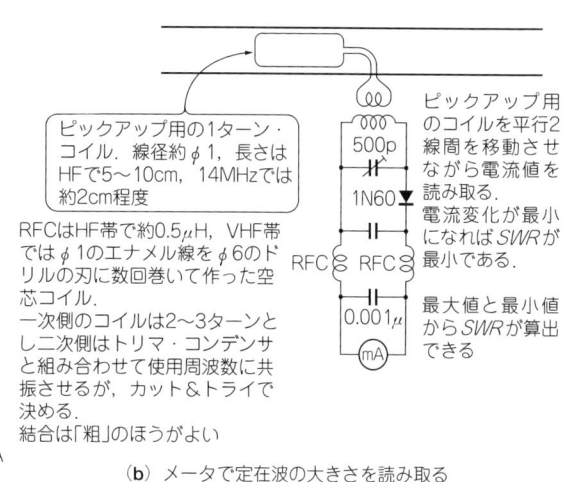

ピックアップ用の1ターン・コイル．線径約φ1，長さはHFで5〜10cm，14MHzでは約2cm程度

RFCはHF帯で約0.5μH，VHF帯ではφ1のエナメル線をφ6のドリルの刃に数回巻いて作った空芯コイル．
一次側のコイルは2〜3ターンとし二次側はトリマ・コンデンサと組み合わせて使用周波数に共振させるが，カット&トライで決める．
結合は「粗」のほうがよい

ピックアップ用のコイルを平行2線間を移動させながら電流値を読み取る．
電流変化が最小になれば*SWR*が最小である．
最大値と最小値から*SWR*が算出できる

(b) メータで定在波の大きさを読み取る

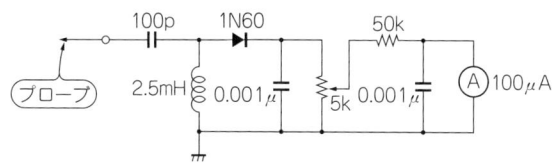

平行2線式のいずれか一方にプローブを触れ，給電線上を移動させながら電流計の振れを観測する．
給電線が絶縁被覆をかぶっているときは，プローブ部を大きくして容量結合させながら位置の移動を行う．
プローブは常に同じような姿勢で給電線に結合させることがコツ．
この場合も電流の最大値と最小値から*SWR*が算出できる

(c) 簡単なプローブ付電圧計

図8-7 平行2線式フィーダの*SWR*を調べる

といったほうが似合っています．

このほかの*SWR*関連ツールを，**図8-7**に示します．

図8-7(a)はネオン・ランプを使って*SWR*の状態をチェックする方法です．

図8-7(b)は平行2線間にピックアップ・コイルを移動させて，定在波の大小をメータの指示値として読みとる方法です．「移動させて定在波を調べる」という考え方は，同図(a)と同じ理屈ですが，メータを使

うので定在波の量が具体的に読み取れ，SWRが定量化できる点が便利です．

図8-7(c)は，ピックアップ・コイルの代わりに，いきなり電圧値を読む簡易型のRF電圧計です．このほかにも，例えば「ツイン・ランプ」のランプの代わりに抵抗を入れ，この両端に生じる電圧差を読んでSWRを知る「**ツイン・リード型**」などと呼ばれる装置もあります．

8-4 リターン・ロス・ブリッジ

いままでの表題の付け方によると「SWRの測定（その4）」とすべきところですが，フィーダの途中でSWRを測定するのでなく，アンテナに直接つないで測定ができるというユニークな装置で，名前もえらそうな名前が付いているので，表題もその名のとおり「**リターン・ロス・ブリッジ**」としました．

図8-8にリターン・ロス・ブリッジの原理と基本的な回路構成を示します．図は50Ω系の場合です．図(a)は原理，(b)は検波電圧を取り出すために平衡を不平衡に変換するソータ・バランを取り入れたもの，

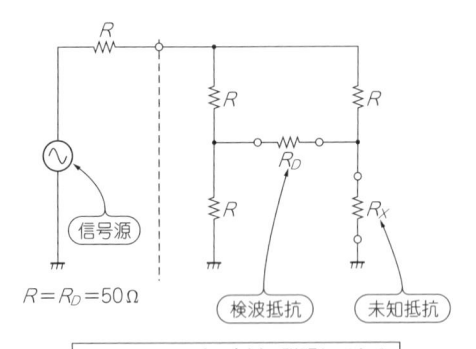

(a) リターン・ロス・ブリッジの原理

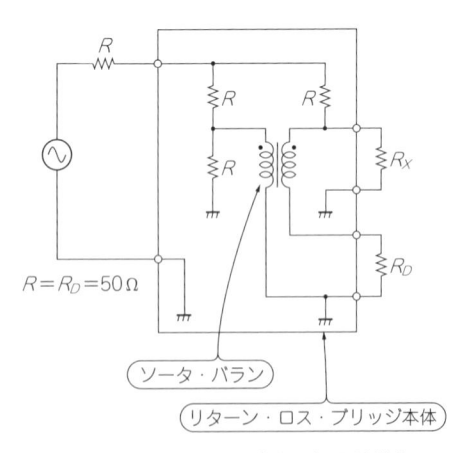

(b) リターン・ロス・ブリッジの回路構成

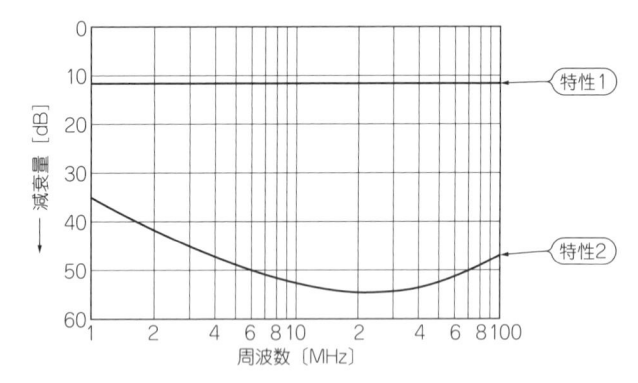

これはリターン・ロス・ブリッジの特性を表すグラフである．
特性1は，未知抵抗端子を開放または短絡した場合のブリッジへの入力電力に対する検波抵抗R_Dの電力比を減衰量として表したもので，$R_D=R=50Ω$ならば，$1/15(=12dB)$である．
これは計算によっても容易に得られる．
特性2は未知抵抗端子に$R_X=R_D=R=50Ω$を接続した場合の，ブリッジへの入力電力に対する検波抵抗R_Dの電力比を減衰量として表したもの．完全バランスであればR_Dの電流はゼロとなるので減衰量は限りなく大きいはずであるが，抵抗の精度やソータ・バランの特性などによって有限値となる．しかも周波数特性も出てくる．
未知抵抗端子にアンテナの給電点を接続したときの減衰量を測定し，特性1からの相対的な減衰量がすなわちリターン・ロスである．
リターン・ロスをL_Rとすると，反射係数Γは $\Gamma = 10^{-\frac{L_R}{20}}$
で与えられ，
VSWRは，

$$VSWR = \frac{\Gamma + 1}{\Gamma - 1}$$

で算出される．

(c) リターン・ロス・ブリッジの特性

参考文献
CQ出版社：『アンテナと測定器の作り方』p.137（吉田卓人氏, JE1SCJ）
CQ出版社：『トロイダルコア活用百科』p.137（山村英穂氏, JF1DMQ）
CQ出版社：『アンテナ調整ハンドブック』p.108（角居洋司氏, JA6HW）

図8-8 リターンロス・ブリッジとはどんなものか

(c)はその特性です．ブリッジのR_X辺に未知の抵抗をつないだとき，検出抵抗R_Dへの電力がどうなるかを調べるものです．

まず，R_X辺が短絡か開放のときは，計算によってもわかりますが，ブリッジ全体の入力電力に対し，R_Dへの電力は$1/15$すなわち12 dBの減衰(特性1)になります．次にR_X辺に50 Ωがつながれたとすると，完全バランスですから理想的には∞dBの減衰量ということになるのですが，実際には特性2のような有限値となります．この図は，まだアンテナをつないでいるわけではないので，ブリッジそのものの良否を評価するものです．

さてここで，R_X辺に実際のアンテナをつなげば，特性2よりは特性1に近い減衰量となりますが，この値と特性1との差(dBの差)をリターン・ロスといいます．

リターン・ロスL_Rは

$L_R = 20 \log_{10} \Gamma$ （Γは**反射係数**）

で表され，さらにVSWRは

$$VSWR = \frac{\Gamma + 1}{\Gamma - 1}$$

で表されるので，図中に示したような計算で給電点のSWRが求められることになります．

注意しなければならないことは，ブリッジ単独の特性データがよくなければ，それを上回るよいデータは出てこないということです．ソーター・バランの特性や各抵抗のバラツキには細心の注意を払う必要があります．抵抗器の高周波特性にも気配りが必要です．抵抗値のバラツキを徹底的に減らすために，「抵抗アレー」を使う提案さえあります．

図8-9はリターン・ロス・ブリッジの使い方の事例です．

リターン・ロス・ブリッジの最大の特徴は，アンテナの給電点に直結してSWRが遠隔測定できるということです．給電点に直結するといっても，つなぐときと役目を終えて外すときには給電点を地面近くまで垂らすか脚立程度までズリ降ろしてやる必要があります．しかし，測定中は本来の高さまで持ち上げて，実際に動作させるときの姿で測定できることや，人が近くにいないので人の影響を受けないことなどが魅力です．

図のように，R_X辺から給電点までの距離は極力短くします．必要であれば，アンテナのインピーダンスを50 Ωにするためのマッチング・ユニットを途中に挿入します．

このR_X辺には回路をリレーによって短絡するための接点を入れ，地上からON/OFFできるようにします．

そもそもリターン・ロス・ブリッジの信号源にはいろいろ考えられますが，**表8-1**のような一長一短があります．地上から信号を送ることになれば，そのためのケーブルを必要とするので，その重みで給電点にぶら下げた，リターン・ロス・ブリッジの足を引っ張ることになり，その点心配です．簡単にできる発振回路で，なおかつ周波数も複数得られる「マーカー発振回路」がお勧めです．

もともと，マーカー発振器は，送信機の周波数を，バリコンによってアナログ的に変化させていたころの，周波数校正用発振器として活躍していました．もとが水晶発振器ですから，多量の高調波を含むため，

リターン・ロス・ブリッジは（マッチング・ユニットを含む）アンテナの給電点に直結でき，地上からの操作で給電点の*SWR*を測定できる．

信号源に「マーカー発振回路」を使用しているが，他方式の発振器や地上から標準信号発生器の出力を送り込んでもよい（マーカー発振器は図8-10で説明する）．

75Ω系の場合は，50Ωの抵抗器をすべて75Ωに代え，10dB PADは左記の値の代わりに110Ω，150Ω×2とする．

空中にぶら下げて測定するのでできる限り軽量にしたいので，ソータ・バランにはフェライト・ビーズ「FB-801-#43」を使用する．穴径が小さいので巻きにくいが，φ0.2のウレタン線を7回程度巻けばOK．

基準点を求めるために，アンテナ端子をリレーによって短絡できるようにする．

減衰量はゼネラル・カバレージ受信機の「Sメータ」が一定値を指すようにしながらステップ・アッテネータのほうで読み取るようにする．

なお，ブリッジの抵抗値はよくそろった抵抗値である必要があり，測定して選別する．

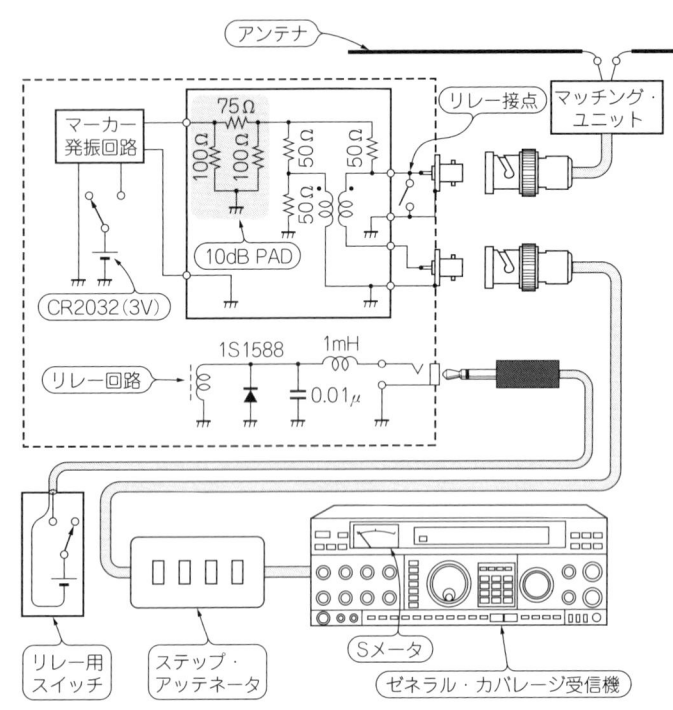

図8-9 リターン・ロス・ブリッジの使い方

表8-1 信号源選択のための比較表

	信号の手段	長　所	短　所
1	マーカー発振器をRL基板上に積む．	複数の正確な周波数の信号が無調整で得られる．	選択度のよい検出用ゼネラル・カバレージ受信機が必要．ステップ・アッテネータも必要（各項とも共通）．
2	標準信号発生器(SSG)を地上に設置しケーブルでRL基板に送り込む．	周波数をキメ細かく調節可能．	上記については同様．比較的高価なSSGが必要．キットで作ることも可能．
3	送信機から信号を送り込む．	新たな発振器を必要としない．	上記については同様．そのほかに送信機側にアッテネータを必要とする．

注）RL：リターン・ロス・ブリッジの略

もとの発振周波数の整数倍の周波数成分が，ズラーリ出てくるという特徴があります．昨今の文献などで「コーム発振器」という言葉を目にした人も多いと思いますが，多くの高調波が出るということでは同類です．

検出回路で，どの高調波を捕まえているのかが明確である限り，周波数を手動で変化させる必要もなく，複数の周波数に対する特性を調べられるという便利さがあります．

図8-10に単純なマーカー発振器を紹介します．図にも示したように，1MHz単位で傾向をつかみたいときは，右半分の回路は不要です．

さて，ふたたび図8-9にもどり，R_D辺から得られる出力は，ソータ・バランによって不平衡に変換され，同軸ケーブルを通して地上に導かれますが，大電力を流すわけでもないので，細いケーブルでこと足りま

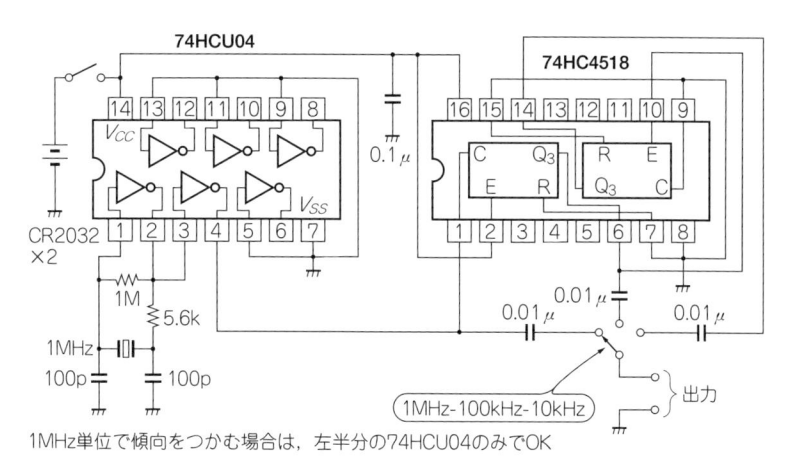

図8-10 マーカー発振器

1MHz単位で傾向をつかむ場合は，左半分の74HCU04のみでOK

す．この出力は，ゼネラル・カバレッジ受信機と，ステップ・アッテネータとの組み合わせで大きさを読み取ります．

　ステップ・アッテネータとはいくつかのアッテネータ(減衰器)を装備しておいて，各減衰量を組み合わせ，個々の減衰量を足し算することによって，任意の減衰量を作り出せるようにした装置です．

　まず希望周波数付近で受信機の感度を最大近くにし，アンテナをつないだときの信号強度計(Sメータ)が読み取りやすい目盛りになるよう，ステップ・アッテネータを調節します．次にリレーを動作させてR_X辺を短絡させると，Sメータが振りきれるので，この振れをはじめの目盛位置にまで戻すよう，ステップ・アッテネータを再度調節します．

　ステップ・アッテネータのさきほどの読み(減衰量dB)と，調節後のステップ・アッテネータの読み(減衰量dB)との差がすなわちリターン・ロスL_Rです．

　ステップ・アッテネータの読みや受信機の感度の設定がうまく折り合わないときは，マーカー発振器の出力を変えておくことで解決できるでしょう．ほかの周波数についても同様のことを繰り返します．

　リターン・ロスが求められれば**図8-8**に述べた方法でSWRが算出できます．

　ステップ・アッテネータを使用するといいましたが，高周波に使えるプロ仕様のものは結構お値段がはるので，この際自作することをお勧めします．

　図8-11に構造と接続方法を紹介します．

　もっとも重視したいのは切り替えのための配線を極力短くすることですが，図のようなスライド・スイッチは，構造上最短経路で切り替えが行われるので非常に合理的です．

　また最短距離にこだわるならば，抵抗器も面実装用のチップ抵抗にすべきですが，その場合はこれから述べる「中途半端な抵抗値」が課題になります．

　図8-12はπ形アッテネータの抵抗値の計算式と，よく使われる減衰量のための抵抗値の一覧表を示します．この一覧表を見てもわかりますが，規格化されている標準値にはないものばかりです．このような中途半端な抵抗値をチップ抵抗で実現させるのは結構シンドイことで，通常の抵抗器でも組み合わせによ

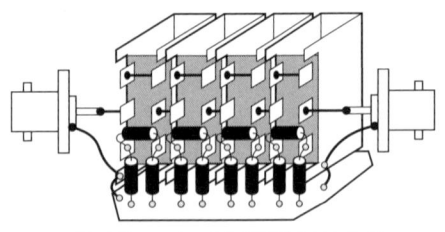

(a) ステップ・アッテネータ(4連)の構造
スライド・スイッチを背後から見たもの.
黒い棒は抵抗器. チップ抵抗を使えばなおよい.

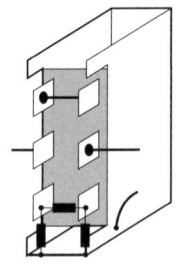

(b) スイッチ1個分を拡大視

(c) 回路構造
π形アッテネータ

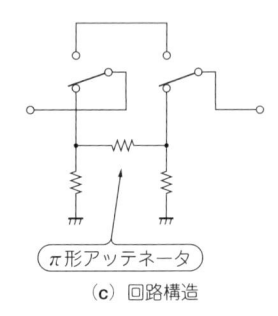

図8-11 ステップ・アッテネータの構造例

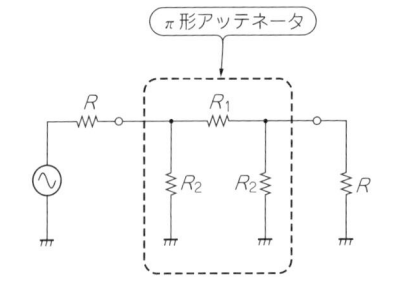

π形アッテネータ

Rは前段あるいは後段の出力あるいは入力インピーダンスとする.
特性インピーダンスと考えてもよい.
減衰量をα [dB]とする
$\alpha = 20 \log_{10} k$ とおくとき，以下のようになる

$$\begin{cases} R_1 = R \cdot \dfrac{k^2-1}{2k} \\ R_2 = R \cdot \dfrac{k+1}{k-1} \end{cases}$$

よく使われる減衰量についてこれを計算すると
右表のようになる

図8-12 π形アッテネータ

減衰量dB	R_1 [Ω]	R_2 [Ω]
0.5	2.880	1786
1.0	5.769	869.5
2.0	11.61	436.2
3.0	17.61	292.4
4.0	23.85	221.0
5.0	30.40	178.5
6.0	37.35	150.5
7.0	44.80	130.7
8.0	52.84	116.1
9.0	61.59	105.0
10.0	71.15	96.25
15.0	136.1	71.63
20.0	247.5	61.11
30.0	789.8	53.27

るか選別によるかしかありません．

　抵抗の組み合わせによって，中途半端な抵抗値を作る方法については，先人も苦労しておられ，レポートもあるので参考にしてください(CQ出版社『電子回路部品活用ハンドブック』1992年版p.16など)．

　構造と抵抗値について述べてきましたが，ステップとしては，1，2，3，4，10，20 dBで十分と思われます．

　マーカー発振器といい，ステップ・アッテネータといい，自作しようと思うと電子回路技術に踏み込むことになりますが，この両者はアンテナの調整にとどまらず，ハム生活の中で活用する機会が多いものなので，そろえておくようお勧めします．

8-5 SWR測定への補足

前節では，マーカー発振器とステップ・アッテネータを使用して，装置を運用する方法について述べましたが，マーカー発振器はともかく，ステップ・アッテネータの自作は，少し荷が重いと感じる人がいると思われます．

そのような人にとって，ユニークなレポートがあるので，細かなことは省き，考え方のみ紹介しておきます（CQ出版社『アンテナ調整ハンドブック』p.108，角居洋司氏，JA6HW）．

まず，信号は地上からSSGで送ります．検出はソータ・バランまでは前節と同じですが，その後いきなりダイオードで検波してしまい，その出力を地上に送ります．

そしてR_X辺のアンテナと75Ωをリモコンで切り替えて，どちらがより減衰するかを調べるものです．75Ωとは何かというと50Ω系ではSWR＝1.5を意味します．

すなわち，アンテナがSWR＝1.5以下かどうかの判定をしているわけです．この方法なら工作面で多少負担が減るかもしれません．

とにかくSWRはアンテナの給電点できわめておきたいものです．

今述べたように，リターン・ロス・ブリッジの検波出力を地上に送るとか，信号を地上から送るなどして苦労していますが，いっそのことSWRメータを給電点に直接ぶら下げて，メータ回路に流れる電流を地上に送るか，A-D（アナログ→デジタル）変換をしてデジタル信号を地上に送るようにすることのほうが，よほどアマチュアらしい気もします．

8-6 使用するケーブルは？

いろいろなSWRの測定法を見てきましたが，実際にSWR計を設置して送信状態を監視しようとすれば，おのずとその設置場所は決まってしまいます．すなわち送受信機のコネクタにまずSWR計をつなぎ，それから延々と同軸ケーブルを引っ張ってアンテナに至る，といった接続方法が普通でしょう．

この方法は間違いではありませんが，若干注意を要します．

それは，ケーブルの損失（ロス）によるデータの変身です．アンテナの給電点でSWRが1.0でない場合は，ケーブル・ロスが大きければ見かけ上はSWRがよく出てしまうのです．

それゆえにアンテナの給電点での整合を重視していただきたいのです．図8-13に示すように，ケーブルとアンテナの給電点との間にSWRメータ（その1）を入れ，送信機とケーブルとの間にもう一つのSWRメータ（その2）を入れ，送信状態にしたとします．

SWR（その1）が1.0であればケーブルの損失に関係なくSWR（その2）も1.0となりますが，アンテナが50Ωでなく，例えばSWR（その1）が5.0で，損失が3 dBあれば，SWR（その2）は2.0となり，ケーブルの出力端より見かけ上よいデータとなっています．

さらに，アンテナ側の端子がオープン，またはショート，いいかえるとSWR（その1）が∞であっても，

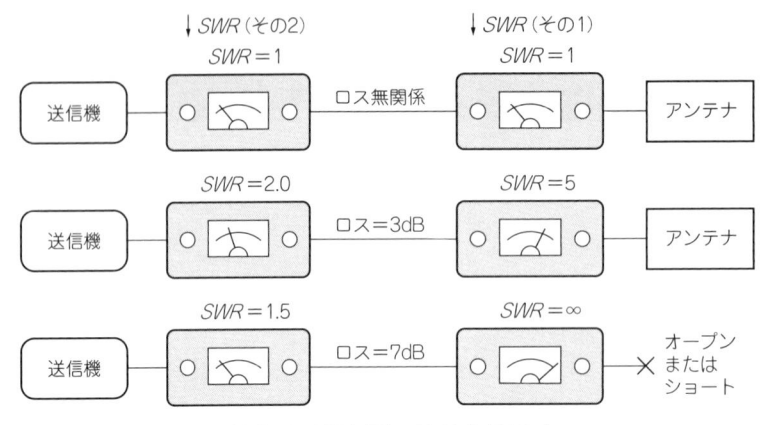

```
                ↓SWR(その2)           ↓SWR(その1)
                 SWR=1                 SWR=1
  ┌─────┐    ┌─────────┐ ロス無関係 ┌─────────┐    ┌─────┐
  │送信機│────│  メータ  │──────────│  メータ  │────│アンテナ│
  └─────┘    └─────────┘            └─────────┘    └─────┘

                 SWR=2.0               SWR=5
  ┌─────┐    ┌─────────┐  ロス=3dB  ┌─────────┐    ┌─────┐
  │送信機│────│  メータ  │──────────│  メータ  │────│アンテナ│
  └─────┘    └─────────┘            └─────────┘    └─────┘

                 SWR=1.5               SWR=∞
  ┌─────┐    ┌─────────┐  ロス=7dB  ┌─────────┐       オープン
  │送信機│────│  メータ  │──────────│  メータ  │──×   または
  └─────┘    └─────────┘            └─────────┘       ショート
```

CQ出版社『アンテナ・ハンドブック1988年版』p.321から紹介した．
この資料には，両SWR計の指示値とロスとをノモグラフで換算できるように付表してある

図8-13　フィーダ・ロスと SWR

ケーブル・ロスが7 dBもあれば SWR(その2)の値が1.5になるのです．

7 dBといえば，30 MHzで5 D-2 Vのケーブルを160 m張ったものに相当しますし，1200 MHzなら20 mで7 dBのロスですから，身近に感じるでしょう．

ケーブルは風雪に耐え老齢化してくると劣化するので，もっと短いケーブル長でこの状態が起こるわけです．こわい話です．

ところでケーブルの選択には，どのような配慮をすればよいのでしょうか．

損失についてはいま述べたとおりですから，なるべく新しいものを使って古いケーブルの使い回しを避けること，できる限り上位サイズの太いケーブルを使うこと，必要以上に長いケーブルにしないこと，などです．

ローテーターを使って回転させるアンテナに給電させるケーブルは，直接10 D-2 Vのような太いものを使うとブレーキのもとになるので，いったん下位サイズのケーブルを給電点につなぎ，回転するポールにしっかり固定した後で，たるませ気味にゆるやかに非回転部につないで，それから太いケーブルにつなぎ変えるといった配慮が必要です．繰り返しますが，給電点での整合(SWR = 1.0)が最重要です．

長さについてですが，第11章のスミス・チャート(11-5)で紹介するように，SWRのみの見地からはケーブル長による変化はありません．しかし，SWRが変化しないとはいえ任意長のケーブルの先端では，アンテナのインピーダンスのほうは変換されており，あらためてアンテナのインピーダンスを確認しようというときには，$1/2\lambda$長の整数倍のケーブルに立ち戻る必要が生じます．

したがって，アンテナの保守や改良のことを考えると，直接SWRとはつながりませんが，多少長めでも，ケーブル長を$1/2\lambda$の整数倍にしておくほうが便利だと思われます．

使用するケーブルについてあれこれ考えてみました．

第9章

アンテナ系をささえる機材や部品

　「アンテナ」はいろいろな要素からサポートされています．今までおさらいしたような「電波の知識」，「アンテナの動作原理」など理論面のささえはいうまでもありませんが，実際に動作させるときには電気的な調整や構造的な強化が必要となります．屋外で風雨にさらされるので，耐熱性や耐候性も要求されます．

　本章では，これらのサポータのうち「機材や部品」に的をしぼって紹介することにします．

　はじめに，前章（第8章）からの延長線上にある「アンテナ・チューナ」から取り上げますが，高周波電力計や同軸ケーブル，コネクタなどアンテナ族を構成するメンバーたちを広く扱うことにします．

9-1 アンテナ・チューナ

　アンテナの調整は，SWRの調整に尽きるといいましたが，そのために避けて通れないのは「インピーダンス・マッチング」です．

　何度も述べていますが，インピーダンス・マッチングとは，アンテナを希望周波数に共振させてリアクタンス分を取り除いた後，残った抵抗分をケーブルの特性インピーダンスに合わせ込むことです．このような順序にこだわらないで，多少のリアクタンス分が残っていても逆リアクタンス（L性ならC，C性ならL）を加え，抵抗分も同時に処理するマッチングも行われています．マッチングは，図7-13に示したように，アンテナの給電の方法で行うこともあれば，図7-14に示したように集中定数で行うこともあります．

　本節では，マッチングのためのハードウェアについて紹介します．

　CQ ham radio誌2006年2月号に，「オート・アンテナ・チューナを使おう」という特集がありましたが，このような装置がそろえられればとても便利です．しかし，予算的にもすべて購入で済ませられる人ばかりではなく，真似して作ろうとしてもリレーやマイコンが複雑に使ってあって，装置のカラクリが見えないのが現状です．

　自作を目ざす人もいるでしょうから，代表的な装置の原理や方法を知っていただくために，ややクラシックな資料になりますが，代表的なアンテナ・チューナを3種紹介します．

　その前に，アンテナ・チューナという言葉から考えてみます．

　過去の文献を振り返ってみると，ほとんど同じ回路のチューナが「**アンテナ・チューナ**」と呼ばれたり，「**アンテナ・カップラ**」と呼ばれたりしています．販売店のカタログでも，両者が堂々と併記されていたり，紹介記事が変わると別名だったものが同じ呼び名に変わったりしています．本書でも気楽に混用していますが，機能的には同じものなので，この際「チューナ」でまとめることにします．

　さて，**写真9-1**にメーカー製の「**マッチング・ボックス**」の一例を紹介します．

　「チューナ」でも「カップラ」でもない「マッチング・ボックス」が出てきましたが，気にしないことに

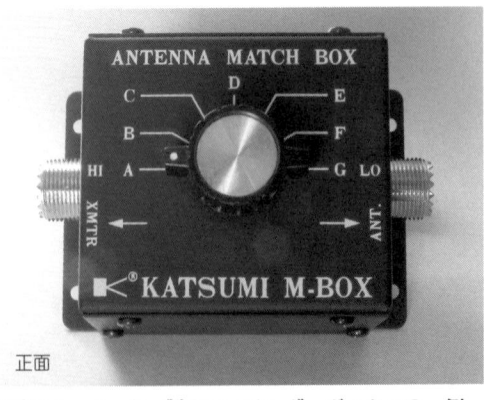

写真9-1　メーカー製のマッチング・ボックスの一例
T-130#2を2段重ねてLを構成している

します．この回路を**図9-1**(a)に，コイルの巻き方を**図9-1**(b)に示します．

　図を見ただけでもすぐにわかりますが，単なるトランスです．取扱説明書にも記載してありますが，できる限りアンテナの直近に設置するよう勧めています．すなわちリアクタンス分をゼロにしたあと，実数部のインピーダンスを変換するのが主用途です．

　車載のアンテナのために，トランクなどに装備するとよいと思われます．

　トロイダル・コイルの巻き方がユニークなので，調べた結果を**図9-1**(b)に示しました．**写真9-1**の内部の姿と合わせてみると，参考になると思います．このマッチング・ボックスの調整は，送信機側に接続されるSWRメータの読みを見ながら行われます．調整が終わったらSWRメータは撤去し，マッチング・ボックスは半固定装置として常備させます．

　車載用のアンテナは，購入してくるとすぐに取り付けて電波を出す人ばかりだと思われますが，ルーフ・サイドやトランク・リッドなど，取り付ける場所によっても状況が異なるので，一度はSWRを測定してみることをお勧めします．

　写真9-2もメーカー製のアンテナ・チューナです．外観は省略しました．商品名は，「ユニバーサル・アンテナ・カップラ」です．この回路は考え方がわかりやすいので**図9-2**に回路図と原理を示しました．**写真9-2**と照合するとき，左右が入れ替わっているので注意してください．原理は**図9-2**(c)に述べたとおりです．送信機からの入力端子につながるところが2連バリコンのローター（回転子）部分であるところがけっこうユニークです．この商品の取扱説明書によると必ずしもアンテナ直近の設置にこだわっていないようです．

　アンテナ・チューナの回路は，単一周波数であればコイルの切り替えを省略するなど，もう少し簡素化できます．**図9-3**にその事例を示します．

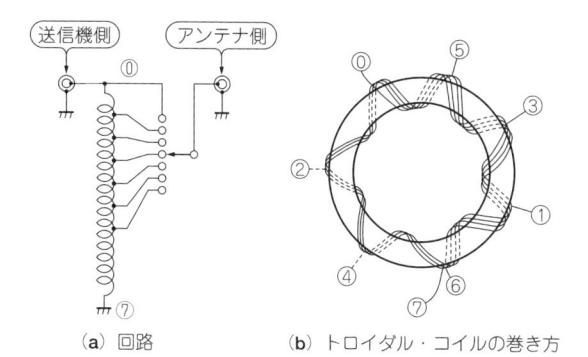

(a) 回路　　(b) トロイダル・コイルの巻き方

このマッチング・ボックスは，3～30MHzの短縮アンテナが主対象である．コアはT-130-#2の2段重ねを使用し，巻き線はφ1のエナメル線を上記のように巻き始めを⓪とし，3回巻くごとに，①，②，…の番号をもったタップを設ける．巻き終わりは⑦となるが，⑥と⑦間は7回巻きである．
商品名は「マッチング・ボックス」であるが，基本的にはリアクタンス分ゼロの，実数部のインピーダンス・トランスであって，設置場所もアンテナ直近をリコメンドしている．
通過耐入力はCWで300W以下．

図9-1 メーカー製のマッチング・ボックスの回路

写真9-2 メーカー製のユニバーサル・アンテナ・カップラ

9-1　アンテナ・チューナ　　143

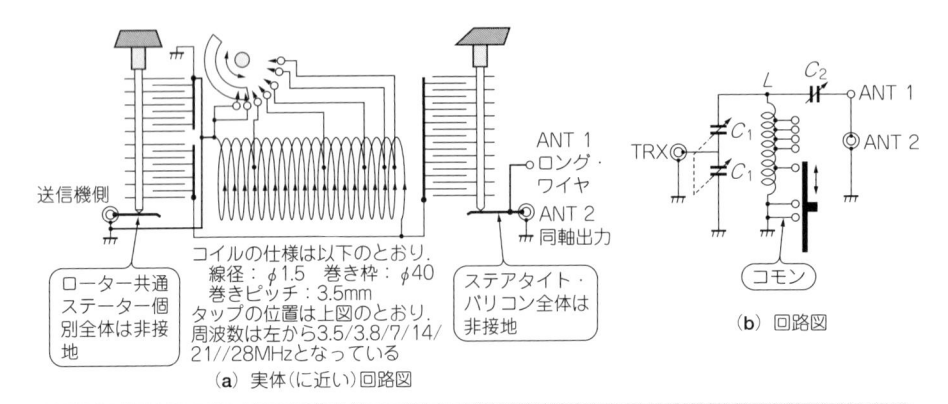

図9-2 (a) 実体(に近い)回路図

- 送信機側
- ローター共通 ステーター個別 全体は非接地
- コイルの仕様は以下のとおり. 線径：φ1.5 巻き枠：φ40 巻きピッチ：3.5mm タップの位置は上図のとおり. 周波数は左から3.5/3.8/7/14/21//28MHzとなっている
- ANT 1 ロング・ワイヤ
- ANT 2 同軸出力
- ステアタイト・バリコン全体は非接地

(b) 回路図

TRX — L, C_2 — ANT 1, ANT 2, C_1, コモン

(c) 考え方

オート・アンテナ・チューナが多く出回っている昨今，このような「メカ式のチューナ」は出番が減ってきているが，ユニバーサルなチューナの回路構成としてはオーソドックスなものなので，例示した．周波数帯も若干時代物であるが，初めに周波数に対応させてLを選択し，2個のC_1とLとでおおよその使用周波数に共振させ，C_2によって徐々に負荷をかけていくと，共振がずれてくるので，C_1によって再調整する．これを繰り返し，TRX端子側に接続されたSWR計によって最適点におさめるようにしたものである．

図9-2 メーカー製のユニバーサル・アンテナ・カップラの回路と原理

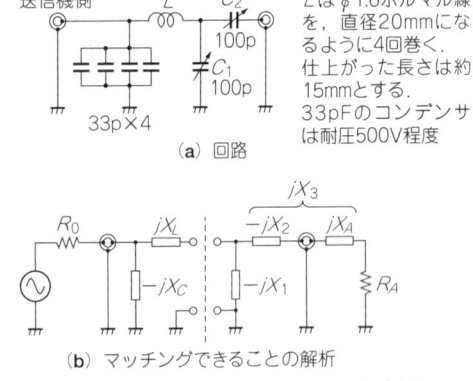

図9-3 50MHz帯のアンテナ・チューナ事例

(a) 回路
- 送信機側 — L, C_2 100p
- C_1 100p
- 33p×4
- Lはφ1.6ホルマル線を，直径20mmになるように4回巻く．仕上がった長さは約15mmとする．33pFのコンデンサは耐圧500V程度

(b) マッチングできることの解析
R_0, jX_L, $-jX_C$, $-jX_2$, $-jX_1$, jX_A, R_A, jX_3

図(a)の回路を(b)のように書き直してみる．
破線より左側は既知の抵抗，インダクタンス，キャパシタンスを使用しているので，破線より左側を見たときのインピーダンスは定数として求められる．
アンテナのインピーダンスを図のように定義し，そのリアクタンス分をC_2と合成してjX_3とおくと，破線より右側のインピーダンスはX_1とX_3との関数で表される．
破線の両側のインピーダンスの抵抗分を等しくおき，リアクタンス分を互いに異符号（共役整合）となるようにおくと，変数が二つで式が二つとなり，解が出る．
数式はひじょうに煩雑なのでここには示さないが，整合可能ということがわかる．

このチューナは50MHz帯に特化しているので，Lの選択スイッチが不要な分すっきりしています．ほとんど同じ回路で複数のレポートがあり，若干回路定数が異なっているものがありますが，マッチングさえ取れればインダクタンスや静電容量などの回路定数は，厳密に考える必要はありません．

ただし，コンデンサの耐圧などは，送信電力に応じて選ぶ必要があるので要注意です．

事例は50MHz帯のものを紹介しましたが，他の周波数帯にもこの考え方で気楽に挑戦してみてはいかがでしょう．ひじょうにおおざっぱですが，コイルのインダクタンスを周波数に逆比例したインダクタンスに選んで実験を試みるとよろしいかと思います．

再び繰り返しますが，アンテナ・チューナは給電点の直近に設置して，ケーブルにつながるところでは，すでにその特性インピーダンスに合わせ込まれているように使うのがベストです．送信機の近くに設置しなければならないときは，単一周波数帯であれば($1/2\lambda$)の整数倍のケーブルを使う方法もありますが，

基本は給電点でマッチングさせることです．

最近は，「オート・アンテナ・チューナ」が花盛りで，チューニング方法もさまざまです．

先述のようにLやCを変化させるのにリレーを使ったり，バリコンを回すのにモータを使ったり，また，そのドライブ回路をIC化するなど，メーカー品を真似して自作するのはたいへんですが，中で行われていることは，部品を多用して細かな調整をさせているだけで，もし，図9-2や図9-3の回路のスイッチやバリコンの回転がリモコンで行えれば，自作の「オート・チューナ」ができあがることになります．

昨今は，ラジコンや電動のおもちゃの部品として，ウォーム・ギアや歯車のセットが手に入るので，「メカ式のオート・チューナ」も選択肢の一つに入れておくようお勧めします．

CQ ham radio誌 2006年2月号の「オート・アンテナ・チューナ」の特集では，比較や使い方などが細かく紹介されているので，ここではそれ以上のコメントはしませんが，屋外で使う場合には，耐候性が重要な要素になるので，経済的な余裕があれば，市販の屋外用汎用品をフンパツするのも解の一つかな？ と思います．

9-2 「高周波電力計」と「ダミー・ロード」

アンテナの調整やメインテナンスでは，「抵抗器」が至る所で顔を出してきます．

電力計，SWR計，リターン・ロス・ブリッジ，アッテネータなど，重要な機器の中には必ずといってよいほど抵抗器が使われており，しかも高周波の電流が流れるところに使われています．

この節の表題である「ダミー・ロード」と「高周波電力計」は「高周波用の抵抗器」を共通点とした重要な装置と部品ですが，話題に入る前に「高周波用の抵抗器」について，ひとことふたこと説明します．

まず，材料に関する知識ですが，**表9-1**に示すように，抵抗器は金属系と炭素系に大別され，それぞれの持ち味を活かして使い分けられています．

一般の高周波機器には，酸化金属皮膜抵抗と炭素皮膜抵抗が多用されていますが，ブリッジのように抵抗間の誤差を極力抑えたいときには，表9-1の注4にある「**抵抗アレー**」が重宝ですし，アッテネータのようにリアクタンスの影響が出にくいようにするには，「**チップ抵抗**」が推奨されます．

高周波電力計に搭載されるダミー・ロードは，表9-1の「**セラミック焼成固体抵抗**」です．

次は，使い方に関する注意点です．**図9-4**は，導線のインダクタンス，リアクタンスを示すものです．導線はコイルでなくてもインダクタンスを持っています．抵抗器には通常リード線がありますが，とりもなおさず，リード線付きの抵抗器の等価回路は$R+j\omega L$であるということです．高周波電力計の関連では，抵抗値が50Ωとか75Ωが主体になるわけですが，図9-4を見てもわかるように，リード線が2cmや3cmもあれば，また1cmでも，抵抗に対して無視できないリアクタンスという結論になります．このことは電力計の構造に少なからず影響があり，後ほどまた取り上げます．

抵抗器の予備知識はひとまずこの程度にしておき，電力計の話に入ります．

SWR計についてはもう説明済みですが，その進行波を測定できれば電力計になります．

この方式の電力計を「**通過型電力計**」と呼びますが，これに対し50Ωなり75Ωの抵抗，すなわちケーブ

表9-1 各種抵抗器の高周波適応性

抵抗材料	構造	名称	周波数
金属系	抵抗線	精密巻線抵抗	DC
		セメント抵抗	DC
		無誘導巻き抵抗	DC
	金属膜	酸化金属皮膜抵抗	DC〜数100MHz
		メタル・グレーズ抵抗	DC〜数100MHz
		チップ抵抗	DC〜数GHz
		サーメット抵抗	DC〜1GHz
炭素系	炭素膜	炭素皮膜抵抗	DC〜数100MHz
	炭素混合	セラミック焼成固体抵抗	DC〜数100MHz

注) 1) 高電力ダミー用抵抗は，炭化けい素を成分とする炭素混合系
2) サーメットはセラミックとメタルを合わせた造語（Cermet）
3) メタル・グレーズは厚膜サーメットとも呼ばれる
4) 抵抗アレーやチップ抵抗器のほとんどがメタル・グレーズと同様の製法で作られている

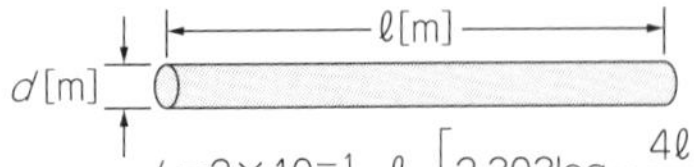

$$L = 2 \times 10^{-1} \cdot \ell \cdot \left[2.303 \log_{10} \frac{4\ell}{d} - 1 \right] \, [\mu H]$$

(a) 計算式

d [mm]	ℓ [cm]	L [μH]	145[MHz]	430[MHz]
1.0	1	0.0054	4.9	14.5
	2	0.014	12.3	36.6
	3	0.023	20.7	61.4
0.6	1	0.0064	5.8	17.3
	2	0.016	14.2	42.1
	3	0.026	23.5	69.7

リアクタンスの単位は[Ω]

(b) インダクタンスの計算

図9-4 直線導体のインダクタンスとリアクタンス

ルの特性インピーダンスに等しい疑似負荷（ダミー・ロード）に電力を消費させて，これを測定する方法があります．この方式を「**終端型電力計**」と呼びます．

通過型電力計の場合，通常はアンテナに向かう電力を監視することになりますが，送信機から精一杯取り出せる電力を調べるときには，アンテナの代わりに先述のダミー・ロードを接続します．したがって，どちらの方式の電力計でもダミー・ロードは必要になります．

ここでは主として終端型電力計について紹介します．

写真9-3に終端型高周波電力計のいくつかを紹介しました．写真の大きさは現物の大きさとほぼ相似関係にあります．

一般に測定可能電力の大きいものは，ダミー・ロードの大きさの関係から，全体が大きくならざるを得ません．また，上限周波数が1300 MHzまで伸びているものは，ダミー・ロードをチップ抵抗にして周波数特性を改善しており，扱える電力は小さくなるものの，**写真9-3**に示すようにひじょうにコンパクトにまとめられます．チップ抵抗は数個重ねて電力をカバーするようにし，エポキシ基板のグラウンド部分に放熱して小型化を実現しています．

筆者が自作した電力計も紹介しましたが，仕様はこれとほとんど同じです．

大きいほうの電力計の内部を紹介したものが**写真9-4**です．ダミー・ロードは無誘導セラミック抵抗と呼ばれる炭素混合系の抵抗です．表面はガラス・コーティングされています．

ダミー・ロードをはさみつけるような金属板は幅90 mmのステンレス鋼板で，周波数に対する補正の目的で設けられています．この板を「**周波数補正板**」と呼んでいます．

自作の場合にもこの板を取り付けたほうがよいというレポートがありますが，形状寸法は試行錯誤によります．都度リターン・ロス・ブリッジなどでテストしてよいところを探すことになります．

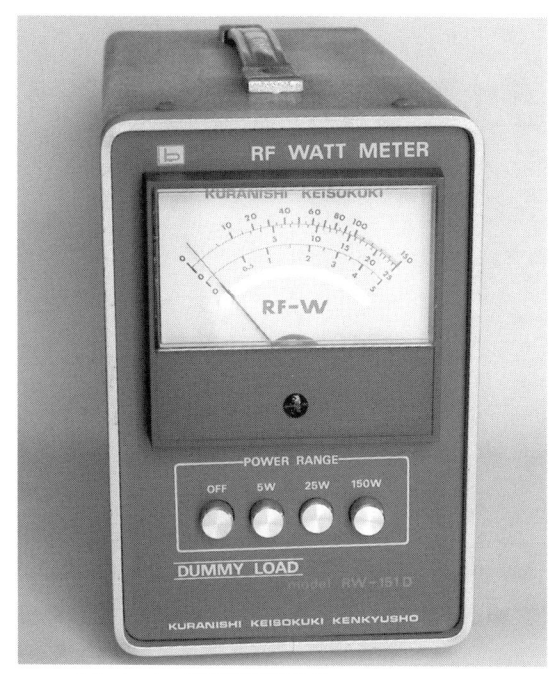

(a) メーカー製の高周波電力計
　　周波数：1.9〜500MHz，電力レンジ：5/25/150W

(b) メーカー製の小型電力計
　　周波数：1.8〜1300MHz
　　電力：6W（3分以内），3W（連続）

(c) 自作小型電力計
　　(b)をお手本にした
　　レンジ切り替えを付加

写真9-3　高周波電力計

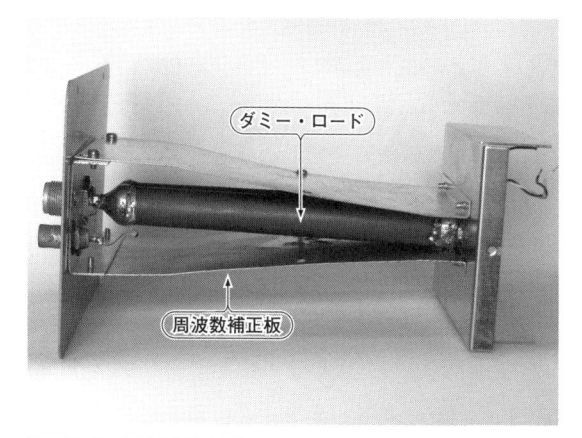

写真9-4　電力計の内部

　なお，写真9-4に見える入力近くのコンデンサは，M型コネクタから入力された電圧を二つのコンデンサ（1 pF+39 pF）で分割してBNCコネクタに導き，周波数などの測定もできるようにしたものです．断っておきますが，1 pF+39 pFとは直列ですから，合成容量は40 pFではなく0.98 pFになり線路のSWRを乱さないものです．
　写真9-4のものより一回り小型になりますが，ダミー・ロード用として市販されている抵抗器を写真9-5

9-2　「高周波電力計」と「ダミー・ロード」　**147**

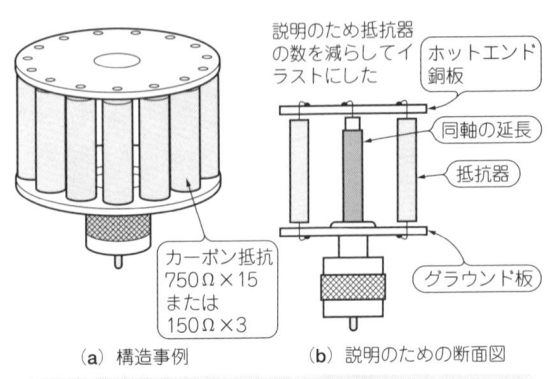

図9-5 ダミー・ロードの自作例

(a) 構造事例
カーボン抵抗 750Ω×15 または 150Ω×3

(b) 説明のための断面図
説明のため抵抗器の数を減らしてイラストにした
ホットエンド銅板
同軸の延長
抵抗器
グラウンド板

抵抗器は，リード線を最短になるよう密着してはんだ付けする．
ワッテージ（定格電力）は使用電力の3倍は欲しい．
あるいは短時間定格にして，連続使用を避けること．
全体を鉄板などの筐体（ケース）に収めて使用する．

写真9-5 高電力ダミー用抵抗器

写真9-6 コネクタ付きダミー・ロード

に示します．この抵抗器は全体で50Ωですが，10Ωのところにハンダ付け可能なベルト地帯があり，ここからショットキー・バリア・ダイオードで検波してメータ回路につながるように配慮されています．

写真9-6は，10W級ですが，放熱器の付いたダミー・ロードです．これはもっぱらSWR計につないで送信機からの電力をチェックしたり，送信機の整備のため直接アンテナに電波を乗せたくないときなどに使います．

このような専用の抵抗器を使わないでダミー・ロードを作るときの参考として，**図9-5**に自作例を示しました．本数で割ったとき，ちょうど50Ωとか75Ωになるような抵抗器を複数選んで，集団でダミー・ロードを構成します．許容電力も，複数使用することによって増やすことができます．**図(b)**に示すように，使用する抵抗器はほとんどリード線を残さないようにして，リアクタンス分の混入を防ぎます．

全体は，お茶やお菓子の缶に収めてシールドします．人によっては，車の油に浸して放熱させるような凝ったことを試みる向きもあるようです．

自作したダミー・ロードがどのくらいの周波数まで使用可能かは，素性のわかったSWRメータで測定し確認します．

9-3 同軸ケーブルの切り替え

電力を測定するにしても，SWRを測定するにしても，同軸ケーブルの存在を無視することはできません．というより，同軸ケーブルあっての測定ですから，ケーブルが傷んでいたり，接続方法が中途半端であったりすると，せっかく立派な測定器を使っていても正しい結果が得られません．いつもは空気のような存在で，ありがたみを感じませんが，どうしてどうして同軸ケーブルはアンテナ系の一部を構成する重要な要素です．

同軸ケーブルの使い方で知っておきたいことはたくさんありますが，まず，「同軸ケーブルの接続と切り替え」に的を絞って話を展開します．

アンテナとダミー・ロードとを切り替えるとか，複数の送信機を切り替えて一つのアンテナから放射させるといった場合，いちいちコネクタを付け替えて作業するのが煩わしいことがよくあります．そんなとき，接続を外すことなくスイッチでスマートに切り替えることが望まれます．しかし，同軸ケーブルの切替スイッチにはしつこいまでのSWRへの配慮がなされているので，そのへんを見ることにします．

写真9-7に，メーカー製の2回路同軸切替スイッチを示します．

このスイッチは，M型コネクタを使っていますが，ケーブル直付けのものもあります．

切り替えられる同軸の芯線相当の接触片は二つのコネクタの中心に固定され，中央の金属の「腕」によって可動部が左右に動かされて，どちらかが中心の接点につながるようになっています．つながっている状態の「芯線」は，ダイキャスト・フレームの溝の中央に位置するようになっており，これだけで同軸のよ

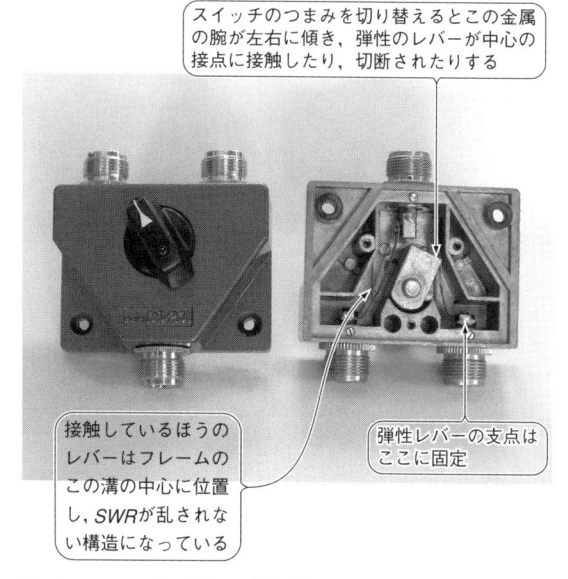

写真9-7 メーカー製の同軸切替スイッチの外観と内部構造

(a) 内部のようす

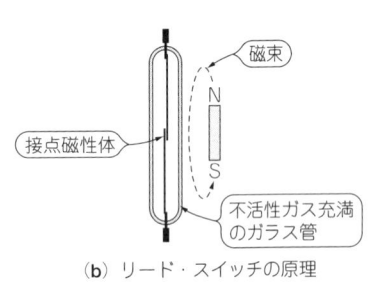

(b) リード・スイッチの原理

写真9-8 メーカー製の同軸リード・スイッチ

リード・スイッチは，不活性ガスを充満したガラス管の中に磁性体の接点を対向させ，これに磁石を近づけると，磁石からの磁束が磁性体でできたリードの中を通るため，通常は離れている接点が吸引力を生じて接触する（図(b)参照）．これを利用したのが同軸リード・スイッチで，写真に見るように，上下のコネクタからそれぞれ二本のリード・スイッチが左側の共通コネクタに接続されている．
写真には写っていないが，リード・スイッチに平行な棒磁石が操作によって，この写真の上下（二つのコネクタ間と並行）に移動するようになっていて，磁石がとどまっているところの二本のリード・スイッチがON，反対側の二本のスイッチがOFFの状態になる．
このスイッチは，接点の動作，復旧が速く，信頼度も高い．
上下の各二本ずつで同軸の芯線の役割を果たしているが，真ん中に「金属板の隔壁」があって，アイソレーションを向上させるとともに，SWRの乱れを抑えるような伝送線路を形成している．ちなみに「リード」(=Reed)は「管楽器の舌」とか「川辺などに群生した"あし"」のこと．

うな構造となっています．すなわちSWRの乱れをこの構造で補っています．
このスイッチの特徴は，切断されているほうの芯線が切替用の金属「腕」によってフレームに短絡されていることです．これは二つの回路の「アイソレーション」（チャネル間の信号のもれの少なさ）の向上に寄与しています．長所の反面注意してほしいのは，二つの回路がそれぞれ別の送信機につながっていて，アンテナを共用化しようとする場合，切断側の送信機を送信状態にすると出力側が短絡されているので，スイッチの焼損か送信機の故障につながることです．

写真9-8に，メーカー製の別の2回路同軸切替スイッチ（内部）を示します．
この切替スイッチは，同軸リード・スイッチと呼ばれるもので，内部だけを撮影してあるのでこれを切り替える「腕」が見あたりませんが，蓋とケースとの間に棒磁石がスライドするようになっていて「腕」の役割を果たしています．わかりにくいので解説文のほうも参照してください．

このスイッチも，SWRの乱れを極力少なくするように配慮されていることを強調しておきます．同軸スイッチは，いわば同軸ケーブルの特性インピーダンスを保ちながら接続先を切り替えるスイッチということができます．

同軸の切り替えには，「**同軸リレー**」の出番もありますが，ここで説明したような同軸スイッチの駆動を電磁石で行っているだけなので事例紹介は省略します．

9-4 同軸ケーブルとコネクタ

　たびたび述べたように，同軸ケーブルはアンテナ系をささえるネットワークに欠かせないものです．

　まず最初に出合う課題に，50Ω，75Ω，その他といった特性インピーダンスの選択があり，それによってケーブルそのものが大きく分かれることになります．このことは，アンテナの方式によっても左右される問題で，給電インピーダンスやインピーダンス・マッチングに対する知識が求められます．アンテナ系を構想する段階で方針をまとめておく必要があります．

　しかし，概して75ΩはAV系，50Ωは無線系と決めつければ（決めつけるのはよくないのですが）アマチュアの世界ではどちらかといえば50Ω系が多数派と割り切ってもさほど問題にはならないと思われますので，以下の説明も50Ω系を念頭に展開します．

　次に出合う選択の壁は，自分の使用する**周波数の上限**と**電力**による選択です．**表5-1**に代表的な同軸ケーブルのリストを示しましたが，単なる名前のリストであって，周波数の上限や電力という見地から見ると，まったく情報不足です．

　一般的なケーブル選択の目安としては，500 MHz以下なら，5D-2Vクラスで200 W以下，8D-2Vクラスで500 W以下，10D-2Vクラスで1 kW以下，また500 MHz以上であれば，だまって10D-2Vクラス以上といった感じでしょう．

　詳しくはメーカーの出しているデータによって選択する必要があります．

　ケーブルが選択されれば，コネクタの選択に移ることができます．

　コネクタにもひじょうに多くの種類があり，通称M型，N型，BNC型程度は知っておきたいものです．しかし，例えば，N型とBNC型のコネクタでは，75Ω系か50Ω系かによってコンタクト・ピンの太さが異なるので，購入のときに確認を怠ると，細い75Ωのピンでは接触不良を起こすことがあり，太い50Ωのピンではメス側を壊すこともあるので要注意です．このことは，**図5-6**でも注意を喚起しました．

　また，M型の外観をしていながら，嵌合部分のねじがインチねじであるため，通常のM型としては使えないものもあるのでこれも要注意です．そのコネクタは正確には，M型，N型，BNC型と並んで，UHF型と呼ばれるコネクタです．M型コネクタを購入するときに注意してください（UHFという言葉にはこだわらないほうほうがよさそう）．

　さらに，例えば，BNC型でも，組み立てやすさを考慮して構造の異なるコネクタを市販していることもあり，ケーブルのつなぎ方のちがいに直面して面食らうこともあります．

　ところで先述の3種類のコネクタが一般的であるかのように言いましたが，実際にはNTT規格とか，高圧用とかで呼称は複数あります．オスをプラグ，メスをジャック，あるいはレセプタクル，延長用あるいは変換用のアダプタなど，名前を覚えるだけでベテランになれます（SMA型という小型のコネクタも一般的ですから，これも知っておく範囲には入れておきたいもの）．

　しかし，忘れないでください．あくまでコネクタは同軸ケーブルの特性インピーダンスを保ちながら（SWRを乱さないように）伝送路を延長したり接続するという使命を持ったものです．電灯線の延長コー

ドのコネクタやテーブル・タップのように，単にケーブルを導通させる道具として扱ってはいけません．同軸ケーブルをコネクタにつなぐときは，常に頭の中で「SWR」，「SWR」と繰り返し唱えておくようにしましょう．

これから代表的な3種類のコネクタと同軸ケーブルとの接続方法について解説します．

まず，M型コネクタですが，使用最高周波数が200 MHz程度，特性インピーダンスは75Ωとか50Ωに特定されない，比較的安価なコネクタです．これから眺めるコネクタの構造から容易にわかりますが，雨水などがしみ込むすき間もあり，耐候特性はよくないので，屋外で使用するときには，ブチル系の自己融着テープを巻いて保護する必要があります．

このように一長一短のあるコネクタですが，構造は至って簡単で**図9-6**にケーブルとの接続方法を示しました．図中に示したようにプラグのお尻の穴径がスタート・ラインになります．この穴にどんなケーブルが通るのかが決め手になるのですが，このプラグなら塩ビのケーブル外被が穴を通らなくても，外被をむいて編組部分をむき出しにすれば使える可能性もあるので，図中に(a)と(b)とに分けて説明しました．このプラグは横にある穴からハンダを溶かし込んで，のぞいている編組線にハンダ付けをすることでケーブルのグラウンド側を固定することになっており，ケーブルを熱で傷めることなく手際よくハンダ付けするために，あらかじめプラグの横穴の内側を丸ヤスリで擦って予備ハンダすることをお勧めします．

当然ですが編組線をハンダ付けした結果，芯線がプラグの先頭まで達しなかったということがないように**図9-6**を参照して外被剥きを行うことにしましょう．

はんだ付けは，プラグの熱容量に負けないような，少なくとも100 W以上のはんだごてで短時間に行い，

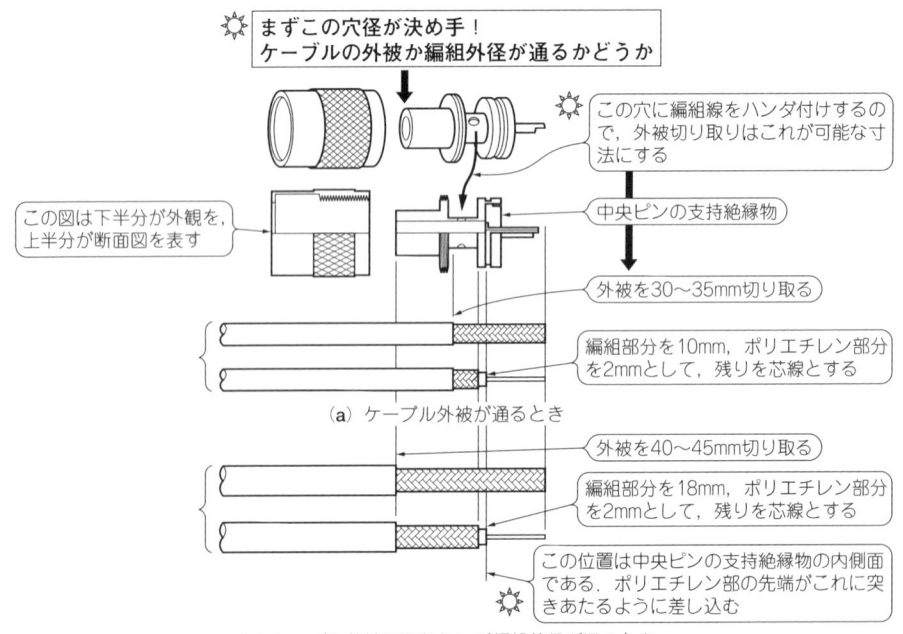

図9-6 ケーブルのM型コネクタへの接続

作業直後には「急冷剤」をスプレーしてケーブルの熱を速くさますような配慮も必要です．

市場には**図9-7**に示すようなアダプタ付属のプラグも販売されています．

考え方は**図9-6**と同じですが，アダプタがあるため使用できるケーブルの太さの選択肢が2倍に増えることになります．ただし，アダプタを使用したときは，編組線のプラグへのハンダ付けは，アダプタ側の穴で行うことになります．

図9-8にN型コネクタの構造とケーブルの接続方法を示します．N型コネクタは使用最高周波数10 GHzが期待できます．

この場合のスタート・ラインは，コネクタのお尻のナットにある穴径がケーブルの塩ビ外被の外径を通すかどうかです．

購入時にはケーブルを指定すれば適合するコネクタを選んでいただけるはずですが，自分で選ぶときにはケーブルの切れ端をもっていて「現物合わせ」で確認できるとまちがいがありません．穴が多少大きめのものしかないときには，ナットを締める段階で，ケーブルに薄くテープを巻いてカッチリとまとめればよいでしょう．

これには先述のように50 Ωと75 Ωでコンタクトの太さが異なるので注意が必要です．

図9-8では，編組線をバラしてクランプに覆い被せる工程を髪の毛の美容処理に例えましたが，ていね

☀ まずこの穴径が決め手！
ケーブルの外被か編組外径が通るかどうか

この穴に編組線をハンダ付けするので，外被の切り取りはこれが可能な寸法にする

中央ピンの支持絶縁物

この図は，下半分が外観の側面図，上半分が中心を切った断面図である

（a）アダプタなしで外被が通るとき

外被を30～35mm切り取る

（b）アダプタなしで外被が通らないが編組外径が通るとき

編組部分を8mm，ポリエチレン部分を2mmとして，残りを芯線とする

（c）アダプタ付きで外被が通るとき

外被を30～35mm切り取る

（d）アダプタ付きで外被が通らないが編組外径が通るとき

編組部分を8mm，ポリエチレン部分を2mmとして，残りを芯線とする

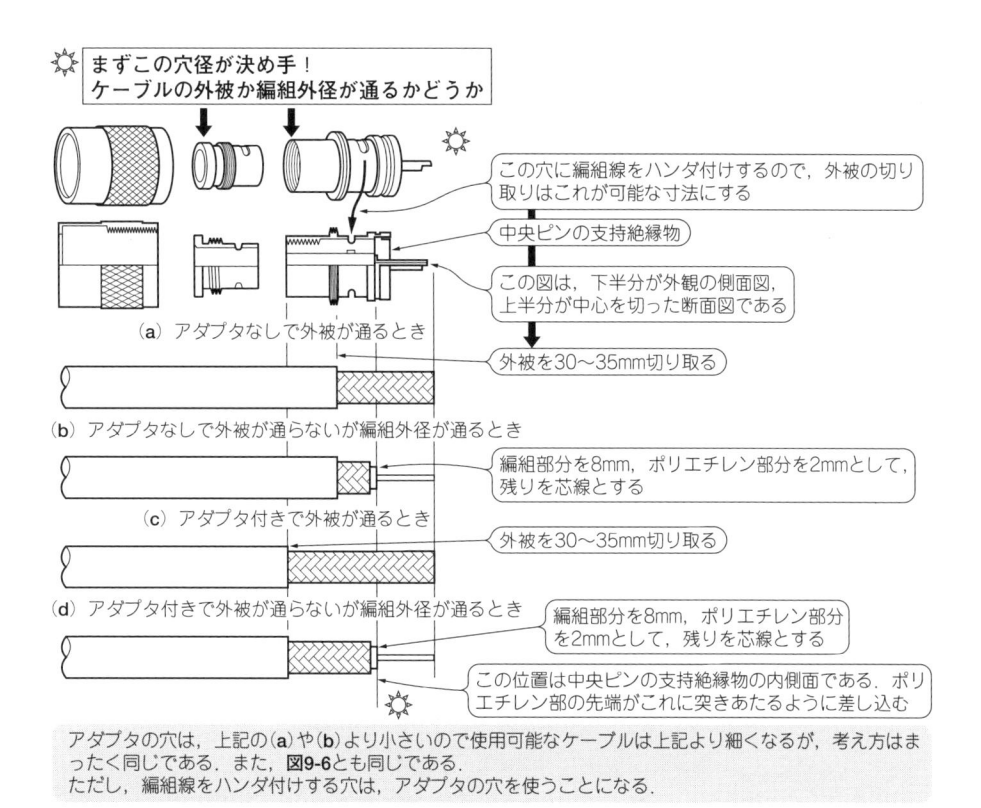

この位置は中央ピンの支持絶縁物の内側面である．ポリエチレン部の先端がこれに突きあたるように差し込む

アダプタの穴は，上記の(a)や(b)より小さいので使用可能なケーブルは上記より細くなるが，考え方はまったく同じである．また，**図9-6**とも同じである．
ただし，編組線をハンダ付けする穴は，アダプタの穴を使うことになる．

図9-7 ケーブルのM型コネクタへの接続(その2)

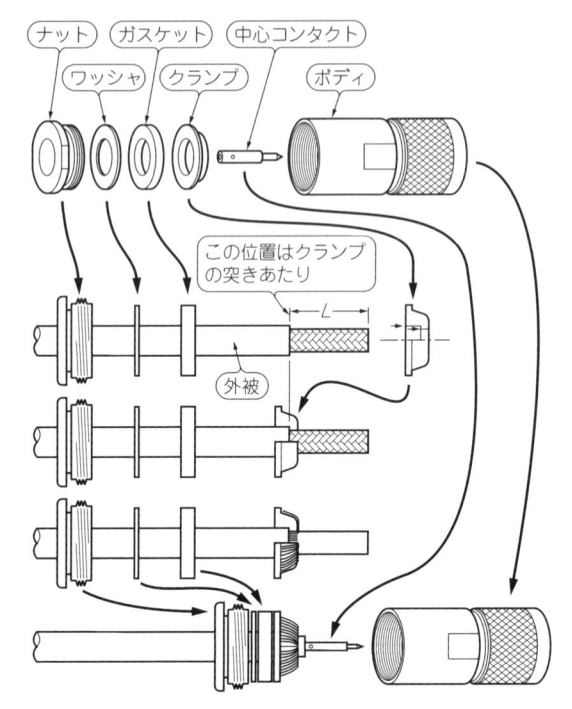

この構造は，塩ビ外被をクランプの凹部に突きあて，クランプの穴にちょうど通る編組線を通した後，編組の編目をほどいて「ストレート・パーマ」にして，図のように「オカッパ」にしてクランプになでつけるものである．編組線の1本1本が長すぎてクランプより溢れるようであれば，ハサミでクランプがちょうど覆われるところまで「整髪」する．
ポリエチレン部はボディの凹部にちょうど収まる長さまで切りつめる．
芯線は「中心コンタクト」の穴に通し，中心コンタクトがポリエチレン部分から浮かないようにハンダで固定する．
この場合のポイントは，まず同軸ケーブルがナット（一番左の部分）の穴にちょうど入るものを選択することから始まる．
ガスケットにはクッション性があるので，最後はナットを思い切り締めることで終わる．
締め上げるためにスパナが使えるような並行面が用意されている．

図9-8　ケーブルのN型コネクタへの接続

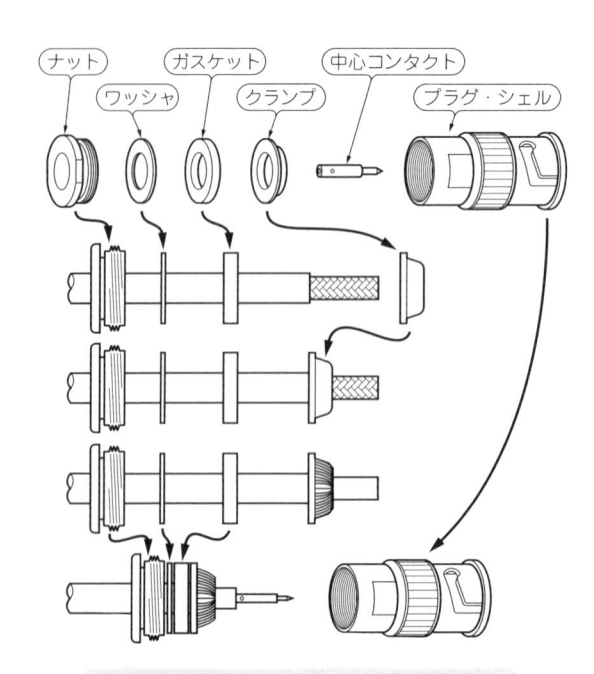

BNCの場合もN型の組み立てとほとんど同じである．図9-8の説明をそのまま適用すればよい．

図9-9　ケーブルのBNC型コネクタへの接続

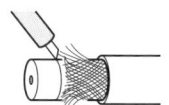

(a) カッター・ナイフで塩ビ外被を短めにむき，編組線を広がる方向にしごいてポリエチレン部がいっぱいに現れるようにしたうえでポリエチレンを極力奥から切り取る

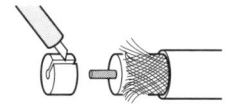

(b) このようになる．ポリエチレンは切れ目を入れて開くことが可能になるよう加工する

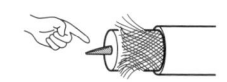

(c) 同軸の芯線を約半分の太さに削る．ヤスリで斜めに削ってもよいが，断面を半円形にしてもよい．つなぐ相手も同様にする

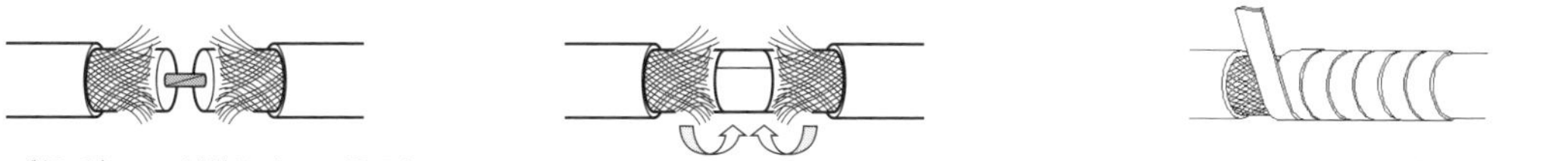

(d) つなぐ相手とハンダ付けする．器用さが必要．芯線が比較的太くて「マルタン棒」のままつき合わせてハンダ付けできたらそれでもOKだが，強度補強が必要．ハンダで太くなったらヤスリで丁寧に削る

(e) つなぎ目にポリエチレンをかぶせる．ポリエチレン系のテープを巻いてもよい
双方から編組線を寄せ，重ね合う．十分重ならないときは編組線を足すか，重ねておいて細い裸銅線をコイルのように固く巻き上げていき，編組線との間に（低温）ハンダを流し込む

(f) 編組導体の上からテープを固く巻く．強度が必要なときは針金をそえてその上からテープを巻く．必要ならブチル系の自己融着テープを巻く

図9-10　同軸ケーブルを継ぎ足す方法

いにやればけっこう楽しい作業です．ポリエチレンの先端部の長さは，ボディをのぞき込んで実際の凹部の深さをノギスなどで測り，すき間なくしっくり収まるようにするのがベストですが，通常は2 mm程度とします．

ケーブルのコネクタへの結合は，M型ではハンダ付けするのに対し，ナットの締め付けで行います．

図9-9にBNC型コネクタの構造とケーブルの接続方法を示します．BNC型コネクタは使用最高周波数4 GHzが期待できます．

この場合のスタート・ラインも，コネクタのお尻のナットにある穴径がケーブルの塩ビ外被の外径を通すかどうかです．作業のコツはN型の場合と同じです．この場合にも50 Ωと75 Ωのちがいの問題があるので注意してください（参考文献：電波新聞社『詳解電子パーツもの知り百科』牧野憲公氏著）

最後にコネクタとの接続ではありませんが，やむを得ずケーブルどうしを直接つないで長くしたいときの方法を**図9-10**に示します．この方法は，屋外で使う場合や，張力のかかる使い方をするのには多少抵抗がありますが，ハンパなケーブルを再活用するときとか，とりあえずお店に行く時間がなくて実験だけは進めたいというときなどに試みてください．

考え方の基本は，*SWR*を乱さないようにという配慮に尽きます．

9-5　計測用拡張ユニット

ブリッジや電界強度計に至るまで，一般の計測に便利な電圧計拡張ユニットの回路を紹介します．拡張ユニットとはいいますが実体は直流増幅器で，出力端子にはテスタなどの電圧計をつなぎます．デジタル電圧計のキットも市販されているのでそれと組み合わせると単独で高性能な「デジタル・ミリボル計」ができあがります．

入力が平衡で出力が不平衡なので，ソータ・バランのような平衡・不平衡変換の機能があり，リターン

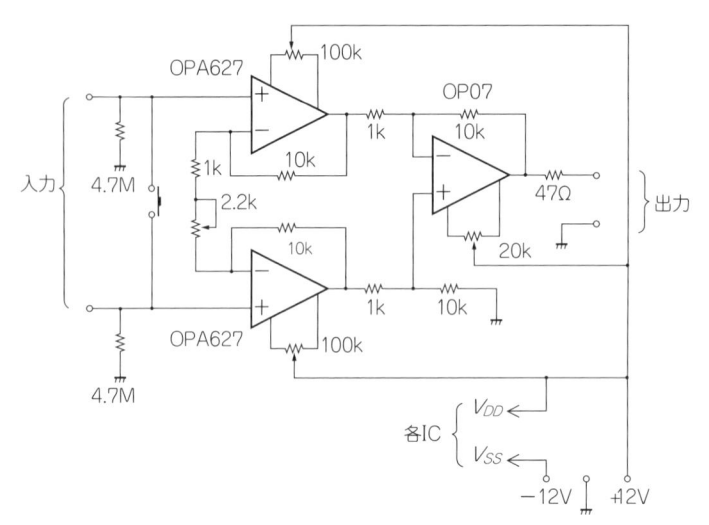

図9-11 計測用拡張ユニットの回路図

ロス・ブリッジを含む各種ブリッジの検出回路の電圧の増幅に適します．

　入力インピーダンスが非常に高いため，回路に影響を及ぼすことなく被測定回路に挿入でき，一般計測用にも適しています．

　紹介する回路は，利得を40 dBもかせいでいますが，ブリッジとしてはかせぎ過ぎで，後述するようにもっと低利得に設定したほうが安定な増幅ができます．

　ここでは，精一杯がんばればこのような高性能な増幅器ができる事例として見ていただけばよいのではないかと思います．逆に40 dBもかせぐのは，電界強度計やハムの工作時に活用する汎用電圧計として活用する場合に限定したほうがよろしいかもしれません．さらに付け加えれば，40 dBも増幅するときには，回路全体をガッチリ金属ケースでシールドしなければ周囲の雑音を拾うので，どちらかといえば難度が「★四つ」程度の工作になることを覚悟してください．

　この増幅器のおもな仕様を以下にまとめます．

① 電源は±12 Vですが，±電源に変換できるユニットも市販されているので，それを使用すれば12 Vの単一電源でOKです．
② 入力の平衡3 mVが，出力の不平衡300 mVに相当します．すなわち増幅度40 dBです．
③ 入力は高インピーダンスでMΩオーダー，出力は低インピーダンスで約50 Ωです．
④ 1 kΩと2.2 kΩ VRとの直列回路を変更することにより増幅度を可変にできます．
⑤ 各オペアンプのオフセット電圧はそれぞれのICにつながるVRにより調節します．

9-6　定在波の体感とダイバーシティ・アンテナ

　定在波がフィーダの上にのるのは，進行波と反射波とが出合って位相が合致したり逆方向であったりして電界の強さに山と谷ができることです．第5章の図5-10にも示しましたが，山と山，谷と谷との距離は

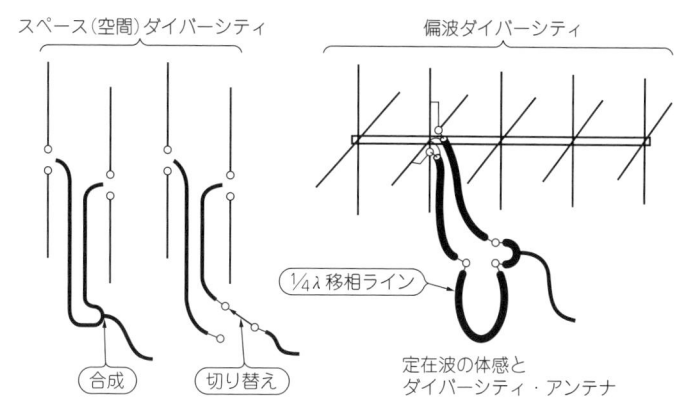

図9-12　ダイバーシティ・アンテナの構造

$1/2\lambda$で，最寄りの山谷間の距離は$1/4\lambda$です．定在波はなにもケーブル上だけにできるものではなく，丘のふもとや市街地にも定在波があふれていて，その存在は体感できます．

　比較的電波の弱いFM放送を聞きながら車で移動中，交差点で信号待ちをしているときなど，受信状態が悪くザーッという雑音だらけの事態がよくありますが，前の車との間に余裕があれば，車を1mほど前進させると良好な受信状態に変わることがあります．これは谷から山へ移動した結果にほかなりません．

　定在波の山谷の並び方は正確にはわかりませんが，例えば最悪の受信状態から良好な受信状態に変わるまでに1m動いたとすると$1/4\lambda = 1$ m，すなわち$f = 300/4 = 75$ MHzということになり，聴いている局の周波数が大体何MHzかがわかります（定在波を体感するお遊びのようなものですが）．

　同じようなことは中波のAM放送でも体感できます．比較的弱いAMの電波をポータブル・ラジオで聴きながら歩いていると，受信状態のよいところと悪いところがあります．この場合も上記と同様にして，歩いた距離から聴いている局の周波数が推測できます（ビル間やトンネルは最悪状態ですから，例外とします）．

　さて位置を変えて複数のアンテナを建て，各アンテナの出力を合成して受信機に供給すれば「良いとこ取り」の安定した受信ができるようになります．合成の代わりに自動的にアンテナを切り替えても最良の状態を継続確保できます．短波帯の交信でフェージングの影響があるときなど，この方法は有効な手段です．このような方式を「空間ダイバーシティ受信方式」と呼んでいます．

　遠距離の交信では，偏波の変動への対策も大切です．例えば八木アンテナを水平または垂直のどちらかで使用していても，電波の経路によって偏波が90°変化すると交信不能になってしまいます．このようなときは「クロス八木」と呼ばれる，八木アンテナを90°交差させたアンテナで，ターンスタイル方式の給電，すなわち$1/4\lambda$の差をもたせた給電を行わせることによって，偏波の乱れに強いアンテナができあがります．

　周波数ダイバーシティというのもあります．電波は周波数が異なると伝搬特性やフェージングの受け方も異なります．したがって複数の周波数を使って情報を送るとどれかの周波数が良い状態で受信される可能性があるので安全性が確保されるのです．短波帯では500Hz程度の周波数差でも効果があるといわれています．

第10章

電界強度と電波障害

　前章（第9章）では，チューナやケーブル周りの，主としてアンテナ建設までのアイテムを中心に取り上げましたが，本章ではいよいよ放射された電波を中心に取り上げます．

　電波については無線設備規則に「電波の質」という規則があり，「周波数の許容偏差」，「占有周波数帯幅の許容値」，「スプリアス発射の強度の許容値」が条文化されていますが，これらは送信機の性能によるものが主体で，送信機以外ではたかだかスプリアス発射強度のフィルタによる改善が残されている程度です．

　アマチュアにとっては，電波の「質」もさることながら，もっぱら電波の「量」が気になるところでしょう．すなわち自分の送信機からカタログどおりに電波が出ているか，希望した方向に集中的に出ているか，などが興味の中心だと思われます．本章ではそれらを検証する関連アイテムを取り上げ，さらに，電波がもたらすトラブルについても触れます．

10-1 アマチュアにとっての電界強度測定の意義

　電界強度の測定となると，性格上「受信してその大きさを調べる」ことが中心になるので，いやおうなしに回路の世界に踏み込むことになります．

　そもそも電界強度の測定とは，物理量としての電界強度［V/m］または［dB（μV/m）］の絶対値を知ることです．一般に測定装置としてプロ向けに市販されたりレンタルされているものは，測定用のアンテナと精度の高い検波増幅器から成り立っていて，「測定器」というよりは「測定システム」です．測定システムには，バイコニカル，ログペリオディック，ダイポールなどといった再現性のよい起電力を提供できるアンテナが，目的別に用意されています．また測定システムの中には，外来の電波を遮断する「電波暗室」も組み入れられます．電波暗室では，測定用アンテナから所定の距離はなれた木の台の上に，被測定物のアンテナや機器を載せ，「人払い」をして（室外に出て）窓から覗きながらリモート・コントロールによって測定用アンテナを上下させたり，非測定物を360°回転させたりして，立体的なデータをもれなく取得できるようになっています．

　さて，私たちアマチュアが電界強度計らしきものを必要とするのはどんなときでしょうか．自分の送信機から出た電波が，何km離れたところで何dB（μV/m）だったということを調べてもあまり意味がありません．しかし，アンテナの張り方を少し変えたら，電界強度が何dB増えたということがわかったら非常に有意義なことです．打ち上げ角が変わったために電界強度が変わったということがわかれば，アンテナの張り方を改善することができます．このことは通過電力を監視しているSWR計や通過型の電力計では発見できません．

　このように電界測定の前と後で，電界強度が相対的にどのように変化したかを知ってアンテナの姿勢に反映させることは，前述のように，何km離れたら何dB（μV/m）だったということを知るより役に立ちます．言い換えると，高価なプロ用の電界強度測定システムよりも，アマチュアでとりあえず役に立つのは，相対的な変化が読み取れる簡易電界強度計だということになります．

10-2 電界測定ツールのいろいろ

　ハム用を目的にした電界測定ツールのいくつかのバリエーションを紹介しましょう．

　図10-1に最も手軽な電界の測定回路を示します．図の表題には強度の部分を括弧で記しましたが，強度そのものの物理量を絶対測定できるというには若干気後れがするからです．

　しかし，一度プロ用の電界強度測定器で比較校正しておけば，外部に公表しても通用するデータが得られます．図10-1(a)はこの種の測定回路では定番とも言える基本的な回路です．

　ダイオードは，立ち上がりの良好なショットキー・バリア・ダイオードを使っていますが，懐かしいゲルマニウム定番ダイオード1N60もお勧めです．とりあえず，バリコンを配線して回路の右半分をまとめた後，コイルの作成に入るわけですが，以下に述べるように非常に気楽な工作です．

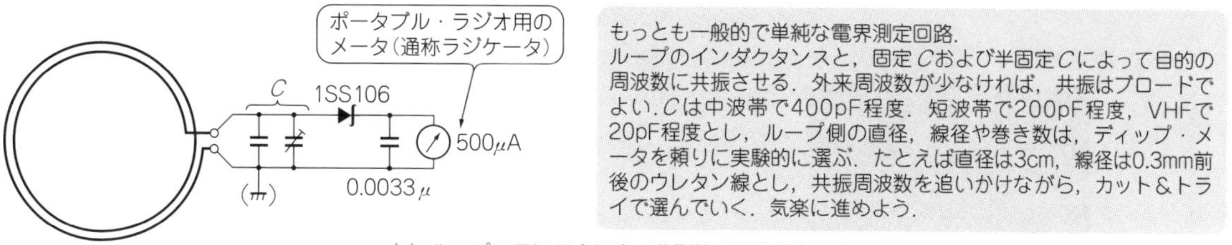

(a) ループ・アンテナによる典型的な電界測定回路

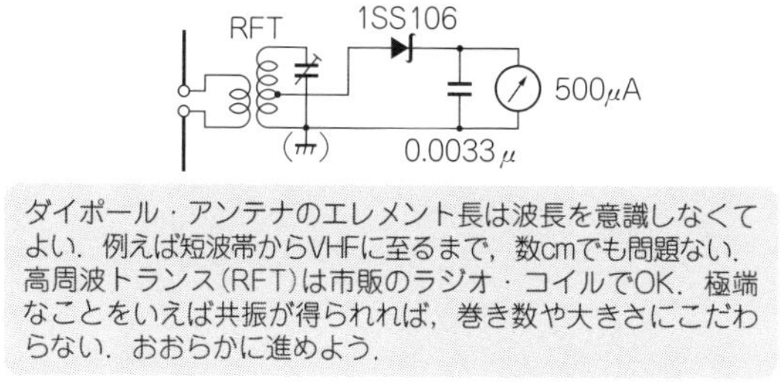

> もっとも一般的で単純な電界測定回路．ループのインダクタンスと，固定 C および半固定 C によって目的の周波数に共振させる．外来周波数が少なければ，共振はブロードでよい．C は中波帯で400pF程度，短波帯で200pF程度，VHFで20pF程度とし，ループ側の直径，線径や巻き数は，ディップ・メータを頼りに実験的に選ぶ．たとえば直径は3cm，線径は0.3mm前後のウレタン線とし，共振周波数を追いかけながら，カット＆トライで選んでいく．気楽に進めよう．

(b) ダイポール・アンテナによる電界測定回路

> ダイポール・アンテナのエレメント長は波長を意識しなくてよい．例えば短波帯からVHFに至るまで，数cmでも問題ない．高周波トランス(RFT)は市販のラジオ・コイルでOK．極端なことをいえば共振が得られれば，巻き数や大きさにこだわらない．おおらかに進めよう．

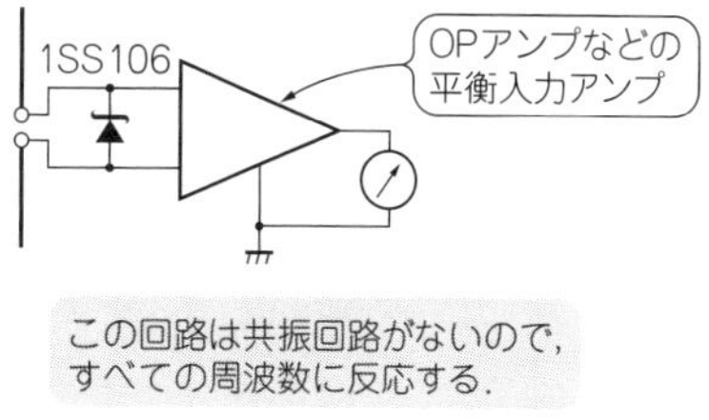

(c) もう一つのダイポール・アンテナによる電界測定回路

> この回路は共振回路がないので，すべての周波数に反応する．

図10-1　手軽な電界(強度)測定回路

写真10-1　通過型アッテネータ

　買ってきたウレタン線を，ビニル袋から出し，グルグル巻きにしてある線を，ほどかずにそのままコイルとして使ってみるのです．バリコンを最小容量にしても，希望周波数に届かなかったら，さらにバリコンを小容量のものに変えるか，コイルを半分程度に切り分けて調べてみます．この回路はいろいろ活躍の場があります．たとえば，卓上で電子回路の実験をしていたり，電子キットの組み立てをしていたりするとき，トリマなどの調節をして，出力を最大にしなければならないような場面があります．そのようなときに，この電界測定回路を検討中の基板のすぐ近くに置いておくと，空間を介して電圧が測定回路のメータに現れるので，調整の最良点の判定が可能となります．距離が近いので，周波数さえわかっていれば測定器のほうは共振の必要はありません．

　自分のアンテナから放射される電波を調べるときは，極力小パワーにし，必要ならばさらにケーブルの途中に通過型のアッテネータを挿入します．通過型のアッテネータは**写真10-1**のようなもので，直流から1.5GHz程度まで使用でき，N型，BNC型，SMA型がそろっています．最大通過電力は1W程度です．

　また，**写真10-2**のようなメーカー製のステップ・アッテネータもあります．ステップ・アッテネータは**第8章**でも紹介しましたが，写真のものは最大電力3Wとなっています．

10-2 電界測定ツールのいろいろ　**161**

写真10-2　メーカー製のステップ・アッテネータ

写真10-3　ステップ・アッテネータの内部

　このアッテネータの内部を**写真10-3**に紹介しました．スライド・スイッチとチップ抵抗を巧みに組み合わせ，切替式でありながら上限周波数500 MHzまで伸びています．
　図10-1にもどって説明を続けます．「手軽な」といえそうな電界の測定器には，**図10-1（b）**のようなダイポールによるものもあります．ダイポールとはいえ，エレメント長にはこだわりません．あまり短いと感度が悪く，あまり長いとじゃまです．
　アンテナをいじって相対的に電界が強くなったのか弱くなったのかを見るだけであれば，測定用アンテナの給電点に起電力が発生しさえすればよいのです．高周波トランスを使うのが面倒なので，感度さえ得られれば，**図10-1（a）**の右半分の回路の入力に，ループ・アンテナをつなぐのでなく，端子のホット側（グラウンド側でないほう）に短い針金（ピンと自立する銅線）をはんだ付けすればそれでもOKです．
　図10-1（c）は，測定用アンテナの給電点に発生するダイオードの検波電圧を，OPアンプのような不平衡入力の増幅器で増幅してやるものです．
　共振回路を使っていないので外来電波があればその影響を受けます．
　ともかく，相対的な電界の変化を見るのであれば，かなり気楽にまとめた測定器で十分です．
　図10-2に，「こんなこともできます」という2メータ（144 MHz帯）用の電界強度測定器の実例を紹介します．図にあるように薄い銅板を丸めただけのループです．
　このループは，メータの代わりにFETのゲート－ソース間で受けて増幅してやれば，受信機のアンテナとして立派に動作します．もちろんFMラジオのアンテナとしても使えます．ただし垂直偏波の電波に対しては，銅の円筒を水平にして受信する必要があり，その向きは送信側に向かって両手を広げたように置く必要があります．不法電波の出所を突き止めるための（フォックス・ハントもどきの）アンテナとしても機能します．もう一つ，銅板そのものを手で持ったり，地面に横たえたりするとアンテナとしての性能

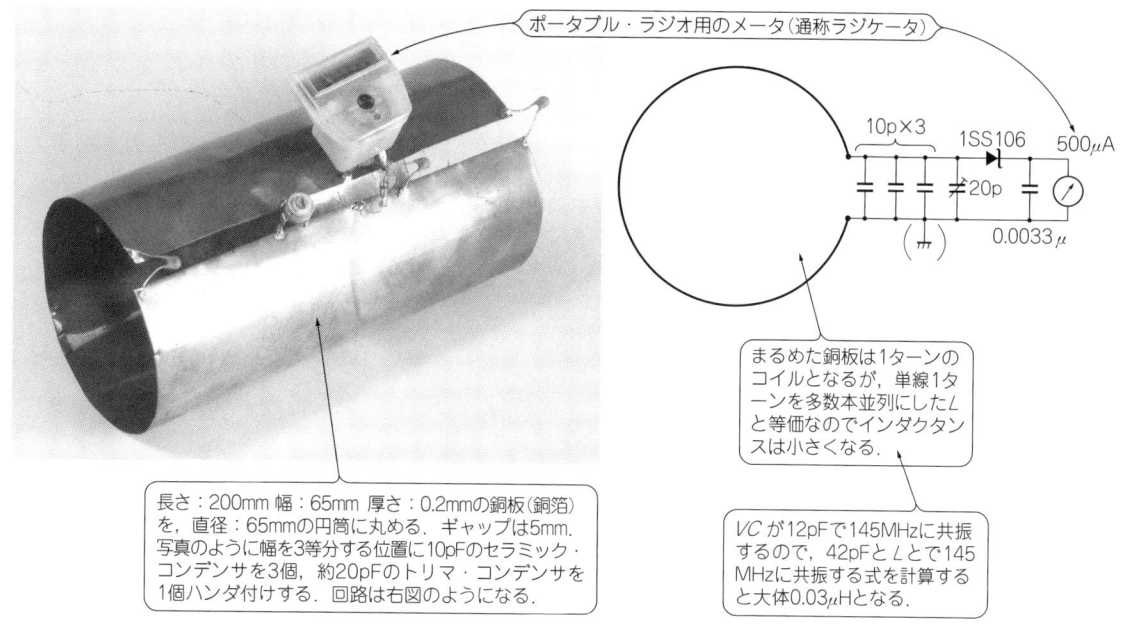

ポータブル・ラジオ用のメータ(通称ラジケータ)

まるめた銅板は1ターンのコイルとなるが,単線1ターンを多数本並列にしたLと等価なのでインダクタンスは小さくなる.

長さ:200mm 幅:65mm 厚さ:0.2mmの銅板(銅箔)を,直径:65mmの円筒に丸める.ギャップは5mm.写真のように幅を3等分する位置に10pFのセラミック・コンデンサを3個,約20pFのトリマ・コンデンサを1個ハンダ付けする.回路は右図のようになる.

VC が12pFで145MHzに共振するので,42pFとLとで145MHzに共振する式を計算すると大体0.03μHとなる.

図10-2 簡単な144MHz用電界強度測定器

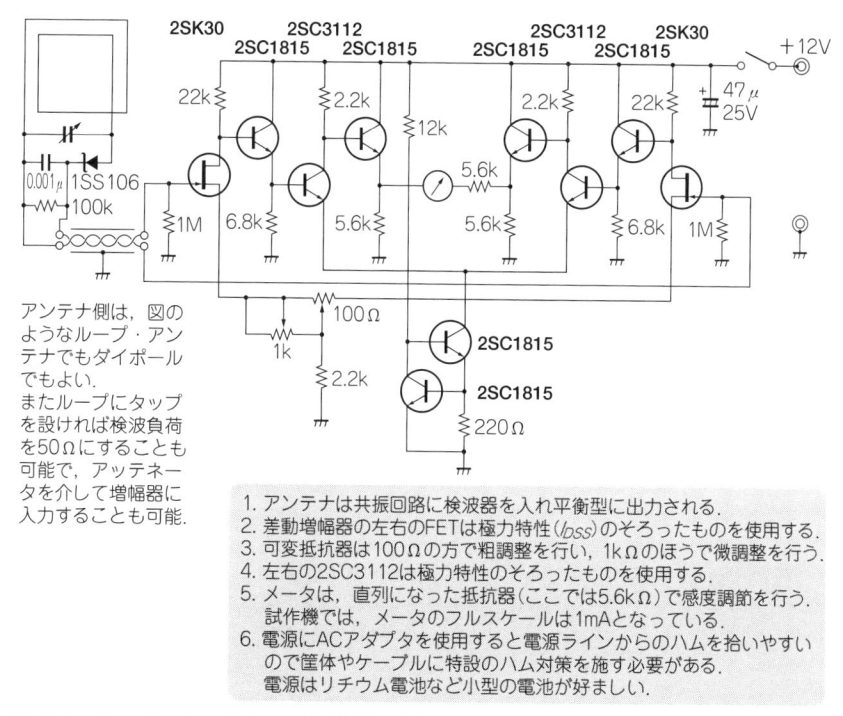

アンテナ側は,図のようなループ・アンテナでもダイポールでもよい.
またループにタップを設ければ検波負荷を50Ωにすることも可能で,アッテネータを介して増幅器に入力することも可能.

1. アンテナは共振回路に検波器を入れ平衡型に出力される.
2. 差動増幅器の左右のFETは極力特性(I_{DSS})のそろったものを使用する.
3. 可変抵抗器は100Ωの方で粗調整を行い,1kΩのほうで微調整を行う.
4. 左右の2SC3112は極力特性のそろったものを使用する.
5. メータは,直列になった抵抗器(ここでは5.6kΩ)で感度調節を行う.試作機では,メータのフルスケールは1mAとなっている.
6. 電源にACアダプタを使用すると電源ラインからのハムを拾いやすいので筐体やケーブルに特設のハム対策を施す必要がある.電源はリチウム電池など小型の電池が好ましい.

図10-3 ループ・アンテナによる電界強度測定器

10-2 電界測定ツールのいろいろ

が変わるので，紙製の菓子箱かなにかに収めて，格好よくして使うことをお勧めします．
　この方法は，寸法や容量を適当に変えれば，430 MHz帯や1200 MHz帯にも応用できます．チャレンジしてみてください．本当に「適当」でよく，共振しさえすればよいのです．
　少し本腰を入れた電界強度測定器を**図10-3**に紹介します．これはループ・アンテナの出力を平衡入力の増幅器で増幅するもので，アマチュアとしてはかなりまじめな自作機といえます．OPアンプや特殊なICを使えば何でもできる世の中ですが，あえて入手しやすい個別半導体を中心にまとめてあります．
　電界強度の測定方法はいろいろあります．整理してみると，測定のためのアンテナだけとっても，ループがありダイポールもあります．また共振回路を入れて特定周波数の電界を測るものと共振回路なしの全電界を測るものがあります．回路的にも高周波を増幅したあとで検波するものといきなり検波して直流を増幅するものがあります．さらに，出力方法として，電界(V/m)に対応した電圧(V)あるいは電流(A)を出力する方法と，電界dB(V/m)に対応した電圧(V)あるいは電流(A)を出力するものもあります．後者をログ(log)アンプと呼びます．それぞれに一長一短がありますが，ここでキットとして商品化されている電界強度計を2件紹介します．
　図10-4はロームのIC，BA6154を使うもので，電界の強さの対数に応じて5点レベル・メータがLEDによって表示されます．つまり出力は入力(dB)の等間隔で点灯します．
　いきなり検波する方式なので，検波回路だけで周波数の上限が決まります．キットの説明書によると，300 MHz～3 GHzとあります．電界強度の測定というよりは，近くで携帯電話を操作したときのアラームとして使うのが主目的のようです．
　図10-5は，かなり本格的な電界強度測定器のキットです．AD8307は対数検波器と呼ばれるログ・アンプで，電界強度がdB目盛りで出力されます．
　ながながと電界強度の測定にページを割きましたが，最後にもう一つアイディアを提案しておきます．
　現在のAMラジオはほとんどIC化されていて，いじるところがなくなってしまいましたが，ひと昔前のトランジスタ式ポータブルAMラジオがあれば，これを利用してかなりすぐれものの電界強度測定器ができあがります．
　まず，フェライト・アンテナとバリコンの組み合わせをいじり，局部発振周波数もいじって目的の周波

1. BA6154はLEDによる5点レベル・メータのドライバである．
2. 電源電圧は3.5～16Vと広い．例えばCR2032×2の6Vとする．
3. 整流アンプが内蔵されているため交流，直流いずれの入力でも動作する．
4. アンプ利得は26dBと高いので低い入力レベルで動作する．
5. アンテナ・コイルの巻き数は周波数帯によって試行錯誤で選ぶ．
6. 特定周波数のみの場合には，コイルと並列にバリコンをつなぎ調節する．

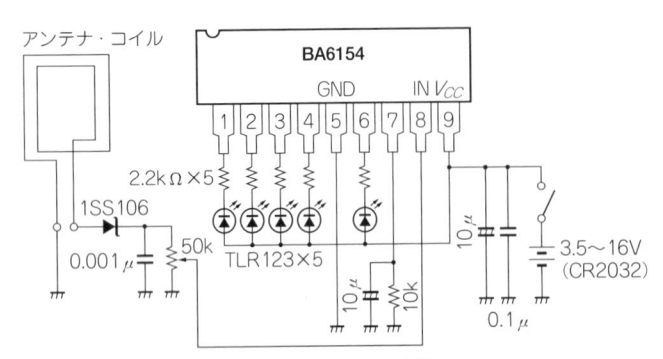

図10-4　5点レベル・メータによる電界強度計

数が受信できるように合わせます．アンテナ側はループにしてもよし，ダイポールにしてもよし，とにかく目的の周波数を捕捉できるようにします．つぎにAGCのかかっている第一段目の中間周波増幅段のコレクタ回路に，直流電流計を挿入します．すでに入っているものもありますが，メータの「読み」がイノチなので，形としては大きくなりますが，市販のパネル・メータがお勧めです．約1mAあれば十分でしょう．電流が大きいときは電界が弱く，小さいときは電界が強いので，あらかじめ校正しておけば電界強度がかなりきちんと測れます．

この測定器にとって電界が強すぎるときには，メータの振れの変化が少なくなり目盛りが読みにくくなるので，アンテナの並列共振回路に並列に数kΩの抵抗を入れるなどして感度を落としてやります．図は省略しましたがチャレンジしてみてください．

10-3 電波障害とイミュニティ

さてアンテナが建ち，調整も終わり，電界強度も満足に得られたら，「めでたしめでたし」かというと，まだやることがあります．ズバリ「**電波障害対策**」です．

まず，「**TVI**」とか「**BCI**」と呼ばれる妨害（InterferenceのI）がないかどうかのチェックです．

電波障害は，電波を出す側と障害を受ける側があって起こる現象です．

携帯電話と医療設備の関係がよく話題にされますが，携帯電話が電波を出す側，医療設備が障害を受ける側の代表サンプルのようなものです．「心臓のペース・メーカー」も障害を受ける側の代表サンプルの一つです．筆者はある病院の先生と一緒に，携帯電話などから出る電磁波のペース・メーカーへの影響を調べる実験をしたことがありますが，430 MHz帯の2 W級トランシーバで，2 m程度の距離から，ある方法でPTTスイッチを操作したら，患者さんにとって非常に怖いことが起こるという事実を体験しました．「ある方法」を詳しく述べると悪用される恐れがあるので書きませんが…．

ペース・メーカーも電子機器ですから，TVIやBCIと同じように「××I」といえますが，これら障害を

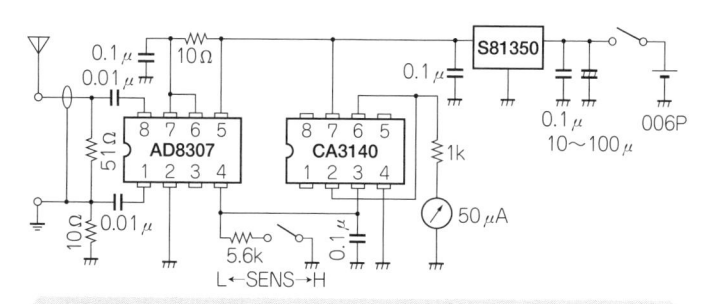

1. AD8307はログ・アンプで，入力(dB)と出力(μA)とがほぼ直線的である．対数検波器と呼ばれる．
2. OPアンプCA3140はバッファ・アンプとして使用されている．
3. 秋月電子通商からキットとして販売されている．

図10-5 ログ・アンプを用いた電界強度計

受ける側の機器には，障害の受けにくさを表す「イミュニティ」という指標があります．医学用語では「免疫性」と呼んでいます．つまり，いかに障害を受けにくいか，という「タフ」さ加減を表す言葉です．電子機器のあふれる今日，メーカーでは日夜このイミュニティの向上に努力しているところです．

しかし，電波を出す側がいくら出力を絞っても，被害者側の目と鼻の先に持っていけば障害が起こるのはあたりまえでどうしようもない話です．開き直りではありません．
(CQ出版社：『生態と電磁波』吉本猛夫著など)

10-4 電波障害発生のメカニズム（高調波の場合）

本題に戻って，SWRを限りなく1.0に近づけ，自信を持って理想の調整をしたと思う送信機でも，送信状態にすると電波障害が起こるメカニズムはいったいどうなっているのでしょうか．

ひところ前までの電波障害の被疑者は送信電波に含まれる高調波というのが常識で，送信機を設置したらSWR計とともに高調波除去用のローパス・フィルタも入れたものです．

昨今の送信機は高調波がよく抑えられていて，カタログでも「**スプリアス妨害比**」が70 dB前後と，頼もしいデータになっており，フィルタの出番もなさそうですが，だからといって，高調波の可能性がないわけではありません．

表10-1に第5次までの高調波が，テレビやFM放送へ障害を与える可能性をまとめました．地上波デジタルの時代にこのような周波数を持ち出すのは妙な感じがするでしょうが，TVIやBCI，FMIの原因説明として見てください．表は第5次までしかありませんが，意識してほしいのは，CWによる送信を行うときはキャリアが方形波として立ち上がるため，複雑な変調もかかり，もっと高次の高調波も発生しうるということです．

高調波が障害を与えている可能性を感じたら，意識的にゆっくりCW（電信）を送信してみて障害がこれと同期しているかどうかを観察すればある程度前進すると思われます．ローパス・フィルタを試す場面でもありますが，これから述べる対策も合わせて試してみる必要があります．

表10-1 ハム周波数の高調波とテレビ・FMの周波数とが一致する関連表

基本波(MHz)	第2高調波	第3高調波	第4高調波	第5高調波
21.00〜21.45			FM(84.0〜85.8)	TV3ch(105〜107.5)
24.89〜24.90			TV2ch(99.56〜99.6)	
28.00〜29.70		FM(84〜89.1)		
50〜54	TV2ch(102〜108)		TV10ch(204〜210)	
430〜440	Phone(860〜880)			

表の見方：〜
1. 「基本波」の欄の数字はアマチュア無線バンドの使用区別の周波数を表す．（MHz）
2. FM(**)およびTV*ch(**)の数字は，FMやTVのバンドと基本波のn次高調波が一致する部分を抜き出したものである．
3. Phoneとあるのはアナログ／デジタル携帯電話の基地局の周波数とダブる周波数．

10-5 電波障害発生のメカニズム（受け側の等価アンテナの存在）

さて，家庭の中にはいろいろな配線が行き交っています．建築時に配線された電源ラインはいうまでもなく，各種電気製品への「タコ足」に近い電源コード，電話回線，LANケーブル，等々数え切れません．一歩家の外に出てみても，その気になってみれば見渡す限り電線がくもの巣のように張り巡らされています．

筆者のシャックから屋外に引き出されるケーブル類だけでも11本もあります．

送信機につながる複数の同軸ケーブルのほかに，CATVの引込線，アンテナ・ローテーター用の連結ケーブル，受信専用に設けたアンテナの同軸ケーブル，セキュリティのために庭に設置したセンサ・ライトのためのケーブルなどです．こんな状態は特殊な例かもしれませんが，CATVの引込線と無線のケーブル類が束ねられて，「ひとつアナのムジナ」になっているなんて，考えてみればとんでもないことかもしれません．

およそ電気製品は，今述べたように何らかの電線がつながっており，しかもすべての電気製品といってよいほどマイコンによってインテリジェント化がなされています．

ひとたび電線に，送信電力の一部や洩れ電力，あるいは高調波が乗れば，電力の強さ次第ですが，頭脳系統に何らかの影響が出ること必至です．

図10-6はモジュラ・ジャックにつながるLANのケーブルや電話のケーブルの長さLが，送信電波の波長をうまく（？）捕捉するような関係にあるときに，コンピュータや電話に及ぶ障害を軽減しようとする事例を説明したものです．図の矢印の部分にコモン・モード・フィルタを挿入するもので，1個でも効く場合と複数個入れても効かない場合があります．

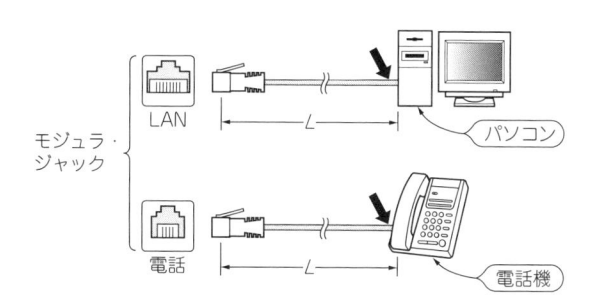

> LANケーブルや電話用のケーブルが，送信周波数の$1/2\lambda$の整数倍に近いとき，またはその高調波の波長と特定の関係にあるときは，送信電力の波長を捕捉しやすいアンテナの役割を果たし，障害を発生することがある．
> そのような場合には障害を受ける側の，ケーブルの付け根に障害対策用のフィルタを挿入することで軽減できることがある．別に述べるコモン・モード・フィルタである．（図中の矢印）

図10-6 LANや電話線に送信電力の一部がのる事例

後者の場合は，障害の主原因がそこではない可能性もありますが，原因が複合によることもあるので単独で断定してはいけません．

パソコンのLANケーブルに挿入する場合はパソコンからのノイズの放射も軽減してくれる効果が期待できます．

さて先述したように，家の外も見渡す限り電線があるわけで，自分の家の送信アンテナからかなり離れていても，ビームが向いている方向にあって，偏波面も一致し，長さも適当に相性(?)が合っている電線であれば，そこに障害源となる起電力が発生することは容易に想像できます．また，屋外でも定在波による電波の山谷があることを思えば，遠く離れていれば問題はないとするのは早計です．

図10-6から話を再スタートさせますが，写真10-4は，電話のモジュラ・ケーブルをフェライト・トロイダル・コアに巻いて作った「**コモン・モード・フィルタ**」です．

説明文中，FTはフェライト・トロイダル，次の数字は外形寸法のインチ表示(114は1.14インチ)，#の次の数字は材料区分を表し，透磁率を示します(アミドン社の製品カタログ)．

10-6　電波障害のメカニズム(コモン・モード)

コモン・モード・フィルタという言葉を使いましたが，この「コモン・モード」という言葉のイメージを理解するために，図10-7のように別の角度からの説明を試みました．

図10-7(a)は，たとえばセンサ・ユニットのような信号源機器からの出力をOPアンプの増幅器に渡す状態を図にしたものです．センサの出力はシールドされた平衡ツイスト線によって増幅器に送り込まれます．増幅器の中にはOPアンプの基板があり，この基板に直接入力されるようになっています．図から見る限りセンサからの出力はほぼ完璧に増幅器の基板に送り込まれますが，実際にこのような図に基づいて増幅器を組み立てたとしたら，本来のセンサ出力のほかにハムのような外来ノイズが重畳されて出力されるこ

写真10-4　電話用モジュラ・ケーブルのコモン・モード・フィルタ(モジュラ・ケーブルをFT-114#61または#43に7～8回巻く)

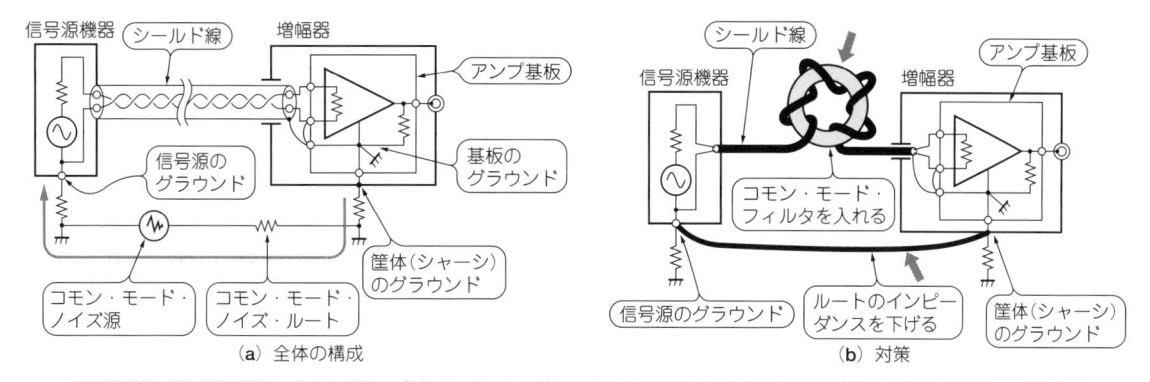

図10-7 コモン・モードを別の角度から理解する

例えばセンサ・ユニットのような信号源機器から，シールドされた平衡ツイスト線で信号を増幅器に導こうとしている．信号源機器も増幅器もそれぞれ接地されているか電源ラインや容量結合によって不十分ながら接地されている（直接接地されていても十分とはいえない）．
信号源機器と増幅器との間には，商用電源からの誘導，各種電気機器やスイッチング電源などからの誘導によるコモン・モード・ノイズ源があり，電磁結合や静電結合，電磁波放射などによってルート内で起電力となっている．
その結果，本来の信号ではないコモン・モード・ノイズがシールド線を経由して増幅器に入り，本来の信号に重畳されて増幅されることになる．本来の信号は，シールド線の中にある差動信号として増幅器に送られる．コモン・モード・ノイズ信号は，両入力端子に共通（common）な同相信号である．

とに気がつくでしょう．その理由は以下のように考えられます．

　信号源となる機器も，増幅器も，それぞれ直接間接に接地されていますが，多かれ少なかれ微妙な抵抗分をもっており，また他と結合しているとは思えない配線も，微妙な漏えい抵抗分や静電容量分があって，図に矢印で示したような「**コモン・モード・ノイズ・ルート**」ができています．ノイズは，このルートに加えられる結合や放射によって発生するのですが，信号源機器に入り込み，シールド線を介して増幅器に送り込まれます．

　このノイズの伝送路はシールド線であってその中の信号線ではありません．

　図にも書いたように，内部の2本の信号線は差動信号の伝送路，コモン・モード・ノイズの伝送路は2本の信号線に共通（common）な同相信号路ということになります．

　このことが，「**コモン・モード**」と呼ばれる所以（ゆえん）です．

　図10-7(b)に，これを断ち切るための対策例を示します．一つは，シールド線をトロイダル・コアに巻いてコモン・モード・フィルタを作り，ノイズに対してのみ伝送路を高インピーダンスにすることです．もう一つは，両機器のグラウンド間を，より低インピーダンスにしてルートを変えるとともにノイズの発生を低減するものです．

　図10-7は信号源機器と増幅器との関係について説明したものでしたが，電波を出す機器，たとえば送信機とリニア・アンプとの関係についても同じことがいえます．この場合は本来の信号とは無関係に，「コモン・モードの信号」がリニア・アンプで増幅されてお空に出て行くことになります．

　コモン・モードの信号には送信したい信号も含まれますが，これらとは異種の，複雑なノイズや周波数成分も含まれているので，等価アンテナを備えた被害機器にとっては十分電波障害の原因になり得ます．コモン・モードのルートがどこにあるのか，強さはどうなっているのかを調べる事例もレポートされてい

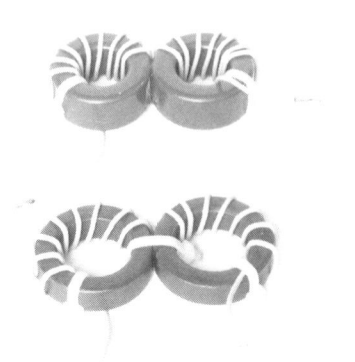

写真10-5　コモン・モード・フィルタ　　写真10-6　スナップ・オン・チョーク

るので，参考にされるとよいと思います(CQ出版社：『電波障害対策基礎講座』JJ1VKL原岡充氏)．

　図10-7ではシールド線をトロイダル・コアに巻いて対策しましたが，送信機の場合は**写真10-5**のように同軸ケーブルをトロイダル・コアに巻いてコモン・モード・フィルタを作ります．

　RG‐196/Uとか1.5Dサイズのテフロン系で作りましたが，これもいろいろな事例が報告されているので参考にしましょう．CQ ham radio誌などの広告のページにもいろいろなコモン・モード・フィルタがPRされています(CQ ham radio 2005年5月号「自作できる電波障害対策フィルタ」JA1QYU　牧野憲公氏)．

　トロイダル・コアは針に糸を通すようなもので，厄介な上に線径もあまり太くできませんが，**写真10-6**のように，あらかじめケーブルをユルユルのコイルに巻いておき，「コの字」型のコアを挿入してパチンと固定したあとで，ケーブルを引っ張ってたるみを取り除く便利なチョーク用のコアも販売されています．

　電波障害は単純ではなく，工夫しなければならないことが山ほどあります．特にアパートなどの2階以上に送信機があるような場合は，保安用のアースにはコモン・モード・フィルタを入れるとか，電源を車用のバッテリにしておいて，送信時は充電器などと切り離して使うとか，送信用のグラウンド線を必要としないようなアンテナを選択するとか，とにかく知恵を出し切りましょう．OMさんに相談することも大切です．

第11章

スミス・チャート

　スミス・チャートはアンテナの解析のみのツールではなく，増幅器やマイクロストリップラインの設計ではひじょうに有効なツールです．

　しかし，アマチュア無線のビギナーにとっては，なんとなく回りくどい，数学っぽい理屈と思われがちで，敬遠されがちのようです．

　本章では，「スミス・チャート」を積極的に理解していただくため，アンテナに必要な最小限の常識を整理して紹介することにしました．

　いよいよ本書の最終章ですから，どうしても書いておかなければ後味が悪くなりそうな「あれやこれや」をとりあげて締めくくることにします．

11-1 スミス・チャートとはどんなものか

　スミス・チャートはアンテナ系に限らず，回路や基板の設計にも重宝に活用される「計算尺」のようなものです．計算尺は電卓がまだ普及していなかったころ，ソロバンとはひと味違った手動アナログ計算機としておおいに活用されたものです．計算尺を速く操作して，計算問題を解くコンテストまでありました．懐かしがるOMもおられることでしょう．

　それはさておき，スミス・チャートは複雑な複素数計算をしないで直列・並列変換をするとか，視覚的にSWRを知るとか，ケーブルをつないだときインピーダンスがどう変化するかなど，計算に頼ることなく，いろいろな特性を知ることができるというスグレものです．

　スミス・チャートを初めて見た人には，そのページだけとばし読みしたくなるような，アレルギー反応があるものですが，今回このスミス・チャートの一端を体験することで，これから先スミス・チャートに出合っても，敬遠しなくてすむ程度に理解を深めようと思います．

　スミス・チャートは，1930年代の後半に，米国ベル電話研究所のフィリップ・スミス（Philip H. Smith）氏が開発したと紹介されています（CQ出版社：「アマチュアのV・UHF技術」）．

　非常にユニークな発明なので，もう少し詳しく知りたくてコンサイスの人名辞典を調べてみましたが，18人のスミスさんが名を連ねているのに，なぜかPhilipさんは見あたりませんでした．

　さて，インピーダンス $Z = R \pm jX$ を表現する図面の様式に，横軸に抵抗Rをとり，縦軸にリアクタンスjXをとる，いわゆる複素平面があることは電気屋さんの常識になっています．

　この平面の特徴は，抵抗に負の領域がないので図面の左半分（数学でいう第2象限と第3象限）を使わないのに，右半分（第1象限と第4象限）は無限の果てまで使う可能性があることです．

　スミス・チャートは，これらの中途半端な状態を改良し，かつ便利さを付け加えたものですが，その考え方を図11-1で紹介しました．

　左上の図は，いま述べたインピーダンス平面を示したもので，①に説明したとおりです．横軸はR，縦軸は上側に$+jX$，下側に$-jX$がプロットされ$Z = R \pm jX$を表します．

　図の目盛り線に太い線を使っていますが，この線がのちのちスミス・チャートの「カナメ」の線になるのです．②に説明したように，目盛を0.0，0.2，0.5，1.0，2.0，5.0，∞の7とおりに対応させて等間隔で目盛ることができれば，「無限の果て」問題はなくなり，限られた紙面にすべての座標が得られることになります．示した図の目盛線は左上の図の太線に相当します．

　実際にこのような配置にするために，表11-1に示すような演算を行います．図のZは縦軸にも横軸にも通用する物理量の大きさと考えてください．このZという量に，

$$1 + \frac{Z-1}{Z+1}$$

という演算を施したものが軸上距離という欄の数字になります．説明にもあるように，0.0から∞までの全スケールを0.0，0.2，0.5，1.0，2.0，5.0，∞で目盛られた6等分の領域に配置すれば0.0から∞までのす

[1] 左は縦，横座標による普通の図で，$Z = R + jX$ を表す（複素）平面である．横軸は抵抗Rなので，$R < 0$の領域は存在しない．縦軸はリアクタンスXを表し，上半分が$+jX$でインダクタンス領域，下半分が$-jX$でキャパシタンス領域である．横軸の右遠方と縦軸の上下の遠方は，すべて無限に伸びている．

[2] もしこの座標の配列を**表11-1**のような演算によって配列し直したとすると，下図のように無限に伸びている部分を極度に圧縮し，すべてのデータを記入できる平面図用紙ができる．

[3] スミス・チャートは，無限に大きい領域まで一枚の紙に書き込めるよう演算してできた[2]のような図を，さらに「円」に閉じこめたものである．例えば，平面の縦軸を表す$R = 0$の直線が，この図ではもっとも外側の「円」になる．
無限に大きな$+jX$とマイナス方向に無限に大きな$-jX$とが上図の「無限遠点」で出合うことになるが，「出合うけれども重なっているわけではない」．最外周の円は$R = 0$の「定抵抗円」と呼ばれ，内側にある他の円も「定抵抗円」と呼ばれる．

[4] [3]のような定抵抗円群の上に定リアクタンス円群を書き込んだもので，定リアクタンス円と定抵抗円との交点は，すべて直角である．定リアクタンス円は，円の全体像が見えないが，どれも「円」の一部である．
この図がスミス・チャートの骨組みのようなものとなる．

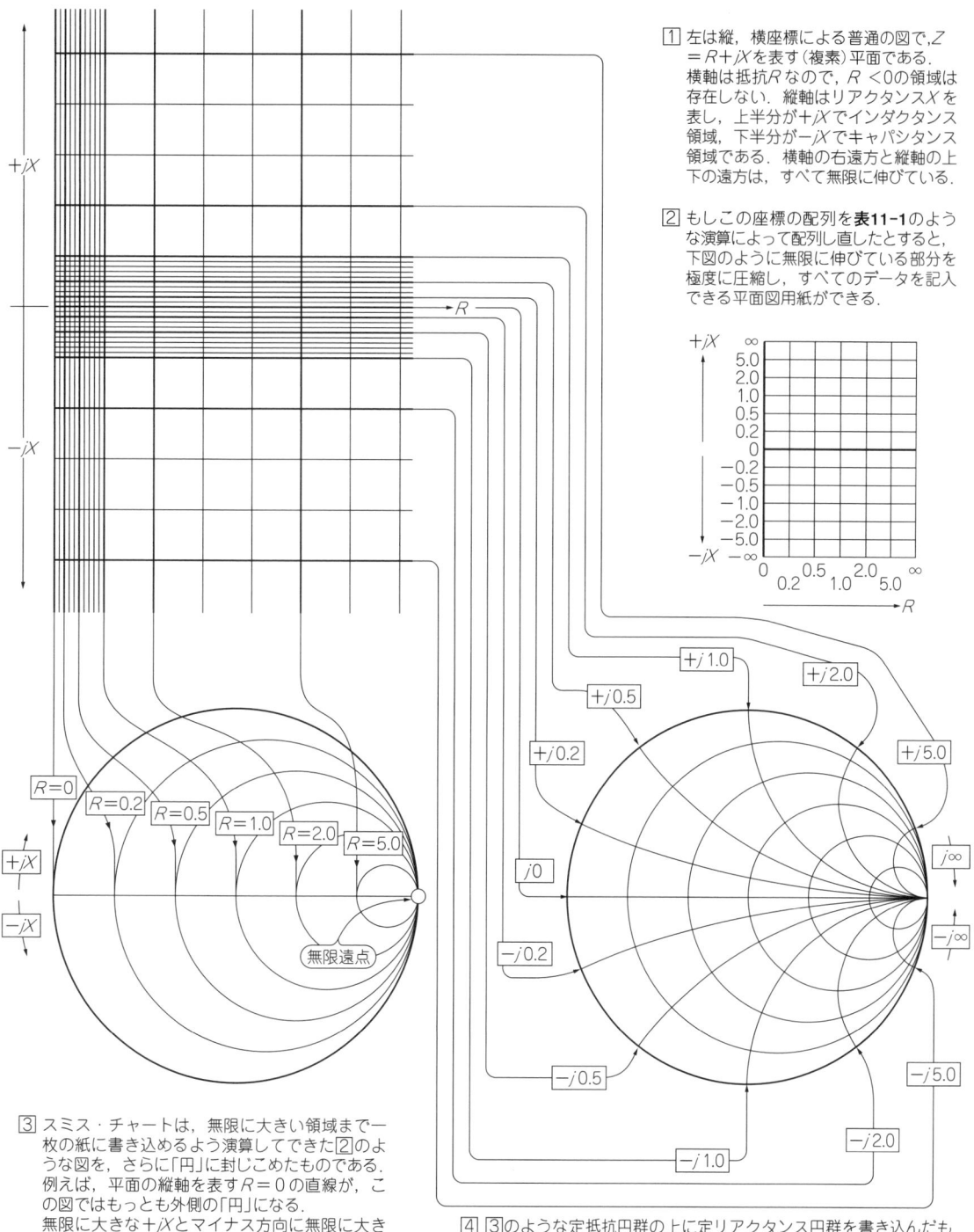

図11-1　スミス・チャートの考え方を追う

表11-1 スミス・チャートの圧縮のようす

Z	$(Z-1)/(Z+1)$	軸上距離
0.0	−1.00000	0.00000
0.1	−0.81818	0.18182
0.2	−0.66667	0.33333
0.3	−0.53846	0.46154
0.4	−0.42857	0.57143
0.5	−0.33333	0.66667
0.6	−0.25000	0.75000
0.8	−0.11111	0.88889
1.0	0.00000	1.00000
1.5	0.20000	1.20000
2.0	0.33333	1.33333
2.5	0.42857	1.42857
3.0	0.50000	1.50000
4.0	0.60000	1.60000
5.0	0.66667	1.66667
6.0	0.71429	1.71429
8.0	0.77778	1.77778
10.0	0.81818	1.81818
15.0	0.87500	1.87500
20.0	0.90476	1.90476
30.0	0.93548	1.93548
40.0	0.95122	1.95122
60.0	0.96721	1.96721
80.0	0.97531	1.97531
100.0	0.98020	1.98020
150.0	0.98675	1.98675
200.0	0.99005	1.99005
300.0	0.99336	1.99336
400.0	0.99501	1.99501
500.0	0.99601	1.99601
1000.0	0.99800	1.99800
2000.0	0.99900	1.99900
4000.0	0.99950	1.99950
6000.0	0.99967	1.99967
10000.0	0.99980	1.99980
100000.0	0.99998	1.99998
1000000.0	1.00000	2.00000
10000000.0	1.00000	2.00000
100000000.0	1.00000	2.00000
1000000000.0	1.00000	2.00000

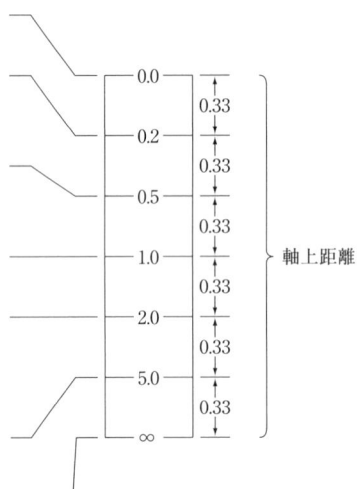

物理量Zが0から∞まで分布している．これを等間隔で配置すると無限の長さのモノサシを必要とする．有限長の目盛上に配置させるために，$1+[(Z-1)/(Z+1)]$という演算を行うと，$Z=0$のときは，$1+[(Z-1)/(Z+1)]=0.0$．$Z=∞$のときは，$1+[(Z-1)/(Z+1)]=2.0$となり，0から2までのスケールに収まる．5から∞までの圧縮は非常に大きい．スケールの中央には「1.0」が配置される．

べての量がプロットできることになります．

　5.0から∞までの圧縮率は，たいへん大きなものになりますが，できあがったスミス・チャートを使う限り，不自由を感じないのがすばらしいことです．

　図11-1に戻って左下の図と図中③を参照してください．この図はインピーダンス平面の縦軸を，いま

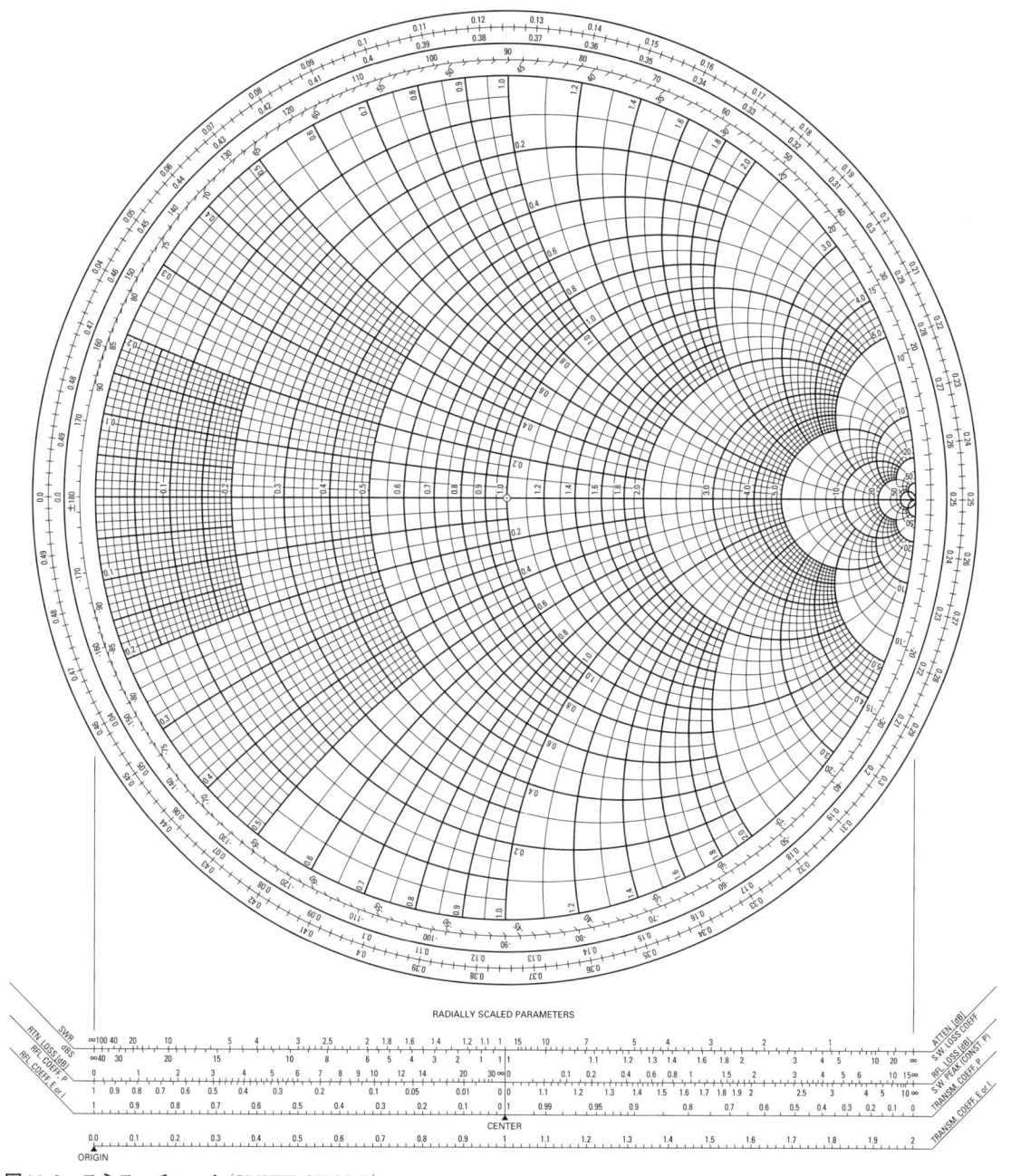

図11-2 スミス・チャート(SMITH CHART)

演算したような間隔と目盛りにあらためたうえで，±∞の部分をギューっとひとまとめにして「円」状にし，力任せで右端で出合わせたものです．各縦軸が一つずつの円に写像されますが，いずれの円も一定の抵抗分を表しているので「**定抵抗円**」と呼びます．

11-1 スミス・チャートとはどんなものか

一番右端は±∞の座標に相当する（面積のない）円すなわち「点」になっています．

右下の図（チャート）は**図11-1**中④にも説明したように，インピーダンス平面の横軸を書き込んだものです．横軸はリアクタンス分ですから，この図中の$+j0.5$と$-j2.0$という円弧はすべて円の一部で，「**定リアクタンス円**」と呼ばれます．

これらの定リアクタンス円は，定抵抗円と直角に交わります．もともとインピーダンス平面で直交していた関係ですから，容易に理解できると思います．

そしてこの右下の図（チャート）がスミス・チャートの原型ということになります．

図11-2が市販されているスミス・チャートです．

スミス・チャートの中点は「1.0」と目盛ってありますが，「50」と目盛ったものもあります．

両者の違いは読み進むうちにわかるでしょうが，ここでは「1.0」と目盛ったものを扱います．

スミス・チャートで取り扱う物理量は抵抗やリアクタンスですから，目盛りにふられている数字は「Ω」が読み取れるものでなければなりません．そこで，周囲に目盛られている波長などの数字を除き，すべて「**正規化**」（＝normalization）された数字を使います．

正規化というのは，ある基準になる量の大きさを「1.0」と表現し，それ以外のものを比率で表すものです．具体的にいえば，50Ω系のインピーダンスを扱うときは，中点の「1.0」は50Ωを表し，0.2は（50を乗じて）10Ωを，また5.0は（50を乗じて）250Ωを表します．

75Ω系のインピーダンスを扱うときは中点の「1.0」は75Ωを表し，各目盛の数字に75を乗じてΩの次元にします．

あとで出てくる「**アドミタンス・チャート**」はインピーダンスの逆数なので中点の「1.0」は50Ω系であれば$1/50$ [S]（＝0.02ジーメンス）を表し，これを基準にします．したがって正規化は，S（＝ジーメンス）という物理単位のあるコンダクタンスGやサセプタンスBを0.02で割って行い，正規化されたアドミタンス・チャートから物理単位のあるアドミタンスに戻すには，実部，虚部ともに0.02を乗じて [S] の次元に戻します．

インピーダンス・チャートとアドミタンス・チャートが一体になった「**イミタンス・チャート**」もありますが，どちらの機能を使って作業をしているかによって，正規化の基準が入れ替わります．

11-2 スミス・チャート上のプロット第一歩

スミス・チャートを使用した最も基礎的なプロットをおさらいします．

例題は**図11-3**(a)に示す$Z = 150\,\Omega + j100\,\Omega$ですが，インピーダンスを表す複素平面であれば**図11-3**(b)のようになります．スミス・チャートでプロットするには，まずこれを正規化するために50で割って，$Z_N = 3 + j2$と変換します．ZとZ_Nとのちがいは，ZがΩという物理的な単位をもっているのに対し，Z_Nは正規化（normalize）したという意味の「N」を添え字にしています．正規化した後のZ_Nは単なる複素数であって，Ωのような物理単位がありません．

前後の関係から，正規化されたことが明白で，あらためてZ_Nなどと区別するのが煩わしい場合には，

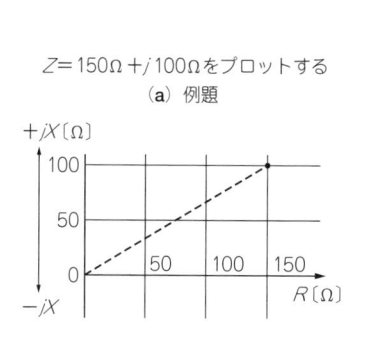

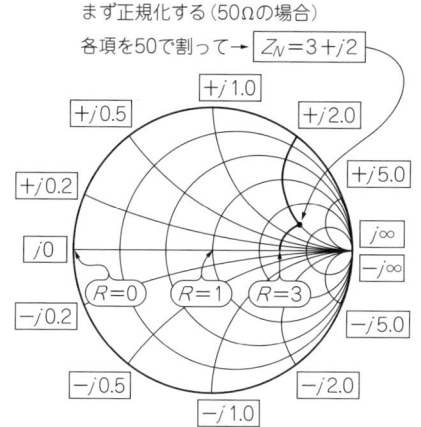

$Z=150Ω+j100Ω$をプロットする
(a) 例題

(b) 複素平面の場合

まず正規化する（50Ωの場合）
各項を50で割って→ $Z_N=3+j2$

横軸の$R=3$は正規化されているので，$R=150Ω$相当．周円上の$+j20$は，同様に$+j100Ω$相当である．横軸は水平な直線なのでそのままでよいが，周円を縦の直線状に変形したら，図(b)のような平面に変わり同じ図であることがわかる．周円の$R=0$の定抵抗円は，図(b)の$R=0$の縦軸である．

(c) スミス・チャートの場合

図11-3 スミス・チャート上にプロットする

$Z=3+j2$と表現する人も多いようです．

さて，これをスミス・チャート上にプロットするには図11-3(c)のように，$R=3$という「定抵抗円」と$X=+j2$という「定リアクタンス円」との交点にプロットすればいいわけです．

スミス・チャートは円の集まりでできていますが，ぽんやり眺めていると円が直線のように見えてきて，図11-3(b)に似ていることに気が付くことと思います．

この例題では，150Ωという抵抗と$+j100Ω$というL性のリアクタンスが直列になった場合の表記でしたが，$-j100Ω$というC性のリアクタンスが直列になった場合も同様で，$+j2$の代わりに$-j2$を使えばよいだけです．

並列を考えるときは，コンダクタンスGとサセプタンスjBの和（アドミタンスY）で考えたほうが適しており，次節で説明するアドミタンス・チャートによります．

11-3 アドミタンスをプロットする

図11-4にアドミタンスのプロット例を紹介します．図面用紙はスミス・チャート，すなわちインピーダンス・チャートを使います．パターンが同じですから問題ありません．

例題は50Ωという抵抗と$-j100Ω$というC性のリアクタンスとを並列接続した場合のチャートの使い方を知るものです．

手動で計算するときには両者の逆数，すなわちコンダクタンスGとサセプタンスBとを加えてアドミタンスYを算出しますが，ここでもそのように進めます．ただし今度の正規化は先述のように，図面用紙は同じですが，中点の「1.0」は「50Ω」の代わりに「1/(50Ω)」の「0.02 S」（Sはジーメンス）相当になります．

正規化後は単位がありませんから，GやBを単に「0.02」で割って作業を進めます．

まず図11-4(a)でコンダクタンスYを求めると，次式のようになります．

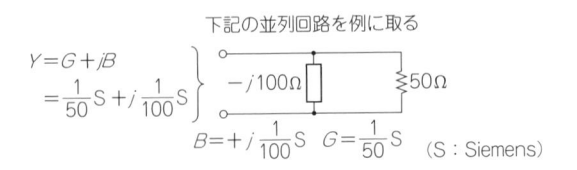

(a) $Y = G + jB$ をプロットする

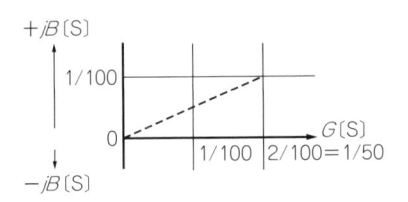

(b) 複素平面の場合

まず正規化する（50Ωの場合）50Ωを50で割って1として正規化する場合と異なり，アドミタンスの場合はインピーダンスの逆数なので，正規化はGやBを1/50=0.02で割ることになる．すなわち図(a)のYは正規化の結果，こうなる．

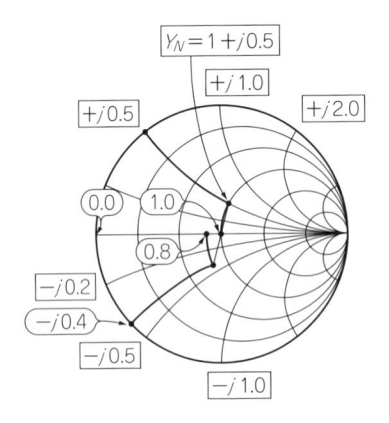

$Y = 1 + j0.5$ をプロットするのは特に難しいものではない．
定抵抗円は定コンダクタンス円に，定リアクタンス円は定サセプタンス円にそれぞれ読み替えられる．中心点を通る定コンダクタンス円と$+j0.5$の定サセプタンス円との交点が$Y = 1 + j0.5$を示す．
この図ではプロットするだけでなく，おまけが付いている．
$Y = 1 + j0.5$から中心点を通り，点対称になる点を作図して求めれば，その点が$Y = 1 + j0.5$の逆数であるインピーダンスZを表現していることになる．
その点をスミス・チャートとして$Z = R + jX$の形で求めれば，$Z = 0.8 - j0.4$となる．
50Ωで正規化してあったので，実際のRとXを求めれば$R = 40Ω - j20Ω$となり，図(a)の直列等価回路が得られる．

(c) アドミタンス・チャートとして使う

図11-4 アドミタンスをプロットする

$$Y = G + jB = \frac{1}{50}\,\text{S} + j\frac{1}{100}\,\text{S}$$

これを複素平面で表現すると**図11-4(b)**のようになります．

　図11-4(c)でアドミタンス・チャートとして表記するためまず正規化しますが，上記のアドミタンスの各項を0.02で割って，次式が得られます．

$Y_N = 1 + j0.5$

　図11-4(c)のチャート上で1.0を通る（定抵抗円に相当する）定コンダクタンス円と$+j0.5$を通る（定リアクタンス円に相当する）定サセプタンス円との交点をプロットすればそれが求める$Y_N = 1 + j0.5$になります．すなわち0.02 Sで正規化されたアドミタンスです．

　念のため，正規化から普通のアドミタンスに戻す演習をしてみると，各項に0.02 Sを乗じて，

$$Y = 0.02\,\text{S} + j0.01\,\text{S} = \frac{1}{50}\,\text{S} + j\frac{1}{100}\,\text{S}$$

となり，50Ωと$-j100\,Ω$とが並列につながっていることが確認できます．

　図にも書いたように，この図にはおまけが付いています．
　$Y_N = 1 + j0.5$の点から中心点をとおり，点対称になるような位置に点を求めると，その点は$1 + j0.5$の逆数であるインピーダンスZ_Nを表現しているのです．数値としては

$Z_N = 0.8 - j0.4$

となります．

今度は50Ωで正規化しているので，50Ωを乗じて正規化をもとに戻してやれば，

$Z = 40\,\Omega - j20\,\Omega$

となり，結局図11-4(a)で与えられた回路は，40Ωの抵抗と$-j20\,\Omega$のC性のリアクタンスとの直列回路と等価であるという結論になります．

この例では，アドミタンスのほうから入って対称点に飛び，そこからはインピーダンス解析をしています．もしインピーダンスから入ってアドミタンスに変換しようという場合も同様の手順で可能です．つまりインピーダンスとアドミタンスの立場，順序を入れ替えても同じであることを承知しておいてください．

11-4 イミタンス・チャートの利用

前節と同じ例題を，「**イミタンス・チャート**」を使えば点対称のような手段をとらずにもっと簡単に行えます．イミタンスというのは，インピーダンスとアドミタンスとの合成語で「アドピーダンス」でもよさそうなのですが，なぜかイミタンスです．

図11-5はイミタンス・チャートの骨組みとその使用例です．複雑なチャートなので，イミタンス・チャートのうちアドミタンス・チャートの部分を薄い線で示してあります．

前節でも付記しましたが，インピーダンスとアドミタンスは，立場，順序を変えても同じことなので，黒いのがインピーダンス・チャート，薄いのがアドミタンス・チャートとこだわらないことにしてください．その逆もあるからです．

使用例の例題は**図11-4**と同じものにしました．

すでに**図11-4**でスミス・チャートをアドミタンス・チャートとして使った経験があります．正規化には0.02を使います．

そして点対称の点を求めるという作業は，とりも直さずもう一枚の透明のスミス・チャートを用意して180°向きを変え，もとのチャートに重ねるという作業をしていることにほかならないのです．**図11-5 (a)**はそうやってできたチャートです．

したがって，180°向きの変わった薄いほうのチャートの座標を直接読めば，前節で得られたものと同じ$0.8 - j0.4$が得られ，正規化をもとに戻してやれば，$Z = 40\,\Omega - j20\,\Omega$という抵抗とC性リアクタンスとが直列になっている，前節と同じ回路が得られたことになります．

変換前の回路と，変換後の回路について考えてみましょう．

もし変換前の回路が測定されたアンテナの等価回路だとすると，$-j100\,\Omega$を打ち消してやればアンテナが純抵抗50Ωになって「**共役整合**」が可能になります．共役整合というのは，二つの回路網の入出力間のリアクタンス分を互いに異符号にして打ち消し合い，純抵抗のみの整合に絞り込むことをいいます．この回路の場合は，$+j100\,\Omega$を並列につなげばよいということになります．変換後の回路は，$-j20\,\Omega$が直列に入っていますから，$+j20\,\Omega$を直列につなげばよいということになります．どちらの回路で考えるのが都合がよいかは，ときと場合によって変わるので，このような変換の技術を知っておくと，アンテナ以外

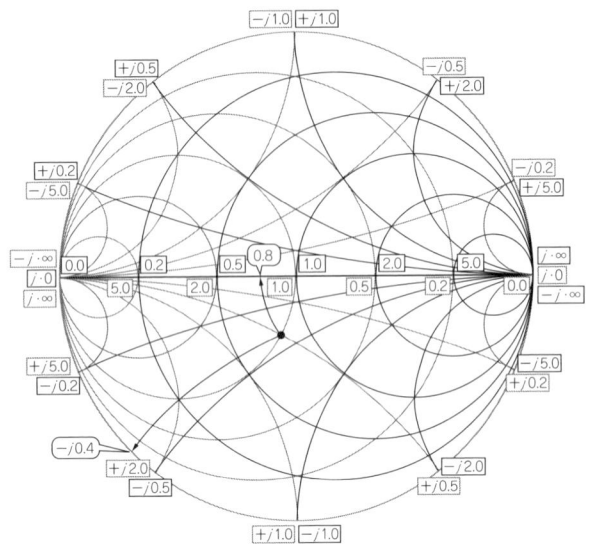

イミタンス・チャートはインピーダンス（スミス）・チャートとアドミタンス・チャートを180°回転させて重ね合わせたものである．図ではインピーダンス・チャートを黒い線と黒いマークで表し，アドミタンス・チャートを薄い線と薄マークで表現したが，パターンは同じなのでどちらがインピーダンスでどちらがコンダクタンスとこだわることはない．これを使えば**図11-4**の点対称位置への移動を省略できる．
インピーダンス・チャートの正規化（50で割る）とアドミタンス・チャートの正規化（0.02で割る）との違いを認識したうえで使うことになる．

（a）イミタンス・チャート

もとの回路をアドミタンスで表現すると

$$Y = G + jB$$
$$= \frac{1}{50}\text{S} + j\frac{1}{100}\text{S} \quad (\text{S : Siemens})$$

正規化すると

$$Y_N = 1 + j\,0.5$$

これをイミタンス・チャートのアドミタンス側にプロットすると，図（a）の黒点になる．これをイミタンス・チャート側で読むと，

$$Z_N = 0.8 - j\,0.4$$

となり，これは正規化されたものであるから，抵抗値に戻すと，このようになる．

（b）次の回路変換をチャートで簡単に行う

図11-5　イミタンス・チャートの利用例

の技術問題に出合ったときも，応用が効くので身につけておくことをお勧めします．

11-5　スミス・チャート上のSWRの円

　スミス・チャートは本来縦軸，横軸を備えたインピーダンス平面と，反射係数平面との間に写像を行ったものであると説明されています．
　反射係数Γは，**図5-9**でも紹介しました．図にも紹介したように，

$$\Gamma = \frac{Z-1}{Z+1}$$

で，Zの実部がゼロの場合には，

$$Z = jX$$

とおいて

$$\Gamma = \frac{jX-1}{jX+1}$$

となり，Xが$-\infty$から$+\infty$まで変化すると，$|\Gamma|=1$であり，位相が$0°$から$360°$まで変化するので，スミス・チャートの外周円に写像されたことになります．

$$SWR = \frac{1+\Gamma}{1-\Gamma}$$

なので，外周円は$SWR=\infty$です．

この円の中心は$Z=1$とおいて，$\Gamma=0$となるので$SWR=1$となります．

外周円の$SWR=\infty$と中点の$SWR=1$との間には無数の等SWR円が同心円として存在し，図上の点と特性インピーダンスとの間のSWRが求められます．

便利なことにSWRの値は，スミス・チャートの1.0から∞までの間に目盛られた正規化され定抵抗円の目盛と一致します．**図11-6**を味わってみてください．

事例にもあるように，$0.5+j1.0$の点のSWRを求めるには，中点(1.0)を中心にその点をコンパスで(この場合は)右回りに円を描き，1.0と∞との間に目盛ってある定抵抗円の数字を読めば4.1に行き当たるので，$SWR=4.1$ということになります．

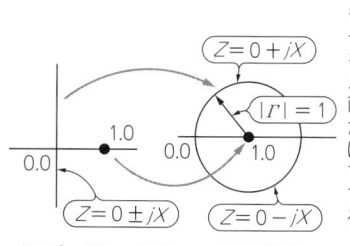

もともとスミス・チャートは横軸 R と縦軸 X を備えたインピーダンス平面と，反射係数平面との間に写像を行ったものである(反射係数は，**図5-9**でも紹介している)記号は Γ (ガンマ)で，次式で表される．

$$\Gamma = \frac{Z-1}{Z+1}$$

インピーダンス平面で縦軸$Z=0\pm jX$が反射係数平面にどのように写像されるかを復習すると，Zの実部がゼロになるので以下のように展開できる．

$$\Gamma = \frac{Z-1}{Z+1} = \frac{jX-1}{jX+1}$$

ここでXは$-\infty$から$+\infty$まで変化するので，$|\Gamma|=1$であり，位相が$0°$から$360°$まで変化するので，図中矢印が回転してできるような「円」となる．Γが1ということは$VSWR=(1+\Gamma)/(1-\Gamma)$なので，$VSWR=\infty$である．この「円」の中心点は$\Gamma=0$であるから，$VSWR$も1となり，1から始まり$\infty$に至るこの半径矢印の中に，$SWR$値が目盛られることになる．そのようすを示したのが右図である．

図11-6 スミス・チャート上のSWRを表す円

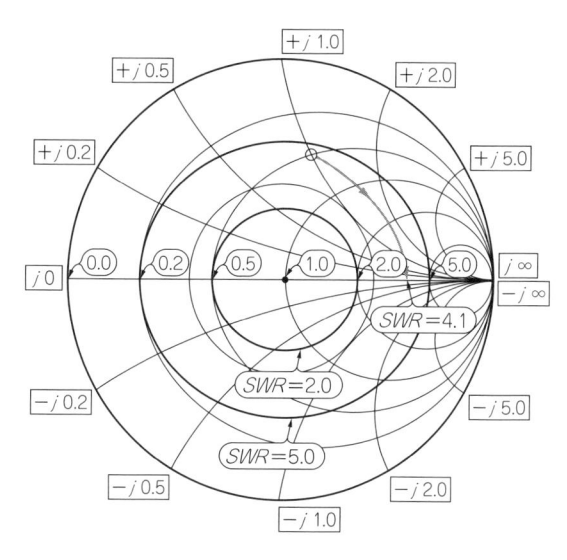

SWR値は，正規化された中点(図の黒丸)を中心にした円によって表現される．中点は半径ゼロの円で，$SWR=1.0$である．図示したように，太線の円はそれぞれ$SWR=2.0$と$SWR=5.0$を表す．チャート上でプロットした点のSWRを知りたければ，そのプロットした点の中心からの距離を，$j0$円(実際には直線)上の$1.0\sim\pm j\infty$上に求め，その長さが到達する定抵抗円(正規化したもの)の値を読めば，その値がそのままSWR値になっている．例えば$0.5+j1.0$の点からコンパスによって$1.0\sim\pm j\infty$軸のほうに円弧を描いてみると，4.1という目盛りに行き着く．

11-6 スミス・チャート上のケーブルの存在

スミス・チャートは至れり尽くせりにできていると感じさせられるのが，ケーブルが関係した場合です．

図11-7は，アンテナをケーブル経由で測定したら，リアクタンス分がゼロになったというものです．いかにも「めでたしめでたし」といえそうなものですが，どっこい図に示すように，アンテナの本当のインピーダンスは$65\Omega - j12.5\Omega$でした，というお話です．図の説明をたどれば容易に理解できると思いますが，測定された$0.7 + j0$に20mのケーブル分を補正するため，負荷方向に波長分だけ回転させて同じSWR上のRとjXとを読む作業を行っているのです．ほかの章でも何度かコメントしたように，ケーブルが$1/2\lambda$の整数倍であれば，ケーブル経由でアンテナを測定しても，アンテナのインピーダンスを実測できますが，任意長のケーブルに対しては本節で述べるような注意が必要です．

図11-8は図(a)の回路の入力インピーダンスを知る作業を示したものです．$25\Omega + j25\Omega$を正規化すれば，$0.5 + j0.5$で，その（波長の）位置からSWR円上を0.3λだけ電源方向（時計回り）に回転させて，その位置で同じSWR上のRとjXとを読む作業を行っているのです．

結果は$0.59 - j0.65$で正規化から戻すと，$29.5\Omega - j32.5\Omega$になります．

一部図11-7と重複しますが，アンテナのインピーダンスを知る手段として，上記のことを逆順に行えば可能であることがわかるでしょう．すなわち，アンテナに0.3λのケーブルをつないでインピーダンスを測定したら，$29.5\Omega - j32.5\Omega$であったとします．このポイントを通るSWRの円は描くことができるので，この円に沿って0.3λだけ負荷側に向かって（反時計回りに）戻ってやれば$0.5 + j0.5$の点に行きあたり

$f=7.05$MHzで20mの同軸ケーブルを介して，あるアンテナのインピーダンスを測定したら，$35\Omega + j0\Omega$であったとする．正規化すると，$0.7+j0$となる．SWR$=1.4$である．
SWR$=1.4$なのでこのまま実用化してよさそうな気がするが，ケーブルを介しているのでこの値が本当のインピーダンスではないことを知っておこう．
7.05MHzの波長は，短縮率を掛けると，$200/7.05=28.37$mで，20mのケーブル長は$20/28.37=0.705\lambda$に相当する．
スミス・チャートの最外周には$j0$を起点にして波長が目盛ってあり，$\lambda/2=0.5\lambda$で一周するようになっている．0.705λは$0.5\lambda + 0.205\lambda$なので，あらためて$j0$を起点にしてSWR$=1.4$の円上を，負荷方向（反時計回り）に$0.205\lambda$回ったところがアンテナの真のインピーダンスとなる．
この点を正規化された$R+jX$の形で読むと，$1.3-j0.25$となり正規化から戻せば$65\Omega - j12.5\Omega$となる．
（類似の例題はCQ出版社：HAM Journal No.99 1995「これならわかるインピーダンス・マッチング（整合）」JA5COYを参照した）

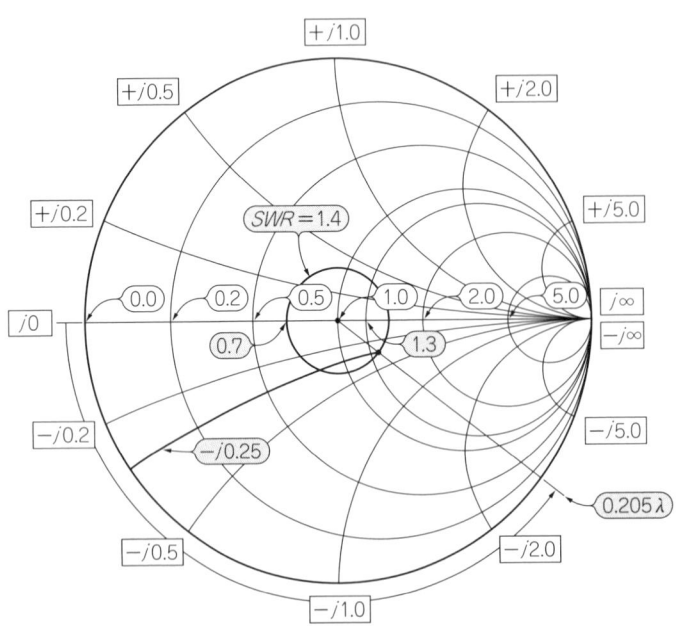

図11-7 ケーブルを介して測定したアンテナのインピーダンス（その1）

ます．これを正規化から戻してやれば25Ω＋j25Ωというアンテナのインピーダンスにたどり着きます．

実例によって説明してあるのでぜひ応用してみてください．

図11-9はケーブル長を1/4λにした場合の事例です．このようなケーブルを使えば，もとのインピーダンスは逆数に変換されてアンテナのマッチングの方法にも利用されます．

この方法は「Qマッチ」と呼ばれ，**図6-11**の項目3にも紹介しました．

スミス・チャートの使い道は非常に広く，今回紹介したものは少なからずアンテナに関連した手法についての「サワリ」だけを紹介したものですから，さらに深入れされてチャートのベテランになっていただきたいものです．基礎になるところは紹介したつもりです．

11-7 締めくくりのあれやこれや

これから出てくるキーワードは，執筆を始めるにあたって筆者が全体構成を試行錯誤するために書き出したキーワード・メモのうち，記事にできなかったものです．

備忘録よりはもう少し重みのあるものです．

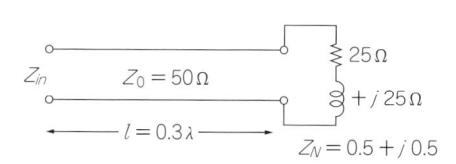

(a) この回路の入力インピーダンスを求める

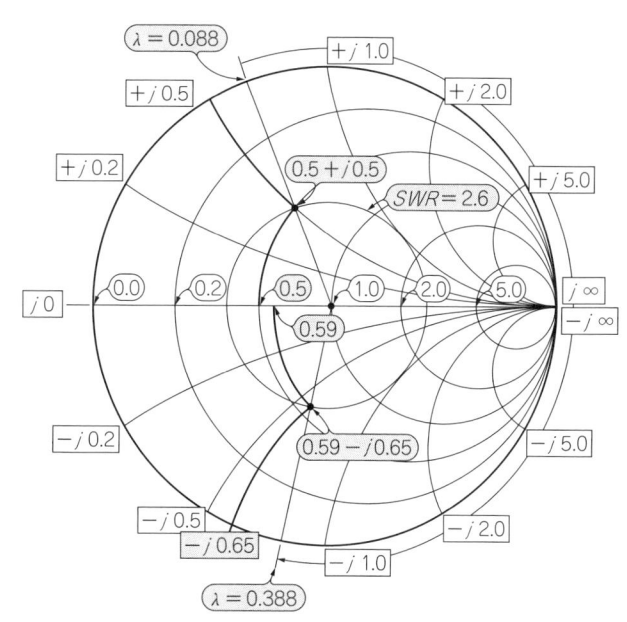

$25Ω+j25Ω$を正規化すると，$0.5+j0.5$となる．$SWR=2.6$となる．$0.5+j0.5$の点の波長目盛を読むと0.088になっている．ケーブルが電源側に向かってさらに0.3λ伸びるので，波長目盛の0.388のところを読むと，$SWR=2.6$上で$0.59-j0.65$というポイントに出会う．このポイントがもとめる入力インピーダンスの正規化されたものである．正規化をもとに戻すと，$29.5Ω-j32.5Ω$が得られる．（参考CQ出版社：「アンテナ・ハンドブック1988年版」JH1DGF 吉村裕光氏）

(b) スミス・チャート上から

図11-8 ケーブルを介して測定したアンテナのインピーダンス(その2)

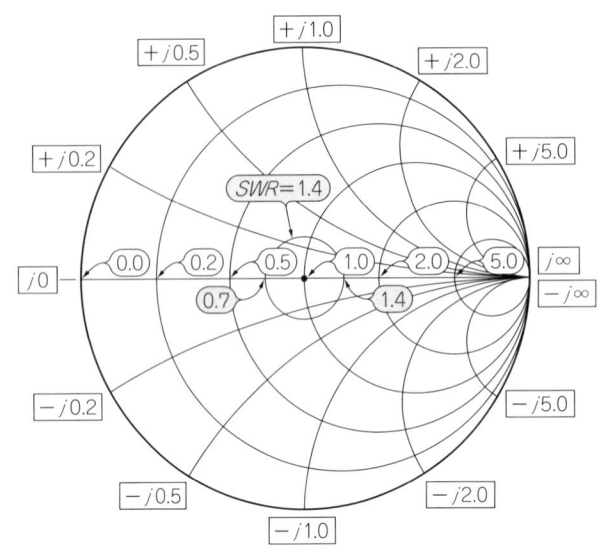

35Ω＋j0Ωのインピーダンスに1/4λのケーブルをつないだ場合のインピーダンスの変化を調べる．正規化すると0.7＋j0となる．
図11-7で見たように最外周に目盛ってある波長の1/4λはj0とは真反対のj∞の位置になっており，インピーダンスは，0.7の逆数である1.4＋j0となる．正規化から戻せば，70Ω＋j0Ωとなる．
図5-11の第3項に示したものと同様の結果となる．

図11-9 アンテナに1/4λケーブルを介して測定した場合

　残り少ない誌面を使って，取り残した話題に触れ，読者自身の課題にしていただこうと思います．筆者からは，テーマを投げかけることにとどめて執筆を締めくくろうと思います．

　取り上げなかった話題で，気にしている筆頭は「マイクロ波のアンテナ」系です．この範ちゅうで出てくるキーワードはたくさんあります．「導波管」，「電磁ホーン」，「パラボラ・アンテナ」，「スロット・アンテナ」，「電波レンズ」，「BS/CSアンテナ」，などなど集中定数のシステムよりは，どちらかというと分布定数あるいは立体回路の世界の話です．

　無線局の免許も，1200 MHz帯，2400 MHz帯，5600 MHz帯，10.1 GHz帯，10.4 GHz帯と，高いほうへ高いほうへと伸びており，バンドの使用区別を見ても「実験，研究用」の目的が目立ちます．向こう2～3年を展望すると，これらのキーワードは身につけておかなければならない技術になっているでしょう．

　コンピュータによるシミュレーションも気にしているアイテムです．ただしこの分野には，多くのOMさんが活躍しておられるので，筆者からは理屈にさかのぼる解説は期待しないほうがよさそうです．

　2005年のハムフェアでも，CQ ham radio誌が主催するセミナー（JA1WXB 松田幸雄氏）で取り上げられていましたし，インターネットからも例えば「MMANA」などと検索するといろいろな関連サイトにつながります．

　筆者がコンピュータによるシミュレーションを気にするのは，自分のアンテナをコンピュータという第三者の目で評価しておきたいこともさることながら，ソフトのアルゴリズムそのものに立ち入って，より現実的なソフトへのグレードアップを期待したい願望があるからです．

　「雷」への対策も提起したかった項目です．筆者自身の課題でもあるのです．

　ハム・ショップでは，同軸ケーブルに挿入する避雷型のコネクタも販売されていますが，基本的には同軸の芯線と外側導体間の高圧の放電に効果はあるものの，接地用の端子から先についてはおまかせのものが多いようです．つまり，コモン・モードの雷をどのように防いだらよいのか，しつこく探求したいものです．

庭のパンザマストに雷が落ちるときは，どんな順にダメージが起こるのでしょうか．

パンザマストは溶けて落ちるのでしょうか．避雷針の役割を果たすのでしょうか．そこに流れる電流の誘導によって家の中の電気製品がおかしくなるのでしょうか．それとも家に火がつくのでしょうか．

わが家のアンテナからは，4本の10D-2Vの同軸ケーブルが，直接2階のシャックに導入されていますが，いったん地中を通さなくてもよかったのだろうか，それともパンザマストだから問題なしとするのか，考えれば考えるほど多種多様の解が出てきます．

こんな状態ですから，解説できるまでに筆者自身の研究が必要なことはいうまでもありません．

まだまだ多くのキーワードが残っていますが，この辺で締めくくりましょう．73！

TVIやBCIより厄介な人間I

筆者が経験した「人間I」(?)の話しをしましょう．人間愛なら大変結構なのですが，やや陰湿なIです．筆者は現在の住宅街に他の人たちよりやや遅れて引っ越してきました．入居してまもなく自宅の庭にパンザマストを立てたら，まだアンテナも上げてないうちから，なんと「テレビが見えなくなった」とか「あのタワーに電波を吸い取られている」といった荒唐無稽なうわさが広まってしまいました．うわさの火元と思われる人は複数人いましたが，そのうちの一人に電話をしたら，訴えてやる，とまで突っ込まれました．このような状態になったら理論も科学も通用しないようです．ハム以外の人から見たら，ハムとは妨害電波を振りまく変わり者の集団なのかもしれないと思いました．

貴重な経験として，これからアンテナを上げようと思っている人たちにアドバイスします．それは，「周囲の人との関係がなじんでからハムとしての活動を始めること」です．このことは，アンテナをあげるときの(技術以前の)最重要課題だといえます．まだ電波の「デ」の字も出していない状態なので，テレビが見えなくなったという状態を見せてほしいとお願いしても，すべて断られる有様でした．

それでも内容をいろいろ聴き出して見ると，大きな「ゴースト」と，ちらちらする「メダカ・ノイズ」が急遽悪者にされたようでした(実は以前からあったのですが)．そもそもゴーストは，送信所と自宅を焦点とする楕円上に大きな電波の反射物が存在すると発生します．そこで，地図を見ながら車で走り回った結果，大きなゴルフ練習場が建設中であることを突き止めました．

また，メダカ・ノイズについては，家の周辺を歩き回って，近くの高圧電柱の碍子から「ジー」と音を立て，夜間には火花まで出して放電しているのを見つけました．NHKの技術にも相談に行き，事情を話して，メダカ・ノイズのほうは放水で碍子を洗っていただき，現象が出なくなりました．

NHKのほうから，問題がなくなったという趣旨の報告書が出たので自治会から回覧していただきましたが，それに「？」を書き込んで回覧するお方もいらっしゃいました．

しばらくストレスのたまる毎日でしたが，文句をいう人にもストレスはあるようで，時間とともにイビられることはなくなりました．積極的に立ち回っていた人たちの世代も交代したようです．

筆者が技術的なことで電波障害に出会ったのは「電話I」でした．ハムにとっては困りものの「I」ですが，人間Iに悩まされていた筆者にとっては，うれしい検討課題に思えたものです．hi

索引

―――― 数字・アルファベット ――――

$5/8 \lambda$ アンテナ …………………………… 65
8JKビーム・アンテナ ………………… 62, 70
8字特性 ……………………………………… 30
Brown Antenna …………………………… 64
Balance-Unbalance ……………………… 50
BCI ……………………………………… 165
BNC型コネクタ ……………… 151, 154, 161
CM結合 ……………………………… 128, 129
D層 ………………………………………… 21
E層 ………………………………………… 21
F_1層 ……………………………………… 21
F_2層 ……………………………………… 21
FB比(F/B) ……………………………… 67
HB9CV ………………………………… 62, 70, 71
h型アンテナ ……………………………… 64
Isotropic Antenna ………………………… 37
LCブリッジ・バラン …………………… 105
Main Lobe ………………………………… 67
Minor Lobe ………………………………… 67
Maxwellの電磁方程式 …………………… 16
M型コネクタ ………………… 149, 151, 152
N型コネクタ ………………… 151, 153, 154, 161
Qマッチ ……………………………… 98, 184
Radiator …………………………………… 47
RFブリッジ ……………………………… 118
SMA型 ……………………………… 151, 161
SWR …………… 33, 64, 130, 150, 151, 155
SWR計 …………………………………… 111
SWRメータ ………………… 116, 126, 128
SWR($Standing\ Wave\ Rafio$) …………… 95

TVI …………………………………… 37, 165
Tマッチ ………………………………… 125
Yマッチ ………………………………… 125
ZLスペシャル ………………… 62, 70, 71

―――― あ・ア行 ――――

アドコック・アンテナ ………………… 62, 81
アドミタンスチャート ………………… 176
アレイ ……………………………………… 69
アンテナ・インピーダンス・ブリッジ …… 118
アンテナ・インピーダンス・メータ …… 118
アンテナ・インピーダンスの測定 …… 118
アンテナ・カップラ …………………… 49, 142
アンテナ・チューナ …………………… 144
アンペールの法則 ……………………… 12
位相差給電 ……………………………… 62
位相差給電のアンテナ ………………… 69
イミタンス・チャート ………… 97, 176, 179
イミュニティ …………………………… 166
インピーダンス・チャート …………… 176
インピーダンス・ブリッジ …………… 116
インピーダンス・マッチング ………… 142
インピーダンス・メータ …… 122, 126, 128
打ち上げ角 ……………………………… 32
衛星通信 ………………………………… 24
エッチング ……………………………… 130
エフコテープ …………………………… 109
延長コイル …………………… 34, 35, 47
エンド・ファイア・アレー・アンテナ …… 62, 70
エンド・ファイア・ヘリカル・アンテナ …… 74, 75
円偏波 …………………………………… 24, 76

オート・アンテナ・チューナ	142
オール・ドリブン型	62, 68, 70, 73
オメガ・マッチ	125

──── か・カ行 ────

カーテン・アンテナ	72
カウンターポイズ	42, 45, 46
ガンマ・マッチ	65, 125
基本周波数	27
給電線	89, 95
キュービカルクワッド・アンテナ	52, 55, 62
共役整合	179
強制バラン	103, 104
鏡像	42, 43, 44
共役整合	144
極超短波	19
極超波	19
金属すだれ	67
空間ダイバーシティ受信方式	157
空中線	28
空中線抵抗	28
クーロン	10
グラウンド・プレーン・アンテナ	42, 43, 46, 62, 63, 75, 79
グリッド・ディップ・メータ	109
クロス八木	157
クワッド	12
計測用拡張ユニット	156
コアキシャル・アンテナ	64
高周波電力計	116, 145, 147
広帯域バラン	102
高調波共振周波数	27
コーナー・リフレクタ・アンテナ	67
極超短波	20
コネクタ	151

コモン・モード	185
コモン・モード・フィルタ	167, 168, 170
固有周波数	27
コリニア	74
コリニア・アレー・アンテナ	62

──── さ・サ行 ────

サブミリ波	19
軸モード放射のヘリカル・アンテナ	76
指向性	30, 32, 38, 48, 55, 81
指向性アンテナ	66
自己相似アンテナ	77
自己融着テープ	107
実効高	29, 54, 56
自由空間	37
終端型電力計	146
集中定数回路	90
周波数ダイバーシティ	157
周波数ブリッジ	120
周波数補正板	146
シュペルトップ	106, 107
主ローブ	67
磁力線	10, 14
垂直ダイポール	22
垂直偏波	23
水平ダイポール	22
スーパー・ターンスタイル・アンテナ	62, 84
スカート・アンテナ	63
スタック	53, 72
スタック整合器	72
スタックド八木アンテナ	72
スタブ	65, 75, 98, 125
ステップ・アッテネータ	161, 162
スプリアス	166
スミス・チャート	97, 172

スリーブ・アンテナ……………………64
正規化……………………………………176
絶対利得…………………………………36
接地…………………………………………47
接地抵抗…………………………………44
接地抵抗計………………………………45
ゼネカバ受信機………………………110
ゼネラル・カバレージ受信機………110
セミリジッド・ケーブル……………99
セラミック焼成固体抵抗……………145
占有周波数帯幅測定器………………116
相対利得…………………………………36
ソータ・バラン……………………105, 156
損失抵抗…………………………………28

──── た・タ行 ────

ターンスタイル方式…………………157
ターンスタイル・アンテナ…………84
対数周期アンテナ……………62, 77, 78, 79
大地板……………………………………43
大地反射波…………………………19, 20
ダイバーシティ…………………………24
ダイバーシティ・アンテナ…………157
ダイポール………………12, 22, 23, 26, 42
対流圏波…………………………………19
ダブレット………………………………26
ダミー・ロード……………145, 146, 147, 148
ダミー抵抗器…………………………129
短縮コンデンサ………………………34, 35
短縮率……………………………33, 34, 96
短波…………………………………19, 20
地上波……………………………………19
地線………………………………………63
地線付き折り返しアンテナ…………64
チップ抵抗……………………………145

地表波……………………………………19
中波…………………………………19, 20
超短波……………………………………20
超長波……………………………………19
長波…………………………………19, 20
直接波………………………………19, 20
通過型アッテネータ…………………161
通過型電力計……………………145, 160
ツエップ・アンテナ…………………49
定インピーダンス・アンテナ……62, 65, 76, 77
抵抗アレー……………………………145
定コンダクタンス円…………………178
定在波………………………………90, 92, 157
定在波比…………………………………33
定サセプタンス円……………………178
ディスコーン・アンテナ………62, 77, 78, 79
ディップ・メータ
　………109, 110, 111, 112, 116, 122, 126, 128
定抵抗円…………………………173, 175
定リアクタンス円……………………176
定リアクタンス円群…………………173
デルタ・マッチ………………………125
電圧の腹…………………………………27
電荷…………………………………10, 12
電界…………………………………10, 11
電界強度……………………11, 12, 29, 36, 59, 160
電界強度計…………………………86, 156
電界強度測定…………………………160
電界強度測定器……………56, 116, 160, 164
電気双極…………………………………26
電気力線……………………11, 12, 26, 43, 89, 131
電磁ホーン………………………………99
電磁ラッパ………………………………99
電束………………………………………12
電束密度…………………………………12

伝導電流	14
電場	11, 18
電波障害対策	165
電波法	18
電離層	19, 32, 48
電離層波	19, 20
電流の腹	27
同軸切替スイッチ	149
同軸ケーブル	98, 151
同軸リレー	150
導波管	99, 71
特性インピーダンス	50, 56, 91, 131, 142
トラップ	51, 52
トロイダル・コア	103, 104, 168, 170, 143

─── **な・ナ行** ───

入力インピーダンス	27
ノイズ・アンプ	122
ノイズ・ブリッジ	122

─── **は・ハ行** ───

場	11
バイコニカル	160
バイコニカル・アンテナ	77, 78, 79
はしごフィーダ	49
バズーカ	107
パターン	130
波長	18
波動エネルギー	18
パラシティック型	62, 68, 70, 73
バラン	50, 102
バリコン	143
パワー・スプリッタ	72, 73
反射	19, 21, 90, 92
反射器	71
反射波	19, 20, 94
バンド幅	33, 34
半波長ダイポール	27, 30, 37, 44, 62, 79
ビーム・アンテナ	36, 52, 62, 66
フェージング	21, 157
フェーズ・ライン	74
フェライト・アンテナ	55, 56, 57, 58, 62
フォールデッド・ダイポール	38, 62, 63
副ローブ	67
ブチルゴムテープ	109
ブラウン・アンテナ	64
フロート・バラン	105
ブロードサイド・アレー・アンテナ	62, 69, 72, 73, 74
ブロードサイド・ヘリカル・アンテナ	75
分配器	72
分布定数	184
分布定数回路	90
平面反射器付きアンテナ	68
ヘリカル・アンテナ	24, 62
ヘリカル・ホイップ	75
変位電流	13, 14
偏波	19, 20, 21, 23, 24, 38, 157
偏波面を合わせる	23
ホイップ・アンテナ	74
ポインチング・ベクトル	18, 88, 131
放射器	71
放射抵抗	16, 28, 31, 38, 50, 76
放射パターン	30
ホーン・アンテナ	99

─── **ま・マ行** ───

マイクロ・ストリップライン	130, 131
マイクロ波	19
マクスウェル	14, 17

マクスウェルの電磁方程式 …………………28
摩擦電気 ……………………………………10
マッチング・ボックス ……………49，142
マルチ・パス ………………………………20
ミリ波 ………………………………………19
無限長双円すいアンテナ ……………62，77
めがねバラン ……………………………103
モノポール …………………………………63

———— や・ヤ行 ————
八木アンテナ ……………50，62，70，72，157
ユニバーサル・アンテナ・カップラ …………143
横8字パターン ……………………………30

———— ら・ラ行 ————
ラジアル ………………………………63，77
ラジエータ …………………………………47
リターン・ロス・ブリッジ ……………146，156
利得 ……………………………………36，71
臨界周波数 …………………………………21
ループ …………………………………22，42
ループ・アンテナ ……………12，58，62
ローディング・コイル ……………………47
ログペリ・アンテナ ……………………78，80
ログペリオディック・アンテナ …………78，160

【著者プロフィール】

吉本 猛夫（よしもと・たけお）
JR1XEV 第一級アマチュア無線技士

　小学校の頃から真空管ラジオを作るのが趣味で，電池が比較的高価だったため低電圧で動作する111Bなどという電池管1本でポータブル・ラジオを作っていた思い出があります．

　1950年代には，初めて手にしたゲルマニウム・トランジスタ・ラジオのキットで楽しむという「根っからの工作派ハム」です．

　「アマチュア」は，コンサイスの英和辞典では，「愛好家」とか「しろうと」という訳語が出てきますが，報酬を受けない「非職業」すなわち「ノンプロ」の意味も解説されています．

　プロは仕事ですから投じた費用を回収し利益をあげなければなりませんが，アマは金銭にこだわらず自由闊達に発想して「もの作り」をするという大きな違いがあります．

　ともするとアイディア達成のために時間やお金のかかる実験をくりかえすことになり，計画表にしたがって予算内で仕事をするプロから見ると効率の悪さが目立つのがアマであるともいえます．しかし筆者は，アマチュアの発想はプロでは考えつかない優れたものがあると信じており，次のような言葉を信条としてもちつづけています．

　「発想はアマチュアのごとく，作業はプロのごとく」という言葉です．

　皆さんにこの言葉を味わって有意義なハム生活を送っていただきたいと願っています．

　妻と3人の男子の5人家族ですが，にぎやかにハムを楽しみたい一心から，みんなに免許を取らせ，自らはJR1YOWというファミリー・ハムクラブの会長におさまっていますが，会員それぞれの事情で「ノン・アクティブ」もはなはだしいクラブと化しています．

　ビジネスマン時代は，音響機器，IC，CD-ROMドライブ，新技術分野を担当し，現在は旧型無線機の修復や，珍しい部品のコレクションに明け暮れる毎日です．

　主としてCQ出版社扱いですが，連載ものや著書が複数種類あり，これについても皆さんのご愛読を希望してやみません．

- ●本書記載の社名，製品名について ── 本書に記載されている社名および製品名は，一般に開発メーカーの登録商標です．なお，本文中ではTM，®，©の各表示を明記していません．
- ●本書掲載記事の利用についてのご注意 ── 本書掲載記事は著作権法により保護され，また産業財産権が確立されている場合があります．したがって，記事として掲載された技術情報をもとに製品化をするには，著作権者および産業財産権者の許可が必要です．また，掲載された技術情報を利用することにより発生した損害などに関して，CQ出版社および著作権者ならびに産業財産権者は責任を負いかねますのでご了承ください．
- ●本書に関するご質問について ── 文章，数式などの記述上の不明点についてのご質問は，必ず往復はがきか返信用封筒を同封した封書でお願いいたします．ご質問は著者に回送し直接回答していただきますので，多少時間がかかります．また，本書の記載範囲を越えるご質問には応じられませんので，ご了承ください．
- ●本書の複製等について ── 本書のコピー，スキャン，デジタル化等の無断複製は著作権法上での例外を除き禁じられています．本書を代行業者等の第三者に依頼してスキャンやデジタル化することは，たとえ個人や家庭内の利用でも認められておりません．

JCOPY 〈(社)出版者著作権管理機構委託出版物〉
本書の全部または一部を無断で複写複製(コピー)することは，著作権法上での例外を除き，禁じられています．本書からの複製を希望される場合は，(社)出版者著作権管理機構(TEL：03-3513-6969)にご連絡ください．

基礎から学ぶアンテナ入門

2007年 4月1日 初版発行
2019年 5月1日 第7版発行

©吉本猛夫 2007

著　者　吉本 猛夫
発行人　小澤 拓治
発行所　ＣＱ出版株式会社
〒112-8619 東京都文京区千石4-29-14
☎編集 03-5395-2149
☎販売 03-5395-2141
振替 00100-7-10665

編集担当者　櫻田 洋一
DTP・印刷・製本　三晃印刷㈱

乱丁・落丁本はお取り替えいたします
定価はカバーに表示してあります
ISBN978-4-7898-1498-0
Printed in Japan